技工院校实训基地人才培养一体化模块教材

维修电工实训
（初级模块）

人力资源和社会保障部教材办公室组织编写

中国劳动社会保障出版社

简　介

本书主要内容有：电器安装和线路敷设、继电控制电路装调维修、基本电子电路装调维修、职业技能鉴定维修电工初级考核模拟试卷。

图书在版编目（CIP）数据

维修电工实训：初级模块/李冰涛主编. —北京：中国劳动社会保障出版社，2014
技工院校实训基地人才培养一体化模块教材
ISBN 978-7-5167-1459-1

Ⅰ. ①维…　Ⅱ. ①李…　Ⅲ. ①电工-维修-技工学校-教材　Ⅳ. ①TM07

中国版本图书馆 CIP 数据核字（2014）第 243274 号

中国劳动社会保障出版社出版发行
（北京市惠新东街 1 号　邮政编码：100029）
*
河北鹏盛贤印刷有限公司印刷装订　　新华书店经销
787 毫米×1092 毫米　16 开本　15.75 印张　349 千字
2014 年 10 月第 1 版　　2025 年 9 月第 10 次印刷
定价：29.00 元

营销中心电话：400-606-6496
出版社网址：http://www.class.com.cn
http://jg.class.com.cn

技工院校实训基地人才培养一体化
模块教材编委会

编审人员

本书主编：李冰涛
本书参编：杨　明　张建如
本书主审：朱　伟

前言

Preface

为了进一步发挥技工院校在技能人才培养方面的作用，切实满足企业对技能型人才的需求，人力资源和社会保障部教材办公室组织有关学校的骨干教师和行业、企业专家，在充分调研技工院校实训基地人才培养和培训模式以及企业技能人才需求的基础上，吸收和借鉴当前较为成熟的人才培养理念，编写了技工院校实训基地人才培养一体化模块教材。

使用说明

本套教材分为基础模块和专业核心模块（见下图）。其中专业核心模块教材根据国家职业技能鉴定标准中的初级、中级和高级要求设计有相对应的初级模块教材、中级模块教材和高级模块教材。实训基地可根据需要按照“基础模块 + 专业核心模块”组合模式选择相应的教材。

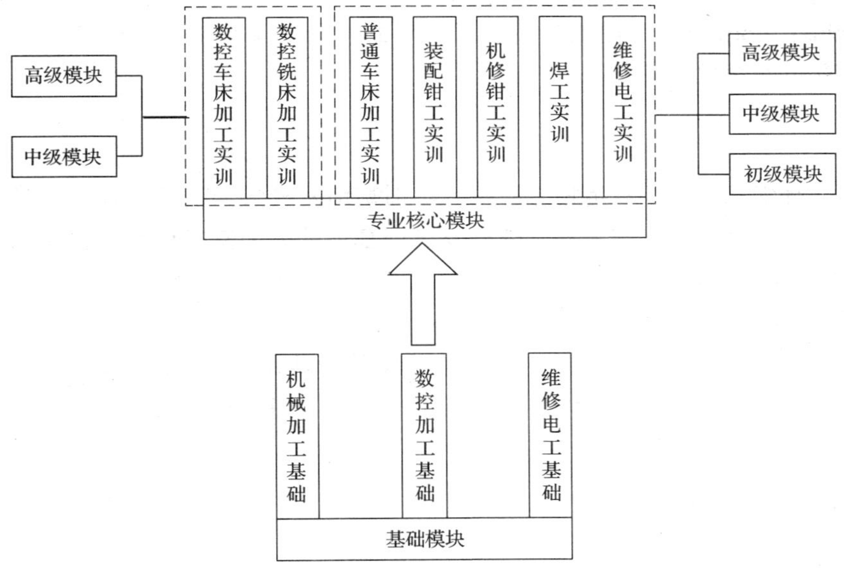

编写特色

◆与职业技能鉴定接轨

教材的编写以车工、数控车工、数控铣工、装配钳工、机修钳工、焊工、维修电工等国家职业技能标准为依据，涵盖国家职业技能标准（初、中、高级）的知识和技能要求，内容具有权威性。为了帮助学员熟悉职业技能鉴定考核形式及考题类型，每种专业核心模块教材均附有 3 ~ 5 套职业技能鉴定模拟试卷（包含理论知识试卷和技能操作试卷），并配有相应的参考答案。

◆与企业需求接轨

教材在编写中充分考虑企业的培训和用人需求，尽量选取企业真实的、有代表性的操作案例，整合相应的知识和技能，构建一体化教学模块，实现理论与操作技能的统一，既符合职业教育和职业培训的基本规律，又有利于培养学员分析问题和解决问题的综合职业能力。

◆保证先进性和规范性

教材根据相关专业领域的最新发展，编入了新知识、新技术、新设备、新材料等方面的内容，保证教材的先进性。同时采用最新的国家技术标准，使教材更加科学和规范。

读者对象

本套教材既可作为技工院校实训基地技能人才培养和培训用书，还可作为企业、社会培训机构的技能培训用书以及职业技术院校师生的专业用书。

后续拓展

作为补充，我们将陆续开发各专业高新技术应用方面的拓展模块教材，通过中国技工教育网（http://jg.class.com.cn/）提供在线论坛等网上交流以及相关教学资源下载服务，还将陆续开发相关的在线培训课程。

致谢

本套教材的开发工作得到了全国有关技工院校、实训基地及其人力资源和社会保障主管部门的支持，尤其是得到了江苏省有关技工院校及实训基地的大力支持和帮助，在此我们表示诚挚的谢意。

人力资源和社会保障部教材办公室

2014年10月

目　录
CONTENTS

模块一　电器安装和线路敷设

模块二　继电控制电路装调维修

模块三　基本电子电路装调维修

模块四　职业技能鉴定维修电工初级考核模拟试卷

模块一 电器安装和线路敷设

课题 1　电工工具及电工仪表的使用

1. 掌握常用电工工具的使用方法。
2. 掌握常用电工仪表的使用方法。

一、常用电工工具的使用

维修电工的基本操作技能包括掌握各种常用工具的使用、基本操作工艺和常用电工仪器仪表的使用。这些技能必须反复训练，熟练掌握。

常用电工工具是指一般专业电工都要使用的常备工具。常用的电工工具有钳子、螺钉旋具、电工刀、低压验电器、活扳手、喷灯、手电钻等。

1. 钳子

钳子的种类很多，这里主要介绍维修电工常用的钢丝钳、尖嘴钳、斜口钳和剥线钳。

（1）钢丝钳

钢丝钳钳柄分铁柄和绝缘柄两种，绝缘柄为电工钢丝钳，常用的规格有 150 mm、175 mm 和 200 mm 三种。

1）电工钢丝钳的结构与用途。电工钢丝钳由钳头和钳柄两部分组成，其中钳头由钳口、齿口、刀口和铡口 4 部分组成。钳头的用途有很多，其中钳口用来弯绞和钳夹导线线头；齿口用来剪切或剖削软导线绝缘层；铡口用来铡切导线线芯、钢丝或铅丝等较硬的金属丝。电工钢丝钳的结构与外观如图 1—1 所示。

2）电工钢丝钳使用注意事项

①使用前，必须检查钳柄的绝缘是否良好。绝缘如损坏，进行带电作业时会发生触电事故。

②剪切带电导线时，不得用刀口同时剪切相线和零线，或同时剪切两根相线，以免发生短路事故。

③钳头不可代替锤子作为敲打工具使用。

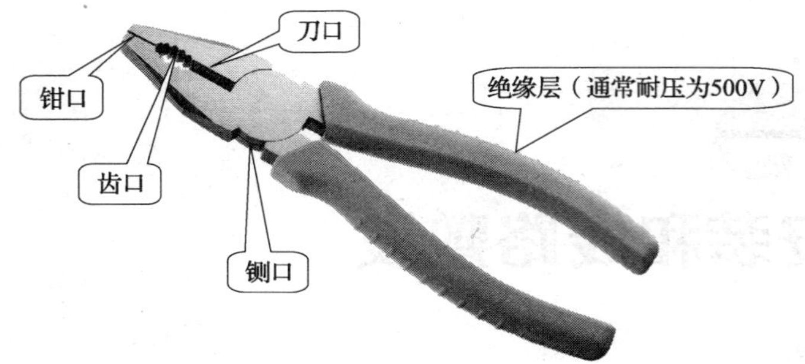

图 1—1　钢丝钳的外观和结构

（2）尖嘴钳

尖嘴钳的头部尖细，适用于在狭小的空间内操作。尖嘴钳钳柄有铁柄和绝缘柄两种，其中绝缘柄的耐压为 500 V。尖嘴钳的外观和结构如图 1—2 所示。

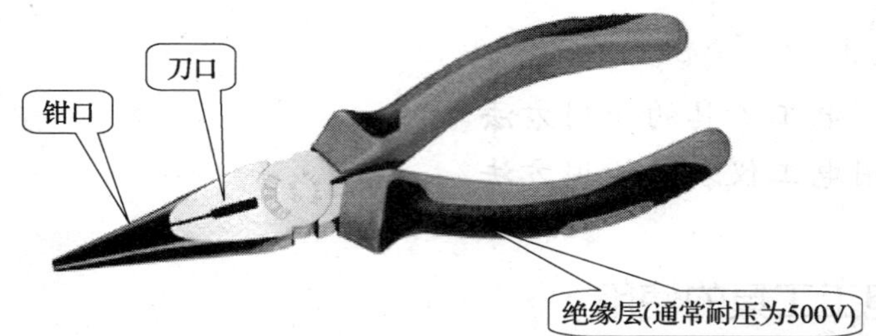

图 1—2　尖嘴钳的外观和结构

尖嘴钳的用途：

1）带有刀口的尖嘴钳能切断细小的导线、金属丝。

2）尖嘴钳能夹持小螺钉、垫圈等元件。

3）在装接控制线路时，尖嘴钳还能将导线端头弯曲成所需的各种形状。

（3）断线钳

断线钳又称斜口钳，钳柄有铁柄、管柄和绝缘柄三种，其中绝缘柄的耐压为 500 V。电工用的带绝缘柄断线钳如图 1—3 所示。

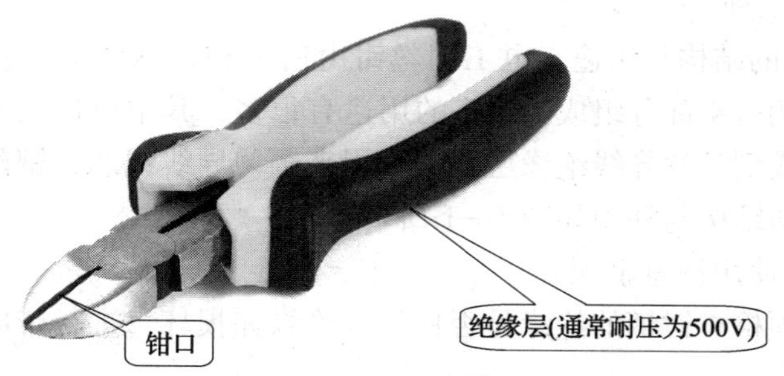

图 1—3　断线钳的外观和结构

断线钳主要用于剪断较粗的电线、金属丝及导线电缆。

（4）剥线钳

剥线钳是用来剥小直径导线绝缘层的专用工具，如图 1—4 所示。它的绝缘柄耐压为 500 V。

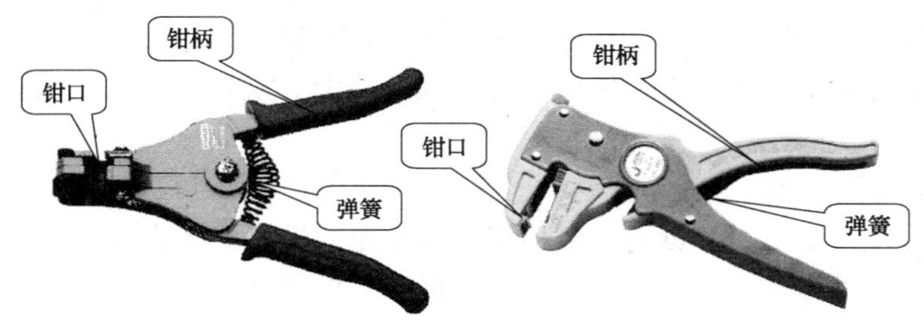

图 1—4　常用剥线钳的外观和结构

使用剥线钳时，将要剥的绝缘层长度用标尺定好后，即可把导线放入相应的刃口中（比导线直径稍大），用手将手柄握紧，导线的绝缘层即被割破，且自动弹出。被剖削的导线直径一定要和剥线钳的刃口大小相对应。如将直径大的导线放在较小的刃口中去剖削，则会剪断导线。

2. 验电器

验电器是检验导线和电气设备是否带电的一种常用检测工具。它分为低压验电器和高压验电器两种。下面主要介绍低压验电器。

低压验电器又称为测电笔，有笔式和螺钉旋具式两种，如图 1—5 所示。

图 1—5　常用低压验电器的外观

笔式低压验电器由氖管、电阻、弹簧、笔身和笔尖等组成。当使用笔式低压验电器时，必须按图 1—6b 所示的正确方法将其握住，用手指触及笔尾的金属体，使氖管小窗背光朝向自己。

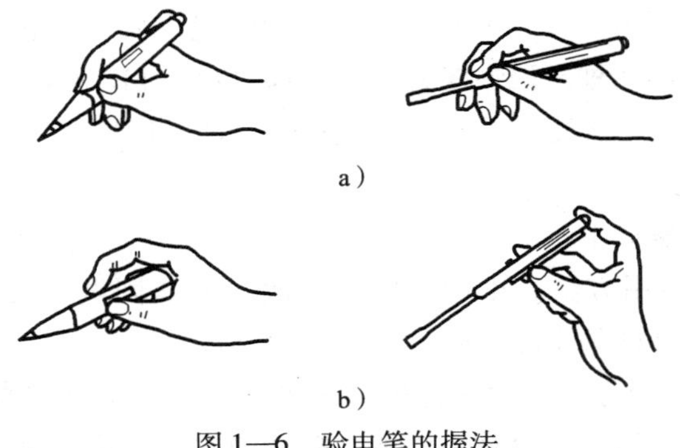

a）

b）

图 1—6　验电笔的握法

a）错误握法　b）正确握法

当用低压验电器测带电体时，电流经带电体、低压验电器、人体、大地形成回路，只要带电体与大地之间的电位差超过 60 V，低压验电器中的氖管就发光。低压验电器的测试范围为 60 ~ 500 V。

低压验电器的作用如下：

（1）区别电压的高低。测试时，可根据氖管发光的强弱来区分电压的高低。

（2）区别相线与零线。在交流电路中，当低压验电器触及导线时，氖管发光的即为相线；正常情况下，触及零线时，氖管是不发光的。

（3）区别直流电与交流电。交流电通过低压验电器时，氖管里的两个极同时发光；直流电通过低压验电器时，氖管里的两个极只有一个发光。

3. 螺钉旋具

螺钉旋具是一种紧固或拆卸螺钉的工具。

（1）螺钉旋具的种类

螺钉旋具的种类有很多，按头部形状可分为一字形螺钉旋具和十字形螺钉旋具两种，如图 1—7 所示。

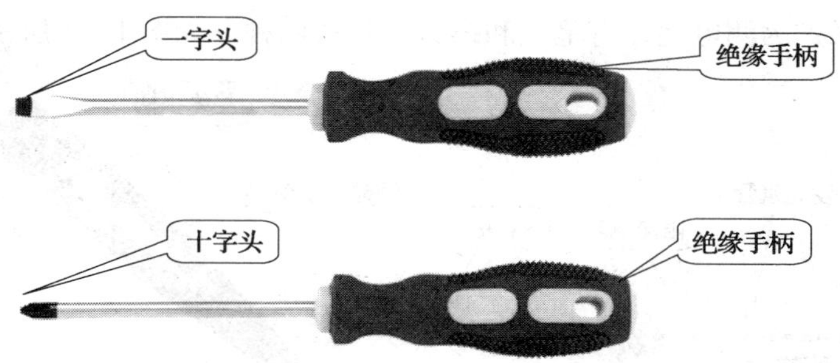

图 1—7　常用螺钉旋具的外观和结构

一字形螺钉旋具常用的规格有 50 mm、100 mm、150 mm 和 200 mm 等，电工必备的是 50 mm 和 150 mm 两种；十字形螺钉旋具专供紧固和拆卸十字形的螺钉，常用的规格有 Ⅰ 号（螺钉直径为 2 ~ 2.5 mm）、Ⅱ 号（螺钉直径为 3 ~ 5 mm）、Ⅲ 号（螺钉直径为 6 ~ 8 mm）、Ⅳ 号（螺钉直径为 10 ~ 12 mm）。

磁性螺钉旋具按握柄材料可分为木质绝缘和塑胶绝缘两种。它的规格齐全，按头部形状可分为十字形和一字形两种。磁性螺钉旋具金属杆的刀口端焊有磁性金属材料，可以吸住待拧紧的螺钉，使其能准确定位、拧紧，使用很方便，应用较广泛。

（2）螺钉旋具的使用

螺钉旋具的使用方法如下：

1）小螺钉旋具的使用方法。小螺钉旋具一般用来紧固电气装置接线柱上的小螺钉。使用时，可用手指顶住握柄的末端捻转，如图 1—8 所示。

2）大螺钉旋具的使用方法。大螺钉旋具一般用来紧固较大的螺钉。使用时，除大拇指、食指和中指要夹住握柄外，手掌还要顶住握柄的末端，这样可以防止螺钉旋具转动时滑脱，如图 1—9 所示。

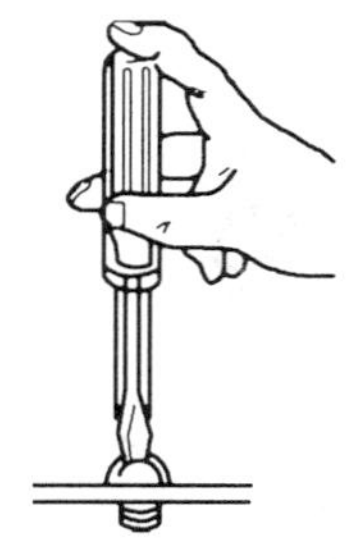

图 1—8　小螺钉旋具的使用方法

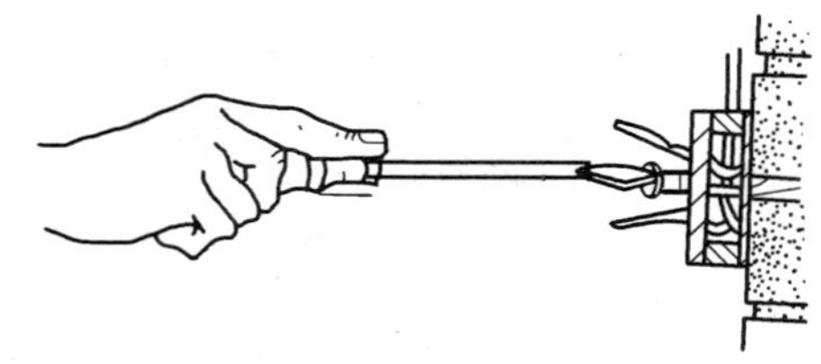

图 1—9　大螺钉旋具的使用方法

（3）使用螺钉旋具的安全知识

1）电工不可使用金属杆直通的螺钉旋具，否则容易造成触电事故。

2）使用螺钉旋具紧固或拆卸带电的螺钉时，手不得触及螺钉旋具的金属杆，以免发生触电事故。

3）为了避免螺钉旋具的金属杆触及临近的带电体，应在金属杆上穿绝缘套管。

4）在使用较长的螺钉旋具时，可用右手压紧并旋转握柄，左手握住螺钉旋具中间部分，以使其不致滑脱。此时，左手不得放在螺钉的周围，以免螺钉旋具滑出时将手划伤。

4. 电工刀

电工刀是用来剖削电线线头、切割木台缺口、削制木榫的专用工具，如图 1—10 所示。

图 1—10　电工刀的外观

（1）电工刀的使用

使用电工刀时，应将刀口朝外；当剖削导线绝缘层时，应使刀面与导线呈较小的锐角，以免割伤导线的线芯。

（2）使用电工刀的安全知识

1）使用电工刀时应注意避免伤手，不得传递未折进刀柄的电工刀。

2）电工刀用毕，随时将刀身折进刀柄。

3）电工刀刀柄若无绝缘保护，则不能用于带电作业，以免触电。

5. 活扳手

活扳手是用来紧固或拧松六角头螺母或六角头螺栓的一种专用工具。

（1）活扳手的结构和规格

活扳手由头部活扳唇、呆扳唇、扳口、蜗轮和轴销等构成，如图 1—11 所示。旋动蜗轮可调节扳口大小。活扳手的规格用长度×最大开口宽度（单位为 mm）来表示。电工常用的活扳手有 150 mm×19 mm（6 in）、200 mm×24 mm（8 in）、250 mm×30 mm（10 in）和 300 mm×36 mm（12 in）四种规格。

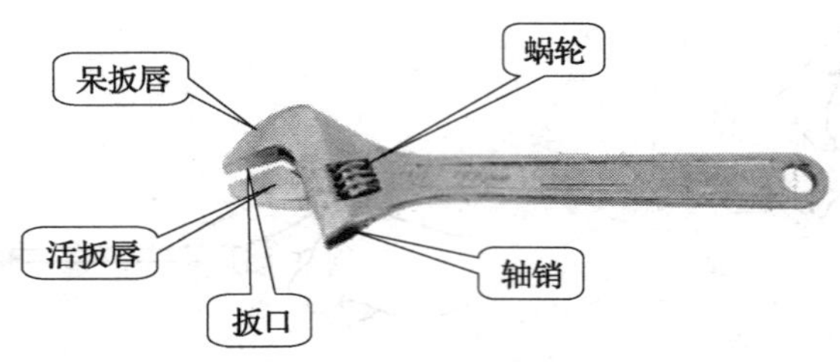

图 1—11　活扳手的外观和结构

(2) 活扳手的正确使用方法

1) 扳动较大的六角头螺母时，常用较大的力矩，手应握在近柄尾处。

2) 扳动较小的六角头螺母时，所用力矩不大，但六角头螺母过小易打滑，故手应握在接近扳头的地方，这样可随时调节蜗轮，收紧活扳唇，防止打滑。

3) 拉力方向要与扳手的手柄成直角。

(3) 注意事项及保养方法

1) 活扳手不可用钢管接长手柄来施加较大的扳拧力矩。

2) 活扳手不可反用，以免损坏活扳唇。

3) 活扳手不得当作撬棍或锤子使用。

4) 用后应及时擦洗干净，涂抹黄油。

6. 喷灯

喷灯是一种利用喷射火焰对工件进行加热的工具，常用来进行铅包电缆铅包层的焊接、大截面积铜导线连接处的搪锡以及其他连接表面的防氧化镀锡等。喷灯火焰温度可达900℃以上。

(1) 喷灯的结构

喷灯按其使用燃料可分为煤油喷灯、汽油喷灯两种，如图1—12 所示。

图 1—12　喷灯的外观

(2) 喷灯的使用方法

1) 加油。旋下加油阀下面的螺栓，倒入适量燃油，加入量以不超过筒体容积的 3/4 为宜。保留一部分筒体空间的目的在于储存压缩空气，以维持必要的空气压力。加完油后应及时旋紧加油口的螺栓，关闭放油调节阀的阀杆，擦净洒在外部的燃油，并认真检查是否有渗漏现象。

2) 预热。先在预热燃烧盘内注入适量燃油，用火点燃，将火焰喷头烧热。

3) 喷火。当火焰喷头烧热后，并燃烧盘内燃油燃完之前，用打气阀打气 3 ~5 次，然后再慢慢打开放油调节阀的阀杆，喷出油雾，喷灯即点燃喷火。随后继续打气，直到火焰正常为止。

4) 熄火。先关闭放油调节阀，直至火焰熄灭，再慢慢旋松加油口螺栓，放出筒体内的压缩空气。

操作提示：

①喷灯在加、放油及检修过程中，均应在熄火后进行。加油时，应先将加油阀上面的

螺栓慢慢旋松，待气体放尽后再开盖加油。

②煤油喷灯筒体内不得掺加汽油。

③在喷灯的使用过程中应注意筒体的油量，一般不得少于筒体容积的1/4。油量太少会使筒体发热，易发生危险。

④打气压力不应过高。打完气后，应将打气柄卡牢在泵盖上。

⑤喷灯工作时应注意火焰与带电体之间的安全距离，与10 kV以下带电体的距离应大于1.5 m，与10 kV以上带电体的距离应大于3 m。

7. 手电钻

手电钻有普通电钻和冲击钻两种。普通电钻上的通用麻花钻仅靠旋转就能在金属上钻孔。冲击电钻采用旋转带冲击的工作方式，一般带有调节开关，当调节开关在旋转带冲击“钻”的位置时，其功能同普通电钻；当调节开关在旋转带冲击“锤”的位置时，镶有硬质合金的钻头，便能在混凝土和砖墙等建筑构架上钻孔。普通手电钻如图1—13所示。

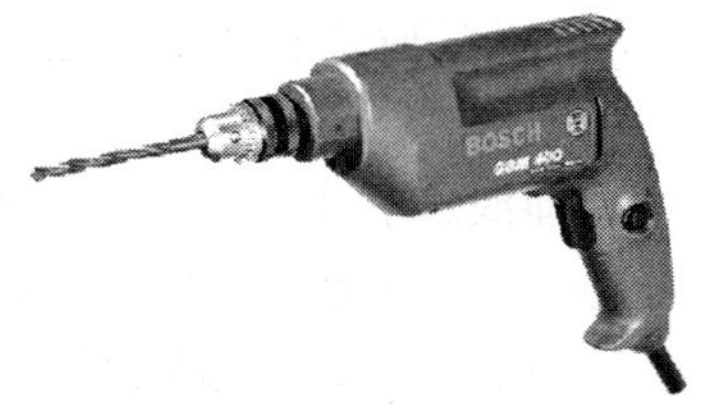

图1—13　普通手电钻的外观

手电钻是以交流电源或直流电池为动力的钻孔工具。常用来在金属、塑料和木材等电气构件上钻孔。当装有正反转开关和电子调速装置后，可用来作电动旋具。有的型号配有充电电池，可在一定时间内，在无外接电源的情况下正常工作。

金属外壳的手电钻，其电源线一般采用具有防潮性能的三芯橡皮软线。其中黑色或黄绿色芯线为接地线，与电钻外壳连接。插头采用单相三柱插头，最大铜柱为接地柱，与之对应的插座孔的桩头上必须与接地系统牢固连接（在接地系统中，须与接地线连接）。

操作提示：

（1）长期搁置不用的手电钻，使用前必须使用500 V的绝缘电阻表测定对地绝缘电阻，其阻值不应小于0.5 MΩ。

（2）使用金属外壳手电钻时，必须戴绝缘手套、穿绝缘鞋或站在绝缘板上，以确保操作人员安全。

（3）钻孔时，不宜用力过猛。当转速异常低时，应放松压力，以免电钻因过载造成电钻过热以及绝缘损坏等故障。

（4）移动手电钻时，应同时握持电钻手柄和绝缘橡皮线，防止电钻和橡皮线接头松脱。

（5）手电钻不用时，应存放在干燥、清洁、没有腐蚀性气体的地方。

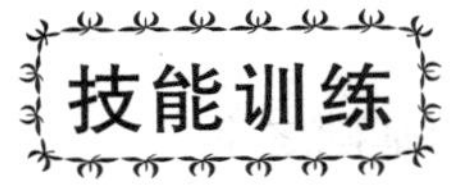

常用电工工具的实训操作

1. 训练目标

（1）熟悉常用电工工具的种类。

（2）掌握常用电工工具的使用技能。

2．器材准备

钢丝钳、尖嘴钳、螺钉旋具、剥线钳、电工刀、木板、木螺钉，废旧塑料单芯导线若干，燃气和燃油喷灯及附件等。

3．训练内容及步骤

（1）训练内容

1）学习钢丝钳、尖嘴钳、螺钉旋具的使用方法。

2）学习电工刀、剥线钳的使用方法。

3）练习喷灯的使用方法。

（2）训练步骤

教师演示后由学生按下列步骤进行练习。

1）用螺钉旋具旋紧木螺钉。

2）用钢丝钳、尖嘴钳做剪切、弯绞导线练习。

3）用电工刀对废旧塑料单芯导线做剖削练习。

4）按喷灯的使用步骤，对喷灯进行加油、预热、喷火和熄火练习。

二、常用电工仪表的使用

维修电工常用的电工仪器仪表主要有万用表、钳形电流表和兆欧表等。

1．万用表

万用表是一种可以测量多种电量的多量程便携式仪表，它具有测量种类多、测量范围宽、携带方便等优点。万用表是维修电工最常用、最重要的仪表，主要分为指针式和数字式两类。

指针式万用表有多种型号，这里以目前使用广泛的 MF－47 型万用表为例进行介绍。

（1）指针式万用表的结构和基本原理

万用表主要由表头、测量线路、转换开关 3 部分组成。

万用表的表头多采用灵敏度高、准确度好的磁电系测量机构。表头的满刻度偏转电流一般为几微安到几百微安。满偏电流越小，灵敏度越高，测量电压时内阻就越大。MF－47 型万用表满偏电流为 40 μA 左右，测量直流电压时内阻达 20 kΩ/V。万用表用一只表头测量多种电量，并有多种量程。实现这种功能的关键就是测量线路。通过测量线路把各种不同的被测量（如电流、电压、电阻等）转换成磁电系表头所能接受的直流电流。一只万用表，测量范围越广，其测量线路越复杂。转换开关是用来选择不同的被测量和不同量程时的切换元件。它里面有固定接触点和活动接触点，当固定接触点和活动接触点闭合时就可以接通电路。如图 1—14 所示为 MF－47 型万用表的外形。

万用表的基本工作原理，主要是建立在欧姆定律和电阻串并联规律的基础之上。

电压灵敏度是万用表的主要参数之一。对万用表来说，当拨至电压挡时，电压的量程越高，则电压挡内阻越大。但是，各量程内阻与相应电压量程的比值却是一个常数，该常数就是电压灵敏度，单位是 Ω/V。电压灵敏度的意义是：电压灵敏度越高，其电压挡的内阻越大，对被测电路的影响越小，测量的准确度越高。

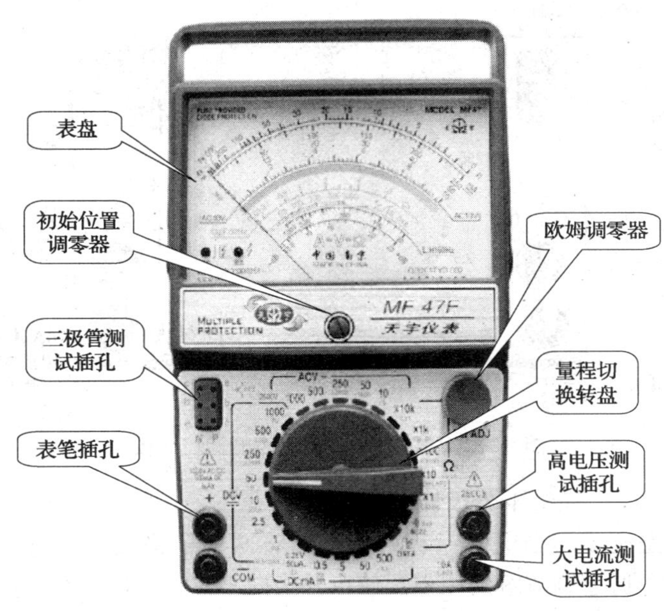

图 1—14　MF－47 型指针式万用表外观

（2）万用表的使用步骤

1）使用之前要调零。为了减小测量误差，在使用万用表之前应先进行机械调零。在测量电阻之前，每变换一次量程（挡位）都要进行欧姆调零。

2）正确连接表笔。MF－47 型万用表在测量电阻、电压和电流（不包括高电压和大电流）、电感、电容和音频电平时，表笔要插在面板左下角的通用表笔插孔中。红表笔插在有“＋”标记的插孔中，黑表笔插在有“－”和“com”标记的插孔中。如果要使用 2 500 V 高电压测试量程时，应将红表笔插在面板右下角标有 2 500 V 量程的测试插孔中；如果要使用 10 A 高电流测试量程时，应将红表笔插在面板右下角标有 10 A 量程的测试插孔中。

3）正确选择挡位。根据测量对象选择正确的挡位。测量电阻时，要选择标有“Ω”标志的电阻挡；测量交流电压时，要选择标有“ACV”标志的交流电压挡；测量直流电压时，要选择标有“DCV”标志的直流电压挡；测量直流电流时，要选择标有“DCmA”标志的直流电流挡，如图 1—15 所示。

4）正确选择量程。首先可对被测量的量进行估值，当指针偏转很小时，说明量程太大，可减小量程；当指针偏转很大时，说明量程太小，可增大量程。一般使指针偏转在表盘的 2/3～3/4 位置内为宜。如果不能确定被测电流、电压的数值范围，应选用最大量程，然后逐步将量程减小，以避免被测数值过大，指针过度偏转而损坏仪表。测量电阻时，合适的量程应当使指针在表盘的 1/2～2/3 位置为宜。

5）正确测量。测量直流量时，要注意正、负极性不得接反，以免指针反转。测量电流时，仪表应串联在被测电路中；测量电压时，仪表要并联在被测电路两端。在使用万用表测量晶体管时，应牢记万用表的红表笔要与内部电池的负极相接，黑表笔要与内部电池的正极相接。

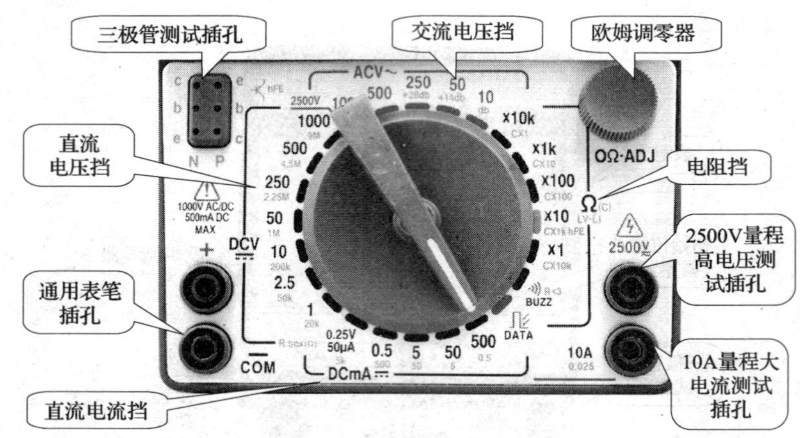

图 1—15　MF－47 型万用表的操控面板

在测量交流电压时，表笔不分极性。

测量电阻前应先调零。当电阻量程确定后，将两表笔搭接在一起，看指针是否指在“0”位，如果不在，通过调节欧姆调零器使指针指向零位，然后进行电阻测量。

6）正确读数。MF－47 型万用表的仪表盘（见图 1—16）上有许多条标度尺，分别用于测量不同的测量对象，所以测量时要在对应的标度尺上读数，同时应注意标度尺读数和量程相配合，避免出错。当使用量程与刻度线数值不对应时，要进行数值转换。例如，如果使用交流 250 V 量程，指针指在电压、电流刻度线“8”的位置时，所表示的数值为“200 V”。

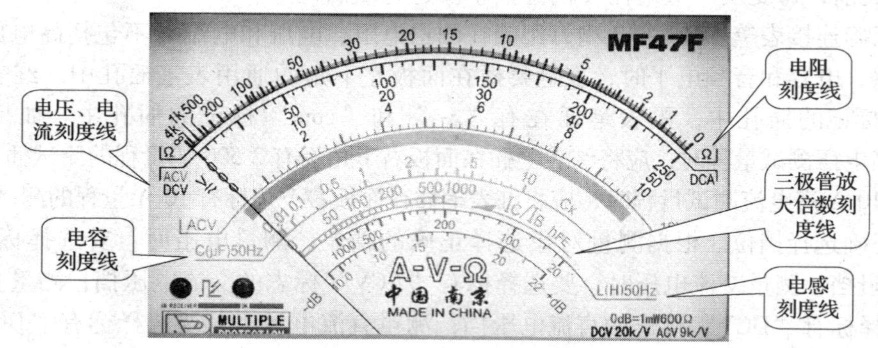

图 1—16　MF－47 型万用表的表盘

（3）使用万用表时的注意事项

1）使用万用表时，应仔细检查转换开关位置选择是否正确，若误用电阻挡或电流挡测量电压，会造成万用表的损坏。

2）万用表在测试时不能旋转转换开关。需要旋转转换开关时，应让表笔离开被测电路，以防止损坏仪表。

3）电阻测量必须在断电状态下进行。

4）为提高测试精度，电阻倍率选择应使被测电阻值尽可能指示在标度尺中间段。电压、电流的量程选择，应使仪表指针得到最大的偏转。

5）万用表使用后，将选择开关旋至“OFF”挡，若无此挡，应旋至交流电压最大量程挡，如“AC 1 000 V”挡。

（4）数字式万用表简介

随着科技不断进步和发展，数字式万用表越来越普及，价格也越来越低。数字式万用表具有功能强大、读数方便和测试准确等优点。

如图1—17所示为优利德UT55型数字式万用表的外观。

数字式万用表对于电压、电流和电阻等基本参数的测量和使用方法与指针式万用表基本相似，只是测量结果可通过液晶显示屏直接显示出来，无须计算，使数值读取更为方便。用数字式万用表测试电压和电流时，如果表笔接反，液晶屏会出现“-”号标志；测试电阻时，无须进行校表操作。另外，数字式万用表的电阻挡红表笔为正极性，黑表笔为负极性，这是与指针式万用表不同的。

数字式万用表有强大的数字信号处理功能，可以完成一些特殊信号的测量，如UT55型万用表就可以进行温度和电容的测量。

数字式万用表随厂家和型号不同，功能和操作有很大差异，使用时可具体参考使用说明书。

2. 兆欧表

电气设备由于受热、老化、维修、受潮等原因，绝缘性能会下降，需要检测其绝缘强度，只有绝缘强度符合要求才能继续使用。正常情况下，电气设备的绝缘电阻数值都非常大，通常在几兆欧甚至几十兆欧，远远大于万用表欧姆挡的有效量程，因而在此范围内，万用表刻度的非线性就能造成很大的误差。另一方面，由于万用表内的电池电压太低，而在低电压下测量的绝缘电阻不能真实反映高电压下绝缘电阻的真正数值。因此，电气设备的绝缘电阻必须用一种本身具有高压电源的仪表进行测量，这种仪表就是绝缘电阻表。由于其标度单位是兆欧（MΩ），因此也常称为兆欧表。

绝缘电阻在测量前，应切断被测设备的电源，对于电容量较大的设备要进行充分放电（需2~3 min），以确保人身和设备的安全。对有可能感应出高电压的设备，应采取必要的措施。

（1）兆欧表的结构、原理及选用

兆欧表主要由磁电系比率表、手摇直流发电机和测量电路3大部分组成，其外观如图1—18所示。其用途是测量电气设备的绝缘电阻。磁电系比率表的特点是指针的偏转角与通过两动圈电流的比率有关，而与电流大小无关。

图1—17　优利德UT55型数字式万用表外观

图1—18　兆欧表的外观

兆欧表内部主要有一个手摇直流发电机，当摇动摇柄时，直流发电机发出相应的电压，对线路和设备的绝缘性能进行测试。

选用兆欧表时，其额定电压一定要与被测电气设备或线路的工作电压相适应，测量范围也应与被测绝缘电阻的范围相吻合。兆欧表的额定电压应根据被测电气设备或线路的额定电压来选择。例如，测量额定电压在500 V以上的电气设备绝缘电阻时，一般应选择额定电压为2 500 V的兆欧表；而测量额定电压在500 V以下的电气设备绝缘电阻时，可选择额定电压为500 V或1 000 V的兆欧表。如果选用额定电压太低的兆欧表去测量高压设备的绝缘电阻，则测量结果不能正确反映被测设备在工作电压下的绝缘电阻值；如果选用额定电压太高的兆欧表去测量低压电气设备的绝缘电阻，则有可能损坏被测电气设备的绝缘。不同额定电压的兆欧表的选用要求见表1—1。

表1—1　　不同额定电压的兆欧表的选用要求

测量对象	被测设备的额定电压（V）	所选兆欧表的额定电压（V）
控制电器的线圈绝缘电阻	500及以下 500以上	500 1 000
电力变压器线圈绝缘电阻	—	1 000～2 500
电动机线圈绝缘电阻	380及以下	1 000
电气设备绝缘	500及以下 500以上	500或1 000 2 500
绝缘子	—	2 500或5 000

（2）兆欧表的接线和使用方法

兆欧表有3个接线柱，上面分别标有线路（L）、接地（E）和屏蔽或保护环（G），下面分别讨论几种常见线路中绝缘电阻的接线方法。

1）照明及动力线路绝缘电阻的测量

测量被测线路对地绝缘电阻的电路如图1—19a所示，将兆欧表接线柱E可靠接地，接线柱L与被测线路连接。按顺时针方向由慢到快摇动兆欧表的发电机手柄，大约1 min，待兆欧表指针稳定后读数。这时兆欧表指示的数值就是被测线路的对地绝缘电阻值，单位是MΩ。

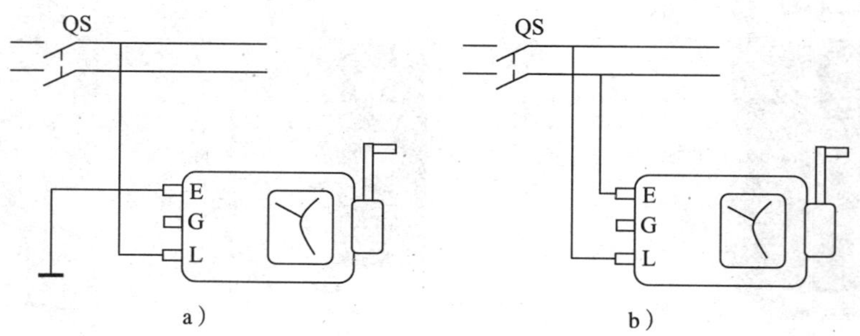

图1—19　兆欧表测量导线绝缘电阻
a）测量导线对地绝缘　b）测量导线间绝缘

测量被测线路线间绝缘电阻的电路如图 1—19b 所示，将兆欧表接线柱 E 连接线路一根导线，接线柱 L 与被测线路另一根导线连接。按顺时针方向由慢到快摇动兆欧表的发电机手柄，大约 1 min，待兆欧表指针稳定后读数。这时兆欧表指示的数值就是被测线路的线间绝缘电阻值。

2）电动机绝缘电阻的测量

拆开电动机绕组的Y或△形联接的连线，用兆欧表的两接线柱 E 和 L 分别接电动机的两相绕组，如图 1—20a 所示。摇动兆欧表的发电机手柄读数，此接法测出的是电动机绕组的相间绝缘电阻。电动机绕组对地绝缘电阻的测量接线如图 1—20b 所示。接线柱 E 接电动机机壳（应清除机壳上接触处的漆或锈等），接线柱 L 接电动机绕组上。摇动兆欧表的发电机手柄读数，测量出电动机对地绝缘电阻。

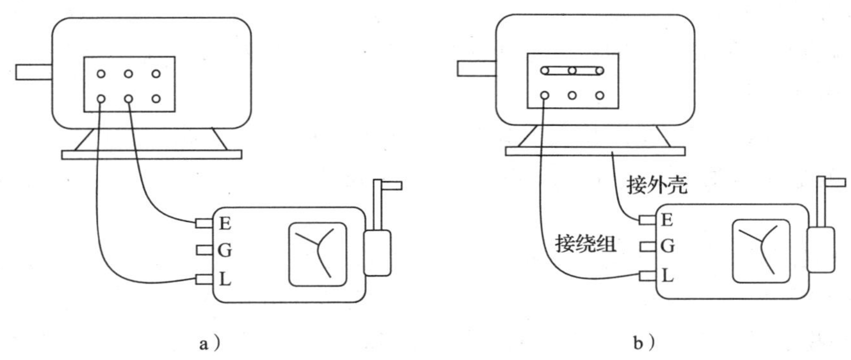

图 1—20　电动机绝缘电阻的测量

a）测量电动机相间绝缘电阻　b）测量电动机与地（外壳）绝缘电阻

3）电缆绝缘电阻的测量

测量时的接线方法如图 1—21 所示。将兆欧表接线柱 E 接电缆外壳，接线柱 G 接电缆线芯与外壳之间的绝缘层上，接线柱 L 接电缆线芯，摇动兆欧表的发电机手柄读数，测量结果即电缆线芯与电缆外壳的绝缘电阻值。

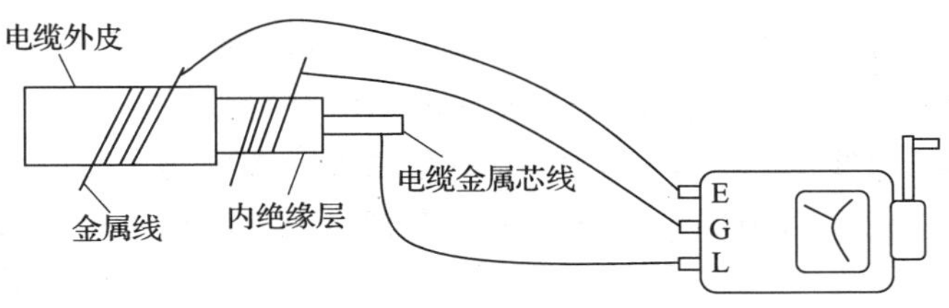

图 1—21　电缆绝缘电阻的测量

（3）使用兆欧表测量电气设备绝缘电阻的步骤

1）正确选择兆欧表。选择兆欧表的原则，一是其额定电压一定要与被测电气设备或电路的工作电压相适应，二是其测量范围也应与被测绝缘电阻的范围相符合，以免引起大的读数误差。

2）兆欧表的接线。将兆欧表按前述的接线方法进行正确的接线。

3）使用兆欧表前的检查。使用兆欧表前要先检查其是否完好。检查步骤是：在兆欧表未接通被测电阻之前，摇动手柄使发电机达到 120 r/min 的额定转速，观察指针是否指在标度尺的“∞”位置，再将接线柱 L 和 E 短接，缓慢摇动手柄，观察指针是否指在标度尺的“0”位置。如果指针不能指在相应的位置，表明兆欧表有故障，必须检修后才能使用。

（4）使用兆欧表时的注意事项

1）测量设备的绝缘电阻时，必须先切断设备的电源。对含有大电容的设备，测量前应先进行放电，测量后也应及时放电，放电时间不得小于 2 min，以保证人身安全。

2）兆欧表应水平放置，未接线之前，应先摇动兆欧表，观察指针是否在“∞”处，再将 L 和 E 两接线柱短路，慢慢摇动兆欧表，指针应指在零处。经开、短路试验，证实兆欧表完好方可进行测量。

3）兆欧表与被测设备间的连接导线应用多股软线，且两根引线分开连接，以避免导线间的电阻引起误差。

4）摇动手柄时，应由慢渐快至额定转速（120 r/min）。在此过程中，若发现指针指零，说明被测绝缘体发生短路事故，应立即停止摇动手柄，避免兆欧表内线圈因发热而损坏。

5）兆欧表测量完毕，应立即使被测物放电，在兆欧表的摇把未停止转动和被测物未放电前，不可用手去触及被测物的测量部位或进行拆线，以防止触电。

6）被测物表面应擦拭干净，不得有污物（如油漆等），以免造成测量数据不准确。

3. 钳形电流表

钳形电流表的是一种不需断开电路即可测量电流的电工仪表。钳形电流表的外观如图 1—22 所示。

（1）钳形电流表的结构和原理

钳形电流表是集电流互感器与电流表于一身的仪表，其工作原理与电流互感器测电流是一样的。钳形电流表是由电流互感器和电流表组合而成。电流互感器的铁芯在捏紧扳手时可以张开，被测电流所通过的导线可以不必切断就可穿过铁芯张开的缺口，当放开扳手后铁芯闭合。穿过铁芯的被测电路导线就成为电流互感器的一次线圈，其中通过电流便在二次线圈中感应出电流。从而使二次线圈相连接的电流表便有指示——测出被测线路的电流。

图 1—22　钳形电流表外观

（2）钳形电流表的使用

1）首先正确选择钳形电流表的电压等级，检查其外观绝缘是否良好，有无破损，指针是否摆动灵活，钳口有无锈蚀等。

2）根据电动机功率估计额定电流，以选择表的量程。若无法估计被测电流的大小，则应先从最大量程开始，逐步换成合适的量程。注意，转换量程应在退出导线后进行。

3）测量并读取测量结果。合上电源开关，将被测电流导线置于钳口内的中心位置，以免增大误差。若量程不对，应在退出钳口后转换量程开关。如果转换量程后指针仍不动，需继续减小量程至较小量程。

4）由于钳形电流表本身精度较低，在测量小电流时，可采用下述方法：先将被测电路的导线绕几圈，再放进钳形表的钳口内进行测量。此时钳形表所指示的电流值并非被测量的实际值，实际电流应当为钳形表的读数除以导线缠绕的圈数。

5）钳形表钳口在测量时闭合要紧密，闭合后如有杂音，可打开钳口重新开合一次，若杂音仍不能消除时，应检查磁路上各接合面是否光洁，有尘污时可用酒精或汽油擦拭干净。

6）测量完毕，应将仪表的量程开关置于最大量程位置上，以防下次使用时由于使用疏忽而造成仪表损坏。

技能训练

常用电工仪表的实训操作

1. 训练目标

（1）掌握万用表的使用和维护技能。

（2）掌握钳形电流表的使用和维护技能。

（3）掌握兆欧表的使用和维护技能。

2. 器材准备

三相异步电动机 Y112－4（4 kW、7.5 kW 各 1 台），万用表（MF－47 型或自定）1 块，QJ23 型单臂电桥 1 台，钳形电流表（互感器式钳形电流表）1 块，连接导线（BVR－2.5 mm^2）若干，三相刀开关（HK2－15/3，380 V）1 只，兆欧表（ZC25－3 型或自定）1 台，三相四线交流电源（380 V/220 V，20 A）1 处，电工通用工具 1 套，绝缘胶布（自定）1 卷，绝缘鞋、工作服等。

3. 训练内容及步骤

（1）训练内容

1）用万用表估测三相异步电动机（Y112M－4，4 kW）的绕组阻值。

2）用单臂电桥测量三相异步电动机（Y112M－4，4 kW）的绕组阻值。

3）用兆欧表测量三相异步电动机（Y112M－4，4 kW）的绝缘电阻。

4）用钳形电流表测量三相异步电动机（Y112M－4，4 kW）的线电流。

（2）训练步骤

1）将三相异步电动机接线盒拆开，取下所有接线柱之间的连接片，使三相绕组各自独立。

2）选择合适的量程，用万用表估测三相异步电动机（Y112M－4，4 kW）的绕组阻值，并正确读出测量值。

3）选择合适的量程，用单臂电桥分别测量三相异步电动机各相绕组的电阻值，并正确读出测量值。

4）用兆欧表测量三相绕组之间以及各相绕组与机座之间的绝缘电阻。

①测量前的准备。测量前要切断被测电动机的电源，然后打开接线盒端盖，取下电动机接线盒内的连接片和电源进线。

②检查兆欧表的好坏。在兆欧表未接线之前，手摇发电机手柄使其达到额定转速120 r/min，观察指针是否指在"∞"位置。将L接线柱和E接线柱短接，这时要缓慢摇动发电机手柄，观察指针是否指在零位。

③先测量各相绕组对地的绝缘电阻。测量发动机U相绕组对地的绝缘电阻：将兆欧表的E接线柱接电动机的外壳，L接线柱接电动机U相绕组接线端上。摇动发电机手柄，应由慢渐快直至转速为120 r/min，然后保持匀速。若发现指针指零，应立即停止摇动手柄。应注意，兆欧表的读数应在匀速摇动手柄1 min后读取。

可用相同的方法测量电动机V相、W相绕组对地的绝缘电阻。

④测量电动机两相绕组之间的绝缘电阻。以测量电动机U、V两相绕组之间的绝缘电阻为例，将兆欧表的L接线柱和E接线柱分别接在U、V两相绕组接线端，摇动手柄1 min后读取读数。

⑤记录测量结果。用笔记录各测量结果，如电动机各相绕组对地的绝缘电阻和各相绕组之间的绝缘电阻均大于0.5 MΩ，则基本符合技术要求。

⑥维护与保养。安装电动机接线盒内的连接片，将接线盒端盖盖上，并将螺钉拧紧，操作结束。

5）按电动机铭牌规定恢复有关接线柱之间的连接片，然后接通三相交流电源。用万用表测量三相异步电动机的线电压，然后通电运行，用钳形电流表测量电动机启动瞬时电流和空载电流。

课后练习

用万用表做测量电阻的练习。

课题2　电工材料及低压电器的选用

学习目标

1. 熟悉常用电工材料的性能和用途，熟悉电线电缆的常用规格型号及安全载流估算。

2. 掌握接线端子的类型及选用方法，熟悉常用线槽、管材的选用方法。

3. 了解常用低压电器的结构与工作原理，熟悉常用低压电器的符号、型号及用途。

一、电工材料及电工常用电线电缆

常用电工材料分为四类：绝缘材料、导电材料、特殊导电材料和磁性材料。

1. 绝缘材料

绝缘材料又称电介质。它在外加电压作用下，只有微小的电流通过，其电阻率大于 $10^7\ \Omega \cdot m$。

(1) 绝缘材料的用途

绝缘材料的主要作用是隔离不同电位的导体，使电流能按一定的方向流动。在电工产品的结构中，绝缘材料占有极其重要的地位，它对于提高产品质量、减小产品体积，降低产品成本，提高电工产品工作的准确性和安全程度都起着显著的作用。

(2) 绝缘材料的主要性能

绝缘材料的好坏，一般是以它的电气、机械、物理和化学性能来衡量。电工产品的质量和使用寿命，很大程度上取决于绝缘材料的这些性能。因为绝缘材料的耐热性、强度和寿命都比金属材料低，因此，绝缘材料是电工产品最薄弱的环节，许多故障发生在绝缘部分。各种绝缘材料都具有不同的特性，这些特性主要有以下几项：

1）电介质的击穿强度

绝缘材料在高于某一极限数值的电场强度作用下，通过电介质的电流与施加在介质上的电压关系就发生变化，电流将会突然猛增。这时绝缘材料被破坏而失去了绝缘性能，这种现象称为电介质的击穿。电介质发生击穿时的电压称为击穿电场电压；电介质被击穿时的强度，称为击穿电场强度，单位为 kV/mm。固体绝缘的击穿，常发生在电极边缘，一般分为热击穿、电击穿和局部放电击穿三种形式。

热击穿是由于电介质内部介质损耗而发出热量，如果热量来不及发散出去，就会使电介质内部温度增高，导致分子结构被破坏而击穿，称为热击穿。热击穿是电气设备中绝缘破坏最常见的一种击穿形式。所以，运行维护人员，必须经常注意检查运行着的电气设备的温升情况。

电击穿是指在强电场作用下，电介质内部带电质点剧烈运动，发生碰撞电离，破坏了分子结构，结果使绝缘材料击穿。

局部放电击穿是指在强电场作用下，电介质内部的气泡首先发生碰撞电离而放电，杂质也因受电场加热而气化，产生气泡，于是使气泡放电进一步发展，导致材料裂解、分解、腐蚀破坏而击穿。

实际上，绝缘结构发生击穿，常常是电、热、放电多种击穿现象同时存在，很难截然分开。

2）绝缘电阻

绝缘材料并不是绝对不导电的材料，在一定的直流电压作用下，绝缘材料中会流过极其微小的电流，并随时间增长而渐渐减小，最后趋于一稳定值。一般认为，在加上电压 1 min 后，所测得的电流为漏导电流，依此计算出来的电阻即为绝缘电阻。

影响绝缘材料的绝缘电阻率的主要因素有温度、水分和杂质等。同一种绝缘材料，由于受环境条件的影响，绝缘电阻值会有很大的差异。工程上常以绝缘电阻值的大小来判断电机、电器、变压器等设备的受潮程度，并决定能否运行。在检查低压电动机绕组对机座的绝缘时，一般测出的绝缘电阻在 0.5 MΩ 以上时，说明该电动机的绝缘尚好，可以继续使用。如果在 0.5 MΩ 以下，则说明该电动机已受潮，或绕组绝缘很差。

3）耐热性

电气设备在运行时，导体和磁性材料都会发热，并传到电介质中；电介质本身由于存在介质损耗也要发热；或者整个电气设备就处在高温环境中工作，所以电气设备的绝缘材料长期在热态下工作。绝缘耐热性是指绝缘材料承受高温而不改变电气、机械、理化等特性的能力。对于低压电机、电器而言，绝缘的耐热性是决定绝缘性能的主要因素。

绝缘材料在高温作用下，往往性能在短时内就会发生显著的恶化。例如，绝缘材料发生软化，绝缘塑料因增塑剂挥发而变硬变脆，绝缘由气化而带来着火危险。电气设备有时在低温环境下工作，寒冷也会使材料的力学性能变坏，甚至不能使用。

低压电机、电器的额定功率实际上决定于绝缘在运行中所能承受的最热点的温度。使用耐热性好的绝缘材料，可使电机、电器的体积和质量都大大减小，技术经济指标和使用寿命得到提高。绝缘材料按其允许最高温度分 7 个耐热等级，见表 1—2。

表 1—2　　绝缘材料的耐热等级和极限温度

等级代号	耐热等级	极限温度（℃）	等级代号	耐热等级	极限温度（℃）
0	Y	90	4	F	150
1	A	105	5	H	180
2	E	120	6	C	>180
3	B	130			

4）力学性能

力学性能主要有硬度和强度。硬度表示绝缘材料表面层受压后不变形的能力，强度包括抗拉强度、抗压强度、抗弯强度以及抗冲击强度等。由绝缘材料构成的各种绝缘零件和绝缘结构，在使用时都要承受一种或同时承受几种形式的机械负荷，如拉伸、扭曲、弯折、振动等多种形式力的作用，因此，要求绝缘材料本身应具有一定的力学性能。除上述基本性能外，在实际选择应用时，绝缘材料的极化、损耗、老化、吸湿性；液体绝缘材料的黏度、酸值和干燥时间等也都是一些重要的性能，选用时均应考虑。

（3）绝缘材料的分类和型号

绝缘材料的品种很多，按照我国机械工业部标准的分类办法是：先按材料的应用或工艺特征分大类，各大类中再按使用范围及形态分小类，在小类中又按其主要组成成分和基本工艺分为品种，品种中划分规格。各大类和小类名称见表 1—3 和表 1—4。

表 1—3　　绝缘材料的分类

大类代号	产品大类名称	大类代号	产品大类名称
1	漆、树脂和胶类	4	塑料类
2	浸渍纤维制品类	5	云母制品类
3	层压制品类	6	薄膜、黏带和复合制品类

表 1—4　　各大类中按适用范围及形态划分小类

1 类：漆、树脂和胶类	4 类：塑料类
0－有溶剂浸渍漆类	0－木粉填料塑料类
1－无溶剂浸渍漆类	1－其他有机物填料塑料类
2－覆盖漆类	2－石棉填料塑料类
3－磁漆类	3－玻璃纤维填料塑料类
4－胶粘漆、树脂类	4－云母填料塑料类
5－熔敷粉末类	5－其他矿物填料塑料类
6－硅钢片漆类	6－无机填料塑料类
7－漆包线漆类	**5 类：云母制品类**
8－胶类	0－云母带类
2 类：浸渍纤维制品类	1－柔软云母板类
0－棉纤维漆布类	2－塑型云母板类
2－漆绸类	3－玻璃塑型云母板类
4－玻璃纤维漆布类	4－云母带类
6－防电晕漆布类	5－换向器云母板类
7－漆管类	7－衬垫云母板类
8－绑扎带类	8－云母箔类
3 类：层压制品类	9－云母管类
0－有机底材层压板类	**6 类：**
2－无机底材层压板类	0－薄膜类
3－防电晕及导磁层压板类	2－薄膜黏带类
4－敷铜箔层压板类	3－橡胶及织物黏带类
5－有机底材层压管类	5－薄膜绝缘纸及薄膜玻璃漆布复合箔类
6－无机底材层压管类	6－薄膜合成纤维纸复合箔类
7－有机底材层压棒类	7－多种材料复合箔类
8－无机底材层压棒类	

注：绝缘材料产品的大类及小类号均以 0 至 9 取 10 个号，其中缺号数供今后产品种类增加和新型号出现时使用。

为了全面表示固体电工绝缘材料的类别、品种和耐热等级，用四位数字来表示绝缘材料的型号。必要时，增加一位数字。表示绝缘材料产品型号的方法如图 1—23 所示。

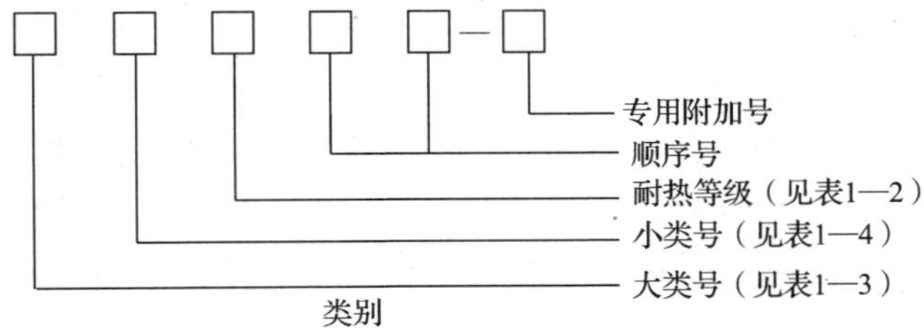

图 1—23　绝缘材料的型号含义

第一位数字为大类代号，以表 1—3 中的数字代号表示。第二位数字表示同一分类中的不同品种，以表 1—4 中的数字代号表示。第三位数字为耐热等级代号，以表 1—2 中的数字代号表示。第四位数字为同一种品种的顺序号，用以表示配方、成分或性能上的差别。例如，1031 与 1032，同属 B 级的浸渍漆，但 1031 为丁基酚醛醇酸树脂漆，而 1032 为三聚氰胺醇酸浸渍漆。

由于云母的种类较多，除白云母以外的其他云母制品还要在四位数字的后面加一位数字，1 表示粉云母制品，2 表示金云母制品，如 5438—1 表示环氧玻璃粉云母带，5450—2 表示有机硅玻璃金云母带。

（4）绝缘材料产品简介

1）绝缘漆。绝缘漆主要由漆基、溶剂、稀释剂、催干剂、增塑剂等辅助材料组成。按用途可分为浸渍漆、涂覆漆、胶粘漆三大类。但在实际使用中，一种漆往往兼有多种用途。

2）绝缘胶。绝缘胶和绝缘漆的区别在于：绝缘胶中不含有挥发性的溶剂，黏度较大，一般加有填料。广泛用于浇注电缆接头和套管，以及密封电子元件和零部件等。

3）熔敷粉末。熔敷粉末是一种粉末状的绝缘材料，属于无溶剂涂料，主要用来涂敷小电机、微电机定、转子铁芯作为槽绝缘和导线绝缘，也可用于小型变压器和电器外壳的涂敷等。

4）浸渍纤维制品。浸渍纤维制品是以绝缘纤维制品为底材，浸以绝缘漆制成的产品，产品有漆布（绸）、漆管和绑扎带三类，主要用于电机、电器、仪表、电线电缆及无线电的制造和安装中做槽部、匝间、线圈和相间绝缘，连接和引出线的包扎，以及变压器铁芯、电机转子绕组绑扎等。

5）绝缘层压制品。绝缘层压制品是以纸或布作底材，浸涂不同的胶粘剂，经热压（或卷制）而制成的层状结构绝缘材料。一般都作为绝缘材料和结构材料应用于电气与电子工业中。

6）电工塑料。电工塑料品种很多，主要用以加工成各种规格形状电工设备的绝缘零部件、结构件，以及作为电线电缆的绝缘层、保护套等。

7）云母及其制品。云母具有很强的解理性（可以劈裂成 $5 \sim 10\ \mu m$ 的薄片），很好的耐热性，极好的介电性（其体积电阻率一般在 $10^{11} \sim 10^{14}\ \Omega \cdot m$），化学稳定性好，吸湿性也很小。由云母片或粉云母、胶粘剂和补强材料（云母带纸、电话纸、绸和无碱玻璃布等）制成云母板、云母带、云母箔、云母玻璃等各种制品。主要作电机、电器绝缘，如垫圈、垫片、阀型避雷器的零件等。

8）电工薄膜、复合制品和黏带。电工薄膜是由高分子化合物制成的一种薄而软的材料。主要用于电机、电器线圈和电线电缆的绕包绝缘以及作电容器的介质。复合制品是在薄膜的一面或双面黏合绝缘纸或漆布等组成的一组复合材料，适于作中、小电机槽绝缘，电机、电器相间绝缘和线圈端部绝缘。黏带是指在常温或在一定温度下，能自黏成型的带状材料，使用方便，适于作电机及电器线圈绝缘、包扎固定和电线接头的包扎绝缘等。

2. 导电材料

(1) 常用导电材料

金属大部分是导电材料，用作导电材料的金属必须同时具备下列特点：导电性能好（即电阻系数小）；具有足够的强度；不易氧化，不易腐蚀；容易加工和焊接；资源丰富，价格便宜。

铜和铝基本符合上述要求，因此，它们是最常用的导电材料。常用它们制成线材使用。

但是在某些特殊的场合，也需要用其他的金属或合金作为导电材料。如架空线需具有较高的强度，常选用铝镁硅合金；熔丝需具有易熔的特点，故选用铅锡合金；电热材料需具有较大的电阻系数，常选用镍铬合金或铁铬合金；电光源的灯丝要求熔点高，需选用钨丝作导电材料。

用导电材料制成的电线产品称为电线电缆。电线电缆品种繁多，维修电工常用电线电缆分为裸电线和绝缘电线电缆两类。

1）裸电线。裸电线是指仅有导体外表面没有绝缘层的电线。如架空输电用的绞线、软接线、型线和圆单线等。

软接线是指由多股铜线或镀锡铜线绞合、编织而成的。它具有柔软、耐弯曲、耐振动等特点。其常用品种见表 1—5。型线是指适应不同用途的电缆和电气设备元件要求而制成的矩形、梯形等非圆形截面的裸电线。其常用品种见表 1—6。

表 1—5　　常用软接线品种

名称	型号	主要用途
裸铜电刷线 软裸铜电刷线	TS① TSR	供电机、电气线路连接电刷用
裸铜软绞线	TRJ② TRJ－3 TRJ－4	供移动式电气设备连接线用，如开关等 供要求较柔软的电气设备连线用，如接地线、引出线等 供要求特别柔软的电气设备连接线用，如可控硅的引线等
软裸铜编织线	TRZ③－1 TRZ－2	供移动式电气设备和小型电炉连接线用

①S 表示电刷线，②J 表示绞线，③Z 表示编织线。

表 1—6　　常用型线品种

类别	名称	型号	主要用途
扁线	硬扁铜线 软扁铜线 硬扁铝线 软扁铝线	TBY TBR LBY LBR	适用于电机电器安装配电设备及其他电工制品
母线	硬铜母线 软铜母线 硬铝母线 软铝母线	TMY TMR LMY LMR	适用于电工电器、安装配电设备及其他电工制品，也可以作输配电的汇流排

续表

类别	名称	型号	主要用途
铜带	硬铜带 软铜带	TDY TDR	适用于电机电器，安装配电设备及其他电工制品
铜排	梯形铜排	TPT	供制造直流电机换向器用

2）绝缘导线。绝缘导线是指导体外表有绝缘层的导线。根据其作用，绝缘导线可分为电磁线和电气装备用绝缘导线两大类。

电磁线是一种具有绝缘层的导电金属线，用以绕制电工产品的绕组或线圈。常用电磁线有漆包线和绕包线两种，其导电线芯有圆线和扁线两种。

漆包线是将绝缘漆涂在导电线芯的表面，经过烘干形成以漆膜为绝缘层的电磁线。其特点是：漆膜均匀、光滑，漆膜较薄。它广泛应用于中小型电机、微电机、干式变压器及其他电工产品中。普通漆包线是指长期使用温度在155℃及以下的漆包线、聚酯亚胺漆包线等；耐高温漆包线是指长期使用温度在180℃及以上的漆包线，常用的有聚酰亚胺漆包线、聚酰胺酰亚胺漆包线等。

绕包线是以绝缘纸、天然丝、玻璃丝等纤维材料或合成薄膜材料等紧密绕包在导电线芯上，以形成绝缘层的电磁线。也有在漆包线上再绕包绝缘层的。除薄膜绕包线外，都还要经过浸渍处理，以提高其电性能、力学性能和防潮性能。绕包线一般用于大中型电工产品中。

电气装备用绝缘导线包括：将电流直接传输到用电设备、电器的电源连接线，各种电气设备内部的装接线，以及各种电气设备的控制、信号、继电保护和仪表用电线。电气装备用绝缘线的芯线多由铜、铝制成，可采用单股或多股。它的绝缘层可采用橡胶、塑料、棉纱、纤维等。

电气设备用的电线电缆的各种系列中，根据它们的特性以及导电线芯、绝缘层、护套层的材料，分为若干品种。现将常用品种、规格、特性及其用途分别介绍如下：

①B 系列橡皮、塑料电线

这种系列的电线结构简单，质量轻，价格低，电气和力学性能有较大的裕度，广泛应用于各种动力、配电和照明电路，并用于中小型电气设备作安装线。它们的交流工作电压为500 V，直流工作电压为1 000 V。

B 系列中常用的品种见表1—7。

表1—7　　B 系列中常见的品种

型号		产品名称	长期最高工作温度（℃）	用途
铜芯	铝芯			
BX①	BLX	橡皮绝缘电线	65	固定敷设于室内（明敷、暗敷或穿管），可用于室外，也可作设备内部安装用线
BXF②	BLXF	氯丁橡皮绝缘电线	65	同 BX 型。耐气候性好，适用于室外

续表

型号		产品名称	长期最高工作温度（℃）	用途
铜芯	铝芯			
BXR		橡皮绝缘软电线	65	同BX型。仅用于安装时要求柔软的场合
BXHF③	BLXHF	橡皮绝缘和护套电线	65	同BX型。适用于较潮湿的场合和做室外进户线，可代替老产品铅包电线
BV④	BLV	聚氯乙烯绝缘电线	65	同BX型。且耐湿性和耐气候性较好
BVR		聚氯乙烯绝缘软导线	65	同BX型。仅用于安装时要求柔软的场合
BVV⑤	BLVV	聚氯乙烯绝缘和护套电线	65	同BX型。用于潮湿的机械防护要求较高的场合，可直接埋于土壤中
BV－105⑥	BLV－105	耐热聚氯乙烯绝缘电线	105	同BX型。用于45℃及其以上高温环境中
BVR－105		耐热聚氯乙烯绝缘软电线	105	同BX型。用于45℃及其以上高温环境中

①“X”表示橡皮绝缘；②“XF”表示氯丁橡皮绝缘；③“HF”表示非燃性橡套；④“V”表示聚氯乙烯绝缘；⑤“VV”表示聚氯乙烯绝缘和护套；⑥“105”表示耐温105℃。

②R系列橡皮、塑料软线

这种系列软线的线芯是用多根细铜线绞合而成，它除了具备B系列电线的特点外，还比较柔软，大量用于日用电器、仪表及照明线路。R系列中常用的品种见表1—8。

表1—8　　R系列橡皮、塑料软线常用品种

型号	产品名称	工作电压（V）	长期最高工作温度（℃）	用途及使用条件
RV RVB① RVS②	聚氯乙烯绝缘软线	交流250 直流500	65	供各种移动电器、仪表、电信设备、自动化装置接线用，也可作内部安装线。安装时环境温度不低于－15℃
RV－105	耐热聚氯乙烯绝缘软线	交流250 直流500	105	同BX型。用于45℃及其以上高温环境中
RVV	聚氯乙烯绝缘和护套软线	交流250 直流500	65	同BV型。用于潮湿和机械防护要求较高以及经常移动、弯曲的场合
RFB③ RFS	丁腈聚氯乙烯复合物绝缘软线	交流250 直流500	70	同RVB、RVS型。且低温柔软性较好

续表

型号	产品名称	工作电压（V）	长期最高工作温度（℃）	用途及使用条件
RXS RX	棉纱编织橡皮绝缘双绞软线、棉纱纺织橡皮绝缘软线	交流 250 直流 500	65	室内日用电器、照明用电源线
RXB	棉纱纺织橡皮绝缘平型软线	交流 250 直流 500	65	室内日用电器、照明用电源线

①“B”表示两芯平型；②“S”表示两芯绞型；③“F”表示复合物绝缘。

③Y 系列通用橡套电缆

这种系列的电缆适用于一般场合，作为各种电气设备、电动工具、仪器和日用电器的移动电源线，所以称为移动电缆。

按其承受机械力分为轻、中、重三种形式。Y 系列中常用的品种见表 1—9。它的最高工作温度为 65℃。

表 1—9　　Y 系列通用橡套电缆品种表①

型号	产品名称	交流工作电压（V）	特点和用途
YQ②	轻型橡套电缆	250	轻型移动电气设备和日用电器电源线
YQW③			轻型移动电气设备和日用电器电源线，且具有耐气候和一定的耐油性能
YZ④	中型橡套电缆	500	各种移动电气设备和农用机械电源线
YZW			各种移动电气设备和农用机械电源线，且具有耐气候和一定的耐油性能
YC⑤	重型橡套电缆	500	同 YZ 型。能承受一定的机械外力作用
YCW			同 YC 型。能承受一定的机械外力作用，且具有耐气候和一定的耐油性能

①表中产品均为铜导线芯；②“Q”表示轻型；③“W”表示户外型；④“Z”表示中型；⑤“C”表示重型。

④电线电缆的允许载流量

电线电缆的允许载流量是指在不超过它们最高工作温度的条件下，允许长期通过的最大电流值，所以允许载流量又称为安全电流。这是电线电缆的一个重要参数。

单根 RV、RVB、RVS、RVV 和 BLVV 型电线在空气中敷设时的载流量（环境温度为 +25℃），见表 1—10。

表 1—10　　长期允许载流量表

标称截面积（mm^2）	长期连续负荷允许载流量（A）			
	一芯		二芯	
	铜芯	铝芯	铜芯	铝芯
0.3	9	—	7	—
0.4	11	—	8.5	—

续表

标称截面积（mm^2）	长期连续负荷允许载流量（A）			
	一芯		二芯	
	铜芯	铝芯	铜芯	铝芯
0.5	12.5	—	9.5	—
0.75	16	—	12.5	—
1.0	19	—	15	—
1.5	24	—	19	—
2.0	28	—	22	—
2.5	32	25	26	20
4	42	34	36	26
6	55	43	47	33
10	75	59	65	51

（2）特殊导电材料

1）常用电阻材料

电阻材料是用于制造各种电阻元件的合金材料，又称为电阻合金。其基本特性是具有高的电阻率和很低的电阻温度系数。

常用的电阻合金有康铜丝、新康铜丝、锰铜丝和镍铬丝等。康铜丝以铜为主要成分，具有较高的电阻系数和较低的电阻温度系数，一般用于制作分流、限流、调整等电阻器和变阻器。新康铜丝是以铜、锰、铬、铁为主要成分，不含镍，是一种新型电阻材料，性能和康铜丝相似。锰铜丝是以锰、铜为主要成分，具有电阻系数高、电阻温度系数低及电阻性能稳定等优点，通常用于制造精密仪器仪表的标准电阻、分流器及附加电阻等。镍、铬丝以镍、铬为主要成分，电阻系数较高，除可用作电阻材料外，还是主要的电热材料，通常用于电阻式加热仪器及电炉。

2）常用电热材料

电热材料主要用于制造电热器具及电阻加热设备中的发热元件，作为电阻接入电路，将电能转换为热能。对电热材料的要求是电阻率要高，电阻温度系数要小，能耐高温，在高温下抗氧化性好，便于加工成型等，常用电热材料主要有镍铬合金、铁铬铝合金及高熔点纯金属等。

3）常用熔体材料

熔体材料是一种保护性导电材料，作为熔断器的核心组成部分，具有过载保护和短路保护的功能。熔体一般都做成丝状或片状，称为保险绳或保险片，统称为熔丝，是电工经常使用的电工材料。

常用的是铅锡合金丝，它的特点是熔点低。熔丝是低压熔断器最主要的零件。将熔丝串联在线路中，当电流超过允许值时，熔丝首先被熔断而切断电源。因此起着保护其他电气设备的作用。

正确、合理地选择熔丝，对保证线路和电气设备的安全运行关系很大。选择的原则是：

第一，当电流超过设备正常值一定时间后，熔丝应熔断。

第二，在电气设备正常短时过电流时（如电动机启动等），熔丝不应熔断。选择的方法因线路不同而有所差异。

①照明及电热设备线路

a. 在线路上总熔丝的额定电流等于电能表额定电流的0.9～1倍。

b. 在支路上熔丝的额定电流等于支路上所有负载额定电流之和的1～1.1倍。

②交流电动机线路

a. 单台交流电动机线路上熔丝的额定电流等于该电动机额定电流的1.5～2.5倍。

b. 多台电动机线路上的额定电流等于线路上功率最大的一台电动机额定电流的1.5～2.5倍，再加上其他电动机额定电流的总和。

系数应这样控制：若电动机是空载或轻载启动的，则系数取小一些；反之则取大一些。在个别情况下，系数取2.5倍后不能满足电动机启动要求时，还可以适当放大，但不能超过3倍。对于用补偿器启动的交流电动机，系数取1.5～2倍。

③交流电焊机线路

单台交流电焊机线路上的熔丝可用下列简便方法估算：

a. 电源电压是220 V时，熔丝的额定电流等于电焊机功率（kW）数值的6倍。

b. 电源电压超过380 V时，熔丝的额定电流等于电焊机功率（kW）数值的4倍。

3. 磁性材料

电机、变压器和电磁铁等，都是利用电磁感应原理制造的电气设备，它们都需要磁性材料构成磁通回路，并要求磁性材料具有高的磁导率和低的铁损耗。同时，还要有较好的机械加工性能。

各种物质在外界磁场的作用下，都会呈现出不同的磁性，根据其磁性材料的特性，分为软磁材料和硬磁材料（又称永磁材料）两大类。

（1）软磁材料

软磁材料的主要特点是磁导率高，剩磁弱。这类材料在较弱的外界磁场作用下，就能产生较强的磁感应强度，而且随着外界磁场的增强，很快就达到磁饱和状态；当外界磁场去掉后，它的磁性就基本消失。

软磁材料主要用作传递、转换能量的磁性零部件或器件。如在电机、变压器上作铁芯导磁体，另外还可以用在扼流圈和继电器铁芯上。常用的有电工用纯铁和硅钢片两种。

电工用纯铁一般含碳量在0.04%以下，饱和磁感应强度高，冷加工性好，但电阻率高。常用于直流电机磁极和直流电磁铁等直流磁场，常用的型号有DT3、DT4、DT5和DT6四种。

硅钢片是钢中掺入0.8%～4.5%硅制成。掺入硅后可以减小损耗，含硅越多，损耗越小。但含硅多，则钢片脆硬，不易加工。按照制造工艺不同，硅钢片可分为冷轧和热轧两种。一般用作电机、变压器、继电器、互感器等的铁芯。

（2）硬磁材料

硬磁材料的主要特点是剩磁强。这类材料在外界磁场的作用下，不容易产生较强的磁感应强度，但当其达到磁饱和状态后，即使把外界磁场去掉，它还能在较长时间内保持较强的磁性。对硬磁材料的基本要求是剩磁强、磁性稳定。

这类磁性材料主要用作储藏和提供磁能的永久磁铁。例如磁电式仪器用的钨钢和铬钢、测量仪表和微电机磁极铁芯里用的铝镍铁、铝镍钴等合金。

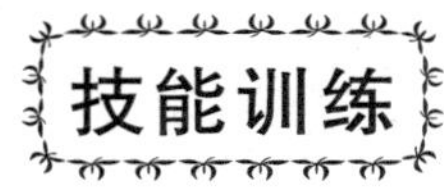

导线的识别与选用

1. 训练目标

（1）能识别绝缘导线的型号及线径。

（2）能选择常用熔丝规格与额定电流。

2. 器材准备

（1）钢丝钳、尖嘴钳、螺钉旋具、剥线钳、电工刀等电工工具。

（2）不同型号和不同线径的绝缘导线若干。

3. 训练内容及步骤

（1）训练内容

1）判别常用导线截面积与载流量。

2）判别常用熔丝规格与额定电流。

（2）训练步骤

1）让学生识别绝缘导线的型号及线径。

2）让学生判别常用熔丝规格与额定电流。

二、常用电工辅料及线槽、管材的选用

1. 电缆接头的类型选用

电缆接头是连接两根电缆形成连续电路的电缆附件。电缆线路中间部位的电缆接头称为中间接头，而线路两末端的电缆接头称为终端头。

它的主要作用是使线路通畅，使电缆保持密封，并保证电缆接头处的绝缘等级，使其安全可靠地运行。若是密封不良，不仅会漏油造成油浸纸干枯，而且潮气也会侵入电缆内部，使纸绝缘性能下降。

电缆接头按安装的场所可分为户内式和户外式两种。按制作安装材料又可分为热缩式（最常用的一种）、干包式和环氧树脂浇注式及冷缩式。按线芯材料可分为铜芯电力电缆头和铝芯电力电缆头。按接头材质分为塑料电缆接头和金属电缆接头。金属电缆接头又分为多孔金属电缆防水接头、防折弯金属电缆接头、双锁紧金属电缆防水接头、塑料软管电缆接头、金属软管电缆接头等。常用电缆接头如图 1—24 所示。

图 1—24　常用电缆接头

常用电缆接头压接工具有液压剪、剥皮器、机械液压钳、手动机械压接钳等。用压接钳对导线进行冷压接时，应先将导线表面的绝缘层及油污清除干净，然后将两根需要压接的电线头对准中心，确认在同一轴上后，然后用手扳动压接钳的手柄，压 2 ~3 次。铝 - 铜接头应压 3 ~4 次。一般手动压接钳可以压接 1 ~4 mm 的铝 - 铝导线和铝 - 铜导线。

2. 接线端子的类型及选用

按接线端子连接形式，接线端子主要有以下几类。

(1) 插拔式接线端子（见图 1—25）

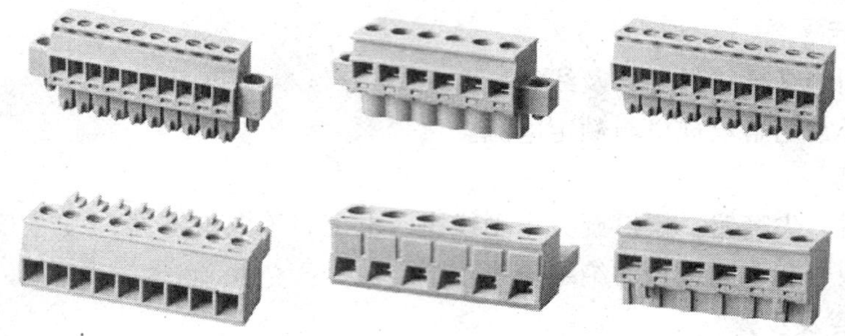

图 1—25 插拔式接线端子实物图

插拔式接线端子由两部分插拔连接而成，一部分将线压紧，然后插到另一部分，这部分再焊接到 PCB 板上。插座两端可加装配耳，装配耳在很大程度上可以保护接片并且可以防止接片排列位置不佳，同时这种插座设计可以保证插座正确地插进母体。插座也可以有装配扣位和锁定扣位。装配扣位可以起到更加稳固地固定到 PCB 板上，锁定扣位可以在安装完成后锁定母体和插座。

(2) 栅栏式接线端子

栅栏式接线端子是能够实现安全、可靠、有效的连接，特别是在大电流，高电压的使用环境中应用比较广泛。

(3) 弹簧式接线端子

弹簧式接线端子是利用弹簧性装置的新型接线端子，已广泛应用于世界电工和电子工程工业：照明、电梯升降控制、仪器仪表、电源、化学和汽车动力等。

(4) 轨道式接线端子

轨道式接线端子采用了可靠的螺纹连接技术、电子熔断技术和最新的电连接技术，广泛用于电力电子、通信、电气控制和电源等领域。

接线端子的选型，一般是从线径、电流、接线方向、应用场合、接线方式等方面考虑，选择线直径的大小和额定电流。接线方向一般有正面接线和侧面接线，主要是为了方便技术人员操作，提高工作效率。

3. 常用线槽、管材用途及选用

(1) 常用线槽的类型及用途

线槽又称走线槽、配线槽，它是用来将电源线、数据线等线材规范地整理、固定在墙上或者天花板上的电工用具，如图 1—26 所示。

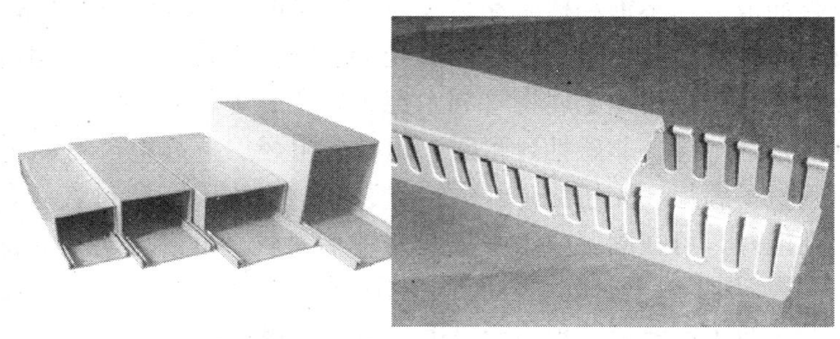

图 1—26　线槽

1）线槽的类型。按材质分，线槽可分为塑料材质线槽和金属材质线槽。按功能分，线槽可分为电话配线槽、明线配线槽、地板配线槽、绝缘配线槽、拨开式配线槽、室内装潢配线槽等。按外形分，线槽可分为一体式绝缘配线槽、圆形配线槽、迷你型配线槽、盖式配线槽等。

2）线槽的基本用途。金属线槽一般由电镀彩锌或镀锌板制成。用于线径较大、承重较大室内室外的电线电缆。塑料线槽具有绝缘、防弧、阻燃自熄等特点，主要用于电气设备内部布线。在 1 200 V 及以下的电气设备中，对敷设其中的导线起机械防护和电气保护作用。使用线槽后，配线方便，布线整齐，安装可靠，便于查找、维修和调换线路。

（2）常用管材的类型及基本用途

管材就是用于做管件的材料，常见管材如图 1—27 所示。

图 1—27　常见管材

1）常见管材的类型。按穿过电线电缆分，管材分为穿线管和电缆管；按材质分，管材分为金属管材和非金属管材。常见的金属管材有铝质管材（铝合金管材）、钢质管材（镀锌管材）、铜质管材（铜合金管材）等。常见的非金属管材有 PVC 管材和玻璃钢管材等。按外形分，管材分为圆形管材、方形管材、多孔管材（多孔栅格管材、多孔梅花管材、多孔蜂窝管材等）、螺纹管材等。

2）常见管材的基本用途

①玻璃钢管材。玻璃钢管材是一种新型的复合材料管材，它以树脂为基体、以玻璃纤

维为增强材料复合而成，与不饱和树脂黏结成型并能与现代电缆工程建设相配套。

玻璃钢管材具有抗压力强、重量轻、内壁光滑、摩擦系数小、在穿用电缆时轻松、不损伤电缆等优点。并且搬运要比金属钢管和水泥管轻松、方便。施工安装简便，既省事又省力。耐腐蚀性能强、绝缘、非磁性、耐酸、耐碱、阻燃、抗静电。弯曲弹性模量好，完全解决了金属钢管材易腐烂、无扭曲弹性的特点，同时也克服了塑料管易老化、抗冲击力差的不足。耐水性能好，可在潮湿或水中长期使用不变质。由于玻璃钢的特定性能，该玻璃钢管材使用寿命在50年以上。施工方便，在抢修特定工程时，效率尤为突出，是电力电缆工程、通信电缆市政工程及道路地下敷设电缆最为理想的保护装置。

玻璃钢管材可以应用于淤泥质软土地工区、湿陷性黄土地区、湖泊海洋地区及存在高深度化学腐蚀性介质地区等多种场地区域。采用配套的专用管枕组合，可组成多层多列的多管道排管方式。电缆过桥、过河等特殊环境进线时可用玻璃钢管材作为保护管。

玻璃钢管材典型的应用领域有：城市电网建设和改造工程，城市市政改造工程，民航机场工程建设，工业园区、小区工程建设，交通路桥工程建设等。

②PVC 管材。PVC 管材全称为“建筑用绝缘电工套管”，执行标准：JG 3050—1998。通俗地讲，它是一种白色的硬质 PVC 胶管，具有防腐蚀、防漏电等特点。

PVC 管材用于室内正常环境和高温、多尘、有震动及有火灾危险的场所，也可在潮湿的场所使用，不得在特别潮湿、有酸、碱、盐腐蚀和有爆炸危险的场所使用。使用环境温度为 $-15\sim+40$℃。PVC 管材具有优良的力学性能、抗腐蚀性能，耐压强度高，工作压力超过 2.5 MPa。PVC 管材表面光滑、流体阻力小，不结垢、不宜滋生微生物。热膨胀系数小，不收缩变形。

放在室外的 PVC 管材最好要防止暴晒、防止其他东西撞击。PVC 管材本身比较脆，暴晒会加速 PVC 管材的老化，受到剧烈撞击时易破裂。如果长期储存，可套上一层保护膜避免其风化。

③内外涂塑复合钢管。内外涂塑复合钢管具有优良的耐腐蚀性能。同时涂层本身还具有良好的电气绝缘性，不会产生电蚀。吸水率低，强度高，摩擦系数小，能够达到长期使用的目的。还能有效地防止植物根系及土壤环境应力的破坏。内外涂塑复合钢管具有连接便捷、维修简便的特点。

4. 线槽、管材的敷设

线管配线有明配和暗配两种。明配管要求横平竖直，整齐美观。暗配管要求管路短，畅通，弯头少，符合施工验收规范。

线管配线的操作程序，通常是先选好管子，对管子进行一系列加工后，再敷设管路，清除管内杂物，最后把导线穿入管内，并与各种用电设备连接。

（1）明管敷设

1）明管配线应横平竖直，整齐美观，施工前应熟悉图纸，使用线锤、灰线包进行画线，成排同规格管子之间距离应均匀，管子较多时可紧靠一起密摆布设，所有管子应排列整齐，转弯部分应按同心圆弧的形式进行排列。

2）明敷管子固定点之间应整齐均匀；管卡与终端、转弯中点、电气器具或接线盒边缘的距离为 150 ~ 500 mm；中间的管卡最大距离应符合表 1—11 的规定。

表 1—11　　钢管中间管卡最大距离

敷设方式	钢管名称	钢管直径（mm）			
		15～20	25～32	40～50	65～100
吊架、支架或沿墙敷设	厚钢管	1.5 m	2.0 m	2.5 m	3.5 m
吊架、支架或沿墙敷设	薄钢管	1.0 m	1.5 m	2.0 m	

3）对于电气配管，不允许将管子焊在支架或设备上，成排管并列时，接地、接零线的跨线应使用圆钢或扁钢进行焊接，不允许在管缝间直接焊接。

4）钢管进入灯头盒、开关盒、拉线盒、接线盒及配电箱时，暗配管可用焊接固定，管口露出盒（箱）应小于 5 mm 明配管应用锁母锁紧或用护圈帽固定，露出锁紧螺母的丝扣为 2～4 扣。

5）水平或垂直敷设的明配管路允许偏差值在 2 m 内均为 3 mm；全长不应超过管子内径的 1/2。

6）电气管路应敷设在热水管和蒸汽管的下面，在不得已的情况下，也允许敷设在上面，但相互间的距离应符合下列要求：

①当电气管路在热水管下面时为 0.2 m，在其上面时为 0.6 m。

②当电气管路在蒸汽管下面时为 0.5 m，在其上面时为 1 m。

当不能满足这些要求时，应采取隔热处理措施。对有保温措施的蒸汽管，相互间的净距离均可为 0.2 m。

7）两个出线盒（箱）之间，不应有 4 个及以上的直角弯。如有 4 个及以上的直角弯，应加装拉线盒。

8）垂直敷设的管子，按穿入导线截面积的大小，在每隔 10～20 m 处，增加一个固定穿线的接线盒（拉线盒），用绝缘线夹将导线固定在盒内，导线越粗，固定点之间的距离越短。

（2）暗管敷设

1）在混凝土内暗设管路时，管路不得穿越基础盒伸缩缝。如必须穿过时，应改为明管，并以金属软管或过路箱等作为补偿装置。

2）暗管敷设应密切与土建配合，采取在混凝土、楼板、地坪及墙内预埋的措施，如预埋套管、预留孔洞、槽等。预埋管应一律在管口堵以木塞或硬质泡沫塑料堵口，并在管内穿好铁丝。

3）敷设在墙内、地坪内的管子应满足下列要求：

①对于混凝土地面，暗管应尽量不深入土层中，但当弯头不能全部埋入时，可适当增加埋入深度。

②除设计有规定者外，出地管口高度一般不宜低于 200 mm。

③敷设位置应尽量与主筋平行，不使钢筋受损伤，如重叠时，管路应在钢筋上面或在上、下两层钢筋之间，以使管子不受较大的力。

④木楼板下的管子，可敷设在楼板下面的搁条上，搁条上所开的管槽，应与管子外径相吻合。

4）潮湿地方的管路应使用厚度为2.5 mm以上的管子，管子接头处应以柏油、麻丝缠绕，以增强严密性。

5）引入配电箱的管子，管口要齐，由顶面或侧面引入座式箱、柜的管子和由任何方向进入挂式箱、柜或类似座式、挂式箱、柜的管子均应用锁母（纳子）或用焊接与箱柜的壁加以固定。

6）所有连接金属管子的附件部位如接线盒、管接头（套管焊接除外）等，均要用适当截面的圆钢或扁钢跨接焊接，以做良好接地。管子引至设备的终端，应在穿线前焊接好接地螺栓或接线鼻子。暗管配线的管路埋设比较复杂，要求较高，暗埋管同土建施工配合十分密切，所埋设的管子位置是否正确，建筑结构是否可以穿越，同配电器具之间如何连接等一系列问题需要根据实际情况解决。

（3）塑料管敷设

电气管线目前使用的塑料管有聚氯乙烯硬塑料管、塑料电线管（也称半硬塑料管或流体管）和波纹塑料管。

塑料管的敷设方式和电线管基本相同。塑料管及其配件的选用应根据其特性，如变形、老化、煨弯和连接方式等的特点进行。所选用的灯头盒、开关盒及接线盒等均采用塑料制品，如因工程规模小、数量少而采用塑料管敷设配铁盒时，应加穿一根接地线。塑料管敷设要求如下：

1）塑料管应平直放置于室内，不能暴晒。塑料管在运输、加工和使用过程中不得用金属工具敲打。

2）塑料管应进行热煨管（波纹塑料管可用手工冷煨弯），可用热砂或热水加热，也可采用电吹风、加热机、油热烫等方法加热，加热应均匀，加热时要转动管子，温度控制在85～95℃，其加热长度及弯曲半径的规定见表1—12。

表1—12　管子加热长度与弯曲半径的规定

管子外径（mm）	弯曲半径为管子直径的倍数	加热长度为管子直径的倍数
9～20	3	6.5
25～44	3.5	7
50～75	4.5	8
100	4.6～4.8	9
150	5	9.5

3）对于强度和密封性要求高的场所，塑料管一般可用套管连接，套管长度不小于直径的2.5倍，其内径应略小于管径1～1.5 mm，安装时两管必须对拢牢靠。硬塑料管的连接也可加热管端，使端部长约直径2.5倍处膨胀后，用胀管法连接，密封性要求较高的连接，应在连接部位加塑料胶密封。

4）塑料管路穿越墙壁或楼板时应加装金属套管，套管两端要伸出墙壁或楼板各10 mm。

5）塑料管架空敷设所用的支吊架应刷防锈漆。支架间距一般为：管径50 mm及以下者不大于1.5 m；管径50 mm及以上者不大于2 m。管接头不应设在支架上，应设在距离支架约0.5 m处。

6）明配塑料管应排列整齐，固定点的距离应均匀。管卡与终端、转接中点、电气器具或接线盒边缘的距离为150～500 mm；中间的管卡最大距离应符合表1—13的规定。

表1—13　　管卡最大距离规定（吊架、支架或沿墙敷设）

硬塑料管	内径（mm）		
	<20	25～40	40～50
最大允许距离（m）	1.0	1.5	2.0

7）塑料管的线膨胀系数较大，对于直线管及室外管路，每隔15 m处都应加装伸缩补偿装置。

8）塑料管应尽量不与热力管道靠近，必须靠近时（如位置限制），其间隔距离不应小于300 mm，当两种管道平行敷设时，应加装隔热板。

9）塑料电线管（半硬塑料管）敷设

①塑料电线管适用于一般民用建筑的照明工程暗管敷设，不得在高温场所和顶棚内敷设，由于在制造时已经加了阻燃剂，塑料电线管是不延燃的，目前多采用轻钢龙骨吊顶结构、天棚粘贴石膏板，防火性能较好，故这类结构也可以采用塑料电线管。

②塑料电线管应使用套管黏接法连接，接管长度应不小于接管外径的2倍，接口处应用胶合黏接牢固。

③塑料电线管的弯曲半径应不小于管外径的6倍。

④敷设塑料电线管宜减少弯曲，当线路直线段的长度超过15 m或直角弯超过3个时，均应加装接线盒。

⑤塑料电线管敷设在现场浇灌的混凝土结构中，应有预防机械损伤的措施。

10）波纹塑料管也具有不延燃性，塑料电线管的敷设方式同样适用于波纹塑料管。

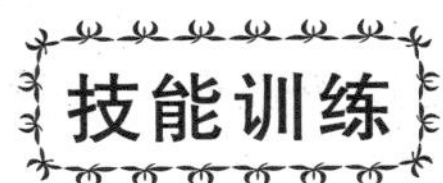

金属导线管冷弯

1. 训练目标

（1）能对金属电线管进行冷弯。

（2）能对金属电线管进行套丝及穿管。

2. 器材准备

（1）弯管器、套丝绞板、锯割工具、钢尺等钳工工具及电工工具。

（2）实习材料

1）管径为25 mm、长2 m的电工管一根。

2）ϕ1.2 mm、长2 m钢丝引线一根。

3）长度为2.5 m的BV2.5 mm^2 塑料铜芯线4根。

3. 训练内容及步骤

(1) 训练内容

将所给电线管按图1—28要求进行冷弯，并进行套丝穿管。

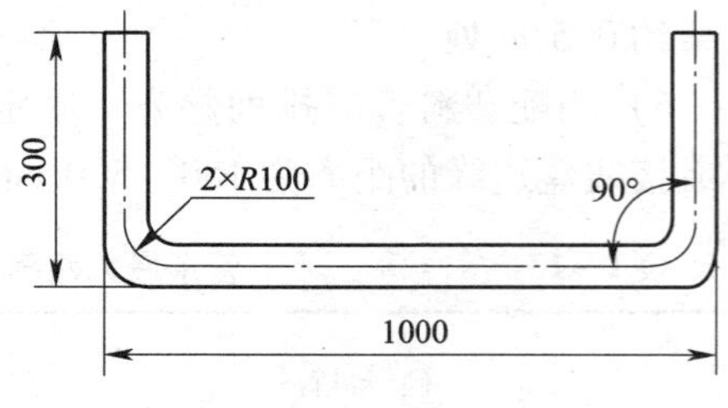

图1—28 电线管冷弯

(2) 训练步骤

1）弯管练习。按图1—28尺寸用弯管器弯90°角。

2）锯管练习。按图1—28尺寸将电线管两端锯割。

3）套丝练习。用12.7～50.8 mm套丝绞板将电线管两端套丝。

4）穿钢丝引线练习。

5）穿导线练习。

三、常用低压电器选用

低压电器通常是指在交流电压1 200 V或直流电压1 500 V以下工作的电器。在进行电气线路安装时，电源和负载之间用低压电器通过导线连接起来，可以实现负载的通断、保护等控制功能。

根据低压电器在电气线路中所处的地位和作用，低压电器可分为两大类：一类是低压控制电器，主要用于电力拖动系统中，这类电器有接触器、控制继电器、启动器、主令电器、控制器、电阻器、变阻器、电磁铁等；另一类是低压配电电器，主要用于低压配电系统及动力设备中，这类电器有刀开关、熔断器、断路器等。按电压电器动作方式分类，低压电器也可分为两类：一类是自动切换电器，这类电器的特点是依靠本身参数的变化或外来信号自动完成接通、切断等动作，如断路器、接触器等；另一类是非自动切换电器，它们主要是依靠外力来进行切换的，如刀开关、组合开关、主令电器等。

1. 刀开关

(1) 常见刀开关的种类、结构与符号

刀开关是低压配电电器中结构最简单，也是应用最广泛的电器。主要用于成套配电设备中隔离电源，亦可用于不频繁地接通和分断电路。

刀开关按相数可分为单相开关和三相开关。图1—29所示是手柄操作的三相开关和单相开关。它由操作手柄、触刀、静插座和绝缘底板组成。推动手柄，使触刀紧紧地插入静插座中，电路就被接通。

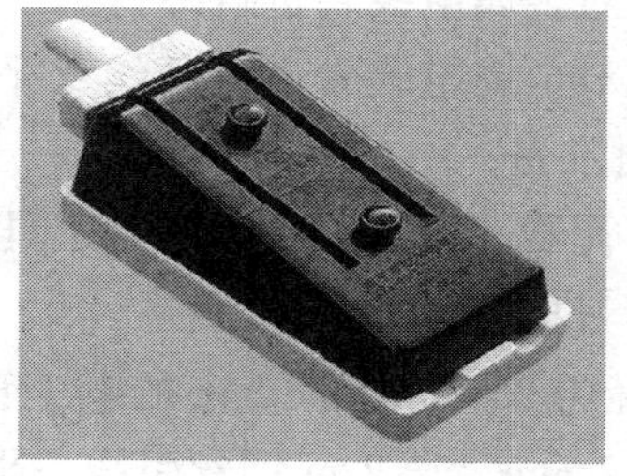

图1—29 手柄操作三相开关

刀开关和熔断器组合而成的配套电器产品有胶盖瓷底闸刀开关，此外还有铁壳开关（又称负荷开关）和熔断器式刀开关等。

这些产品用作工矿企业和家用照明的配电装置，常用的刀开关有 HK1 系列、HK2 系列。刀开关的图形及文字符号如图 1—30 所示。

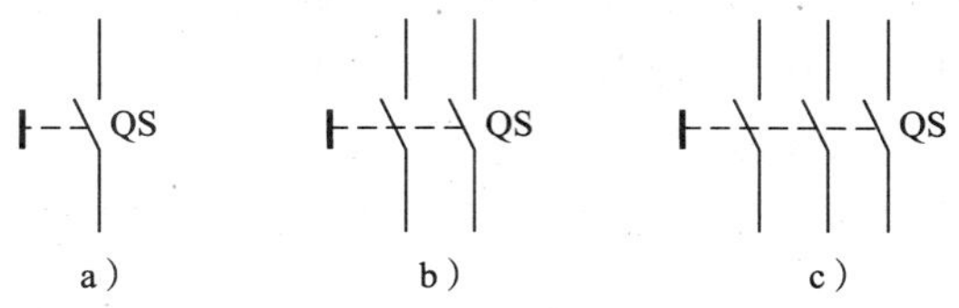

图 1—30　刀开关的图形及文字符号

a）单极　b）双极　c）三极

（2）刀开关的型号与参数

刀开关的型号含义说明如图 1—31 所示。

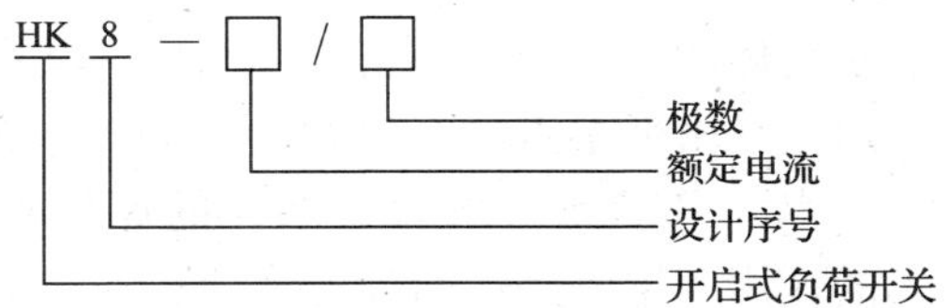

图 1—31　刀开关的型号含义

常用刀开关的主要技术参数如下：

1）额定电压

额定电压是指在规定条件下，保证电器正常工作的电压值。

2）额定电流

额定电流是指在规定条件下，保证电器正常工作的电流值。

3）通断能力

通断能力是指在规定条件下能在额定电压下接通和分断的电流值。

4）机械寿命

机械寿命是指机械开关电器在需要修理前所能承受的无载操作次数，刀开关机械寿命一般为 5 000 ~ 10 000 次。

5）电寿命

电寿命是指在规定的正常工作条件下机械开关电器在需要修理前负载操作次数。刀开关的电寿命一般为 500 ~ 1 000 次。

（3）刀开关的选型

刀开关的选型应根据用户的用途、安装方式、操作要求确定。刀开关的额定电压应等于或大于电路额定电压，其额定电流应等于或稍大于电路工作电流，若用刀开关来控制小型电动机，则必须考虑电动机的启动电流比较大，应用额定电流较大的刀开关。此外刀开关的通断能力和其他性能均应符合电器的要求。

（4）刀开关安装和使用中的安全注意事项

1）在接线时，刀开关上方的接线端子应接电源线，下方的接线端子应接负荷线。

2）在安装刀开关时，处于合闸状态时手柄应向上，不得倒装或平装；如果倒装，拉闸后手柄可能因自重下落引起误合闸，造成人身和设备安全事故。

3）分断负载时，要尽快拉闸，以减小电弧的影响。

4）使用三相刀开关时，应保证合闸时三相触头同时合闸，若有一相没有合闸或接触不良，会造成电动机因缺相而烧毁。

5）更换保险丝，应该在开关断电的情况下进行，不能用铁丝或者铜丝代替保险丝。

2．熔断器

熔断器是起安全保护作用的一种电器，它结构简单，价格便宜，动作可靠，使用方便，因而得到了广泛应用。熔断器主要用作电路或用电设备的短路保护，有时对严重过载也可起到保护作用。它串联在电路中，当通过的电流大于规定值时，使熔体熔化而自动切断电路。

（1）熔断器的种类、结构与符号

熔断器主要由熔体、安装熔体的熔管和熔座三部分组成。其中熔体是关键部分，它既是感测元件又是执行元件，熔体是由低熔点的金属材料（如铅、锡、锌、铜、银及其合金等）制成，其形状有丝状、带状、片状等。熔管是熔体的保护外壳，用耐热绝缘材料制成，在熔体熔断时兼有灭弧的作用。熔座是熔断器的底座，用于固定熔管和外接引线。低压熔断器及符号如图 1—32 所示。

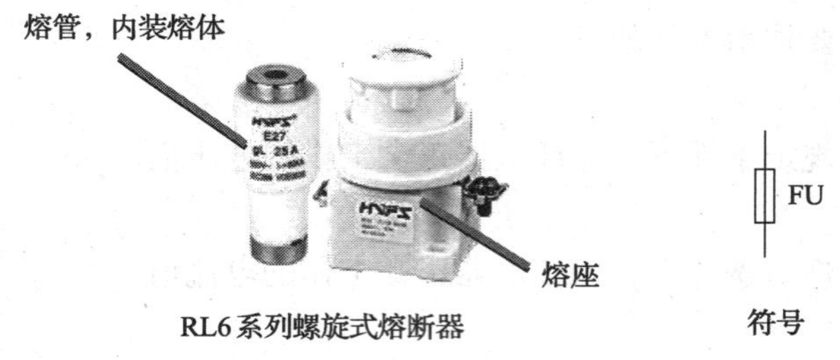

图 1—32　低压熔断器及符号

熔断器的熔体串联在被保护电路中，当电路正常工作时，熔体中通过的电流不会使其熔断；当电路发生短路或严重过载时，熔体中通过的电流很大，使其发热，当温度达到熔点时熔体瞬间熔断，切断电路，起到保护作用。

熔断器的种类很多，按用途分为一般工业用熔断器、半导体器件保护用快速熔断器和特殊熔断器（如具有两段保护特性的快慢动作熔断器、自复式熔断器）。按结构可分为瓷插式、螺旋式、无填料密封管式和有填料密封管式等。

1）螺旋式熔断器。RL1 螺旋式熔断器如图 1—33 所示。熔体上的上端盖有一熔断指示器，一旦熔体熔断，指示器马上弹出，可透过瓷帽上的玻璃孔观察到。螺旋式熔断器分断电流较大，可用于电压等级 500 V 及其以下、电流等级 200 A 以下的电路中，作短路保护。

a）

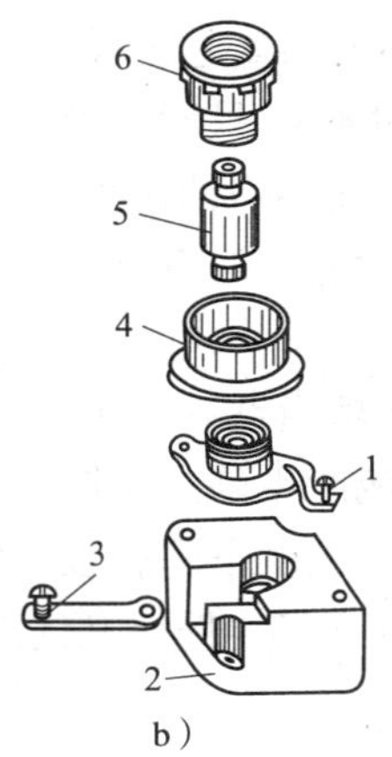

b）

图 1—33　RL1 系列螺旋式熔断器

a）外形　b）结构

1—上接线柱　2—瓷底　3—下接线柱　4—瓷套　5—熔芯　6—瓷帽

2）封闭式熔断器。封闭式熔断器分无填料熔断器和有填料熔断器两种，如图 1—34 和图 1—35 所示。无填料密闭式熔断器将熔体装入密闭式圆筒中，分断能力稍小，用于 500 V 以下，600 A 以下电力网或配电设备中。有填料熔断器一般用方形瓷管，内装石英砂及熔体，分断能力强，用于电压等级 500 V 以下、电流等级 1 kA 以下的电路中。

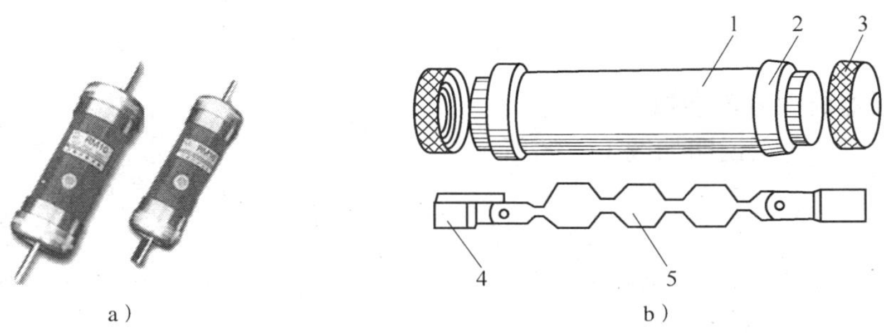

a）　b）

图 1—34　RM10 系列无填料密封管式熔断器

a）外形　b）结构

1—硬质绝缘管　2—黄铜套管　3—黄铜帽　4—插刀　5—熔体

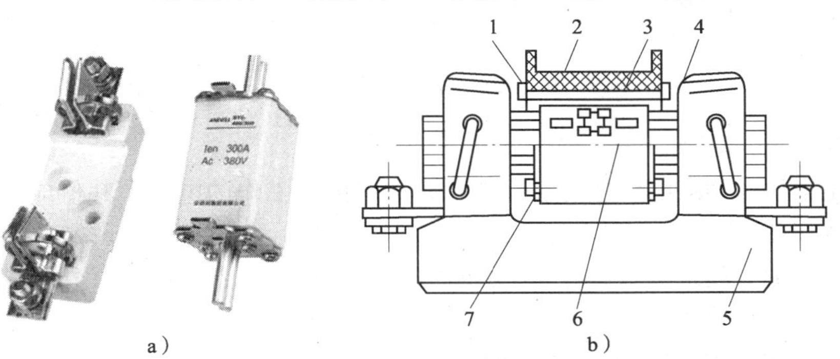

a）　b）

图 1—35　RT0 有填料密封管式熔断器

a）外形　b）结构

1—熔断指示器　2—硅砂（石英砂）填料　3—熔丝　4—插刀　5—底座　6—熔体　7—熔管

3）快速熔断器。它主要用于半导体整流元件或整流装置的短路保护。由于半导体元件的过载能力很低，只能在极短时间内承受较大的过载电流，因此要求短路保护具有快速熔断的能力。快速熔断器的结构和有填料密封管式熔断器基本相同，但熔体材料和形状不同，它是以银片冲制的有 V 形深槽的变截面熔体。RS0、RS3 系列有填料快速熔断器如图 1—36 所示。

4）自复式熔断器。采用金属钠作熔体，在常温下具有高电导率。当电路发生短路故障时，短路电流产生高温使钠迅速汽化，气态钠呈现高阻态，从而限制了短路电流。当短路电流消失后，温度下降，金属钠恢复原来的良好导电性能。自复式熔断器只能限制短路电流，不能真正分断电路。其优点是不必更换熔体，能重复使用。自复式熔断器如图 1—37 所示。

图 1—36　RS0、RS3 系列有填料快速熔断器

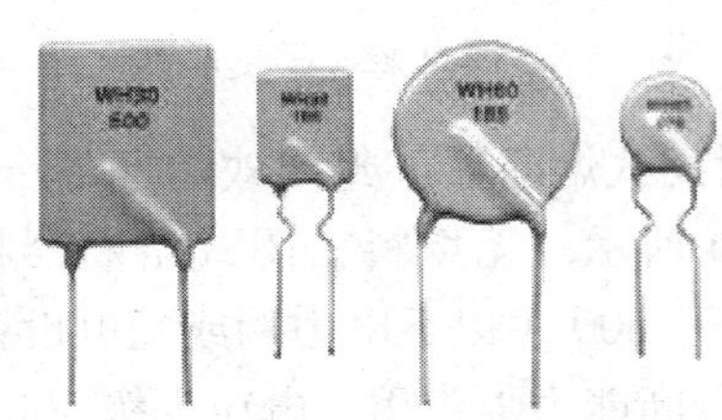

图 1—37　自复式熔断器

（2）熔断器的型号与参数

熔断器的型号含义说明如图 1—38 所示。

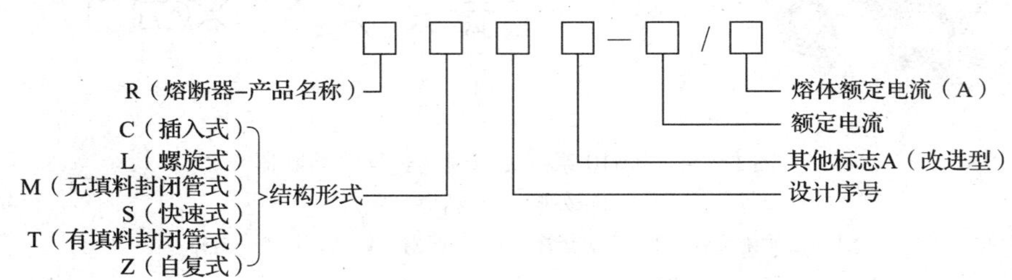

图 1—38　熔断器的型号含义

熔断器的主要参数如下：

1）额定电压。额定电压是指熔断器能够长期正常工作的电压，其值应大于或等于电气设备的额定电压。

2）额定电流。额定电流是指保证熔断器能长期正常工作的电流。它由熔断器各部分长期工作时允许的温升决定。

为了减少生产厂家熔断器额定电流的规格，熔断器的额定电流等级比较少，而熔体的额定电流等级比较多，即在一个额定电流等级的熔断器可安装多个额定电流等级的熔体，但熔体的额定电流最大不能超过熔断器的额定电流。

3）极限分断能力。极限分断能力是指熔断器在规定的额定电压和功率因数（或时间常数）的条件下，能断开的最大电流，在电路中出现的最大电流一般是指短路电流。所以，极限分断能力反映了熔断器分断短路电流的能力。

（3）熔断器的选用与维护

1）熔断器的选择。主要依据负载的保护特性和短路电流的大小选择熔断器的类型。对于容量小的电动机和照明支线，常采用熔断器作为过载及短路保护，因而希望熔体的熔化系数适当小些。通常选用铅锡合金熔体的 RQA 系列熔断器。对于较大容量的电动机和照明干线，则应着重考虑短路保护和分断能力。通常选用具有较高分断能力的 RM10 和 RL1 系列的熔断器；当短路电流很大时，宜采用具有限流作用的 RT0 和 RT12 系列的熔断器。

熔体的额定电流可按以下方法选择：

①保护无启动过程的平稳负载如照明线路、电阻、电炉等时，熔体额定电流略大于或等于负荷电路中的额定电流。

②保护单台长期工作的电机熔体电流可按最大启动电流选取，也可按下式选取：

$$I_{RN} \geqslant (1.5 \sim 2.5) I_N$$

式中 I_{RN}——熔体额定电流；I_N——电动机额定电流。如果电动机频繁启动，式中系数可适当加大至 3 ~ 3.5，具体应根据实际情况而定。

③保护多台长期工作的电机（供电干线）。

$$I_{RN} \geqslant (1.5 \sim 2.5) I_{N\max} + \Sigma I_N$$

式中 $I_{N\max}$——容量最大单台电机的额定电流。ΣI_N其余电动机额定电流之和。

2）熔断器的使用

①对不同性质的负载，如照明电路、电动机电路的主电路和控制电路等，应分别保护，并装设单独的熔断器。

②安装螺旋式熔断器时，必须注意将电源线接到瓷底座的下接线端（即低进高出的原则），以保证安全。

③瓷插式熔断器安装熔丝时，熔丝应顺着螺钉旋紧方向绕过去，同时应注意不要划伤熔丝，也不要把熔丝绷紧，以免减小熔丝截面尺寸或插断熔丝。

④更换熔体时应切断电源，并应换上相同额定电流的熔体。

3. 低压断路器

低压断路器通常称自动空气开关或自动空气断路器，简称断路器。它具有控制电器和保护电器的复合功能，在线路正常工作时，它作为电源开关接通和分断电路；当电路发生短路、过载或欠电压等故障时，它能自动跳闸切断故障电路，从而保护线路和电气设备。在正常情况下也可用做不频繁地直接接通和断开电动机控制电路。

低压断路器具有操作安全、安装使用方便、工作可靠、动作值可调、分断能力较好、兼作多种保护、动作后不需要更换元件等优点，因而得到广泛应用。

低压断路器的种类繁多，按其用途和结构特点分为 DW 型框架式（或称万能式）断路器、DZ 型塑料外壳式（或称装置式）断路器、DS 型直流快速断路器和 DWX 型/DWZ 型限流式断路器等。常见低压断路器的外形如图 1—39 所示。

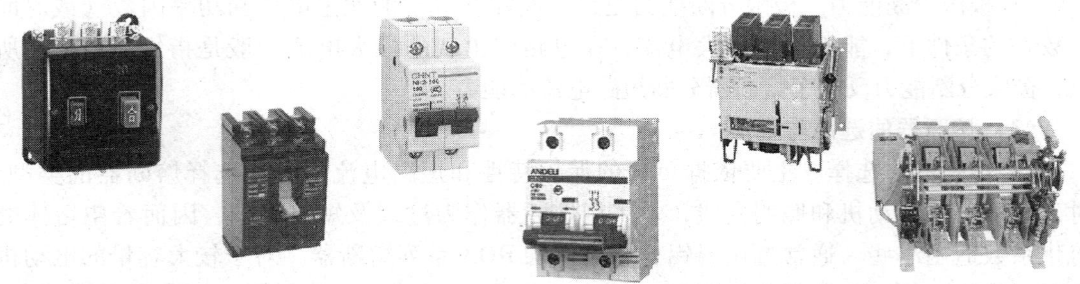

图 1—39　低压断路器的外形

框架式断路器规格、体积都比较大些，主要用作配电线路的保护开关，而塑料外壳式断路器相对要小，除用作配电线路的保护开关外，还可用作电动机、照明电路及电热电路的控制。

下面以塑料外壳式断路器为例，简要介绍其结构、工作原理、使用与选用方法。

（1）低压断路器的结构与工作原理

断路器主要由 3 个基本部分组成，即触头、灭弧系统和各种脱扣器。脱扣器又包括过电流脱扣器、欠电压脱扣器、热脱扣器、分励脱扣器和自由脱扣器。图 1—40 是断路器工作原理及图形符号。

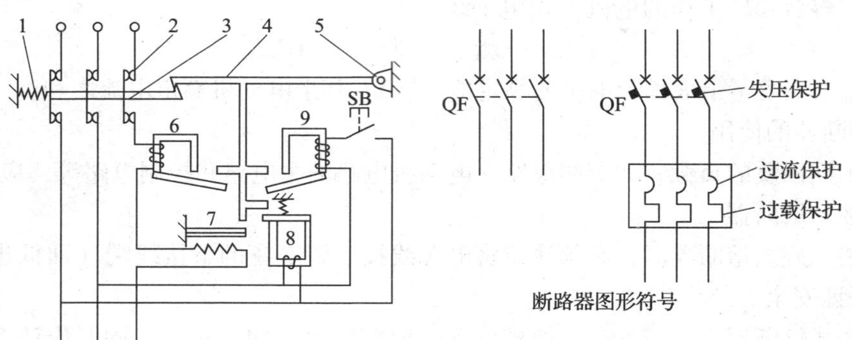

图 1—40　断路器工作原理及图形符号

1—分闸弹簧　2—主触头　3—传动杆　4—锁扣　5—轴　6—过电流脱扣器
7—热脱扣器　8—欠压失压脱扣器　9—分励脱扣器

断路器合闸或分断操作是靠操作机构手动或电动进行的，合闸后自由脱扣机构将触头锁在合闸位置上，使触头闭合。当电路发生故障时，通过各自的脱扣器使自由脱扣机构动作，以实现自动分断，起保护作用。

过流脱扣器、欠压脱扣器和热脱扣器实质都是电磁铁。在正常情况下，过流脱扣器的衔铁是释放着的，电路一旦发生严重过载或短路故障时，与主电路相串联的线圈将产生较强的电磁吸力吸引衔铁，从而推动杠杆顶开锁钩，使主触点断开。失压脱扣器的工作情况恰恰相反，在电压正常时，吸住衔铁才不影响主触点的闭合，一旦电压严重下降或断电时，电磁吸力不足或消失，衔铁被释放而推动杠杆，使主触点断开。热脱扣器是在电路发生轻微过载时，过载电流不立即使脱扣器动作，但能使热元件产生一定的热量，促使双金属片受热向上弯曲，当持续过载时双金属片推动杠杆使搭钩与锁钩脱开，将主触点分开。

注意，低压断路器由于过载而分断后，应等待 2 ~ 3 min 热脱扣器复位才能重新操作接通。

分励脱扣器可作为远距离控制断路器分断之用。

断路器因其脱扣器的组装不同，其保护方式、保护作用也不同。一般在图形符号中标注其保护方式，图 1—40 所示的断路器图形符号中标注了失压、过载、过电流 3 种保护方式。

（2）低压断路器的型号与参数

1）低压断路器的型号。低压断路器的型号含义如图 1—41 所示。

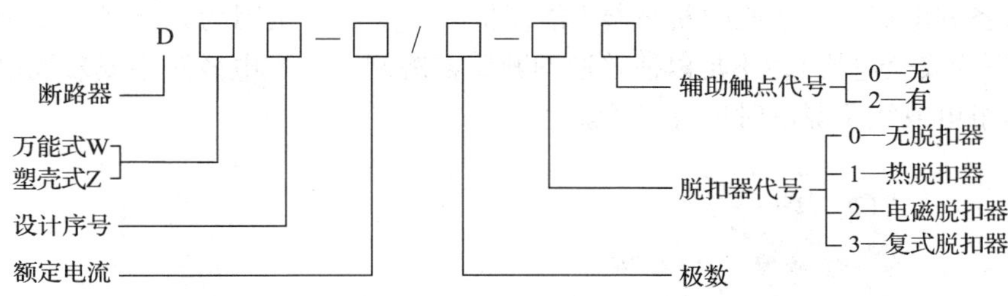

图 1—41 低压断路器的型号含义

2）低压断路器的主要技术参数

①额定工作电压

断路器的额定工作电压是指与通断能力及使用类别相关的电压值。对多相电路而言是指相间的电压值。

②额定工作电流

断路器额定电流就是额定持续电流。也就是脱扣器能长期通过的电流。对带可调式脱扣器的断路器指可长期通过的最大电流。

③短路通断能力

即断路器能够分断的最大（短路）电流。

（3）低压断路器的选用

1）断路器类型的选择，应根据电路的额定电流及对保护的要求来选用，例如额定电流 600 A 以下，短路电流不太大，可选用塑料外壳式断路器。若是短路电流相当大的支路，则应选用限流式断路器。若额定电流比较大则应选用框架式断路器。（如 DW10 系列）。在有漏电保护要求时，则应选用漏电保护断路器，控制和保护半导体元件时，应选用直流快速自动开关。

2）断路器的额定电压应大于或等于负载工作电压。

3）断路器的脱扣器额定电流应大于或等于负载工作电流。

4）断路器的极限通断能力应大于或等于电路最大短路电流。

（4）低压断路器的维护

1）在安装低压断路器时应注意把来自电源的母线接到开关灭弧罩一侧（上口）的端子上，来自电气设备的母线接到另外一侧（下口）的端子上。

2）低压断路器投入使用时应按照要求先整定热脱扣器的动作电流，以后就不应随意旋动有关的螺钉和弹簧。

3）发生断路、短路事故的动作后，应立即对触点进行清理，检查有无熔坏，清除金属熔粒、粉尘等，特别要把散落在绝缘体上的金属粉尘清除干净。

4）在正常情况下，每六个月应对开关进行一次检修，清除灰尘。

4. 漏电保护器

（1）漏电保护器的外形与符号

漏电保护器又称为漏电保护开关，英文缩写是 RCD，其外形与符号如图 1—42 所示。漏电保护器能够在检测到触电或漏电故障后自动切断故障电路，用作低压电网人身触电保护和电气设备漏电保护。普通的断路器不能保护人体触电，是因为人体触电安全电流很小（30 mA 以下为安全电流），不足以使普通的断路器跳闸，在配电线路中安装漏电保护器就可以在人体触电或线路漏电时进行保护。

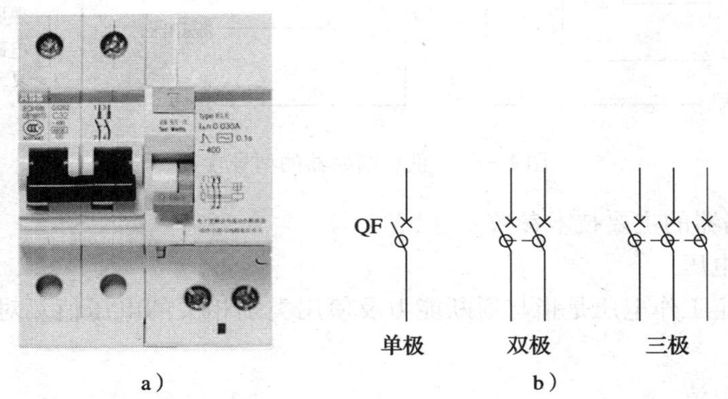

a）　　　　b）

图 1—42　漏电保护器的外形与符号

a）外形　b）符号

（2）漏电保护器的结构与工作原理

电流动作型漏电保护器由零序电流互感器、放大器、断路器和脱钩器四个主要部件组成。其工作原理是：设备正常运行时，主电路电流的相量和为零，零序电流互感器的铁芯无磁通，其二次侧无电压输出。若设备发生漏电或单相接地故障时，由于主电路电流的相量和不再为零，则零序电流互感器的铁芯中产生磁通，其二次侧有电压输出。经放大器放大后，输入脱扣器，使断路器跳闸，从而切断故障电路，避免人员发生触电事故。

（3）漏电保护器的使用维护

1）漏电保护器的漏电、过载、短路保护特性均由制造厂整定，在使用中不可随意调节。

2）新安装或运行一段时间后（一般每隔一个月）的漏电保护器，需在合闸通电状态下，按动试验按钮，检查漏电保护性能是否正常可靠。

3）被控制电路发生故障（漏电、过载、短路）时，漏电保护开关分闸，则操作手柄处于中间位置，当查明故障原因，排除故障后再合闸时先将手柄向下扳动，使操作机构“再扣”后，才能进行合闸操作。

4）漏电保护器因被控制电路短路而分断后，需打开盖子检查触头，进行维护清理。

5. 接触器

接触器主要用作频繁接通或分断交、直流电路，并且可以实现远距离控制的电器。其主要控制对象是电动机，也可用于其他负载。接触器具有操作频率高、使用寿命长、工作可靠、性能稳定、维修简便等优点，是用途广泛的控制电器之一。

接触器实际上是一种自动的电磁式开关，触头的通断不是用手来控制，而是电动操作。接触器还具有欠压和失压保护功能。

接触器按其分断电流的种类可分为直流接触器和交流接触器；按其主触点的极数可分单极、双极、三极、四极、五极几种，单极、双极多为直流接触器。

（1）交流接触器的结构、符号及工作原理

交流接触器主要由电磁机构、触点系统、灭弧装置和其他辅助部件四大部分组成。常用接触器外形如图 1—43 所示，结构如图 1—44 所示，接触器的图形、文字符号如图 1—45 所示。

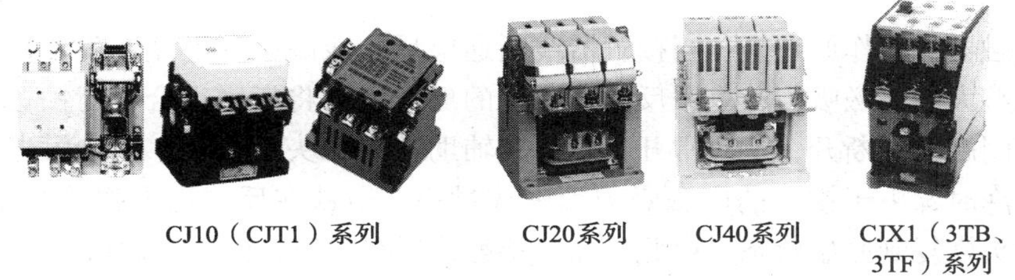

图 1—43　常用交流接触器外形

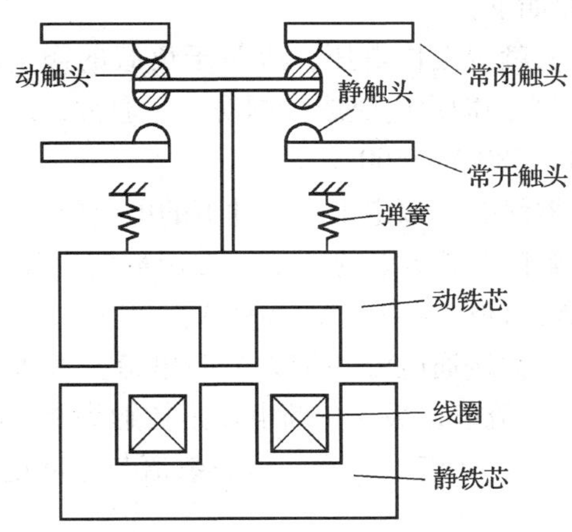

图 1—44　交流接触器结构

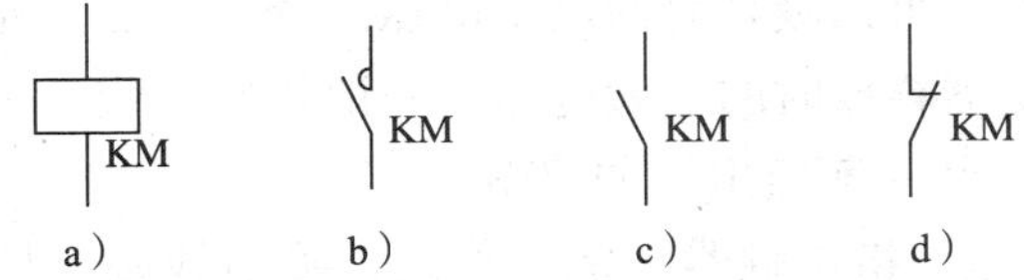

图 1—45　接触器的图形、文字符号

a）线圈　b）主触头　c）辅助常开触头　d）辅助常闭触头

1）电磁系统。用来操作触头闭合与分断。它包括线圈、静铁芯、动铁芯（衔铁）。铁芯用硅钢片叠成，以减少铁芯中的铁损，在铁芯端部极面上嵌有短路环，其作用是消除交流电磁铁在吸合时产生的震动和噪声。

2）触头系统。起着接通和分断电路的作用。它包括主触头和辅助触头。主、辅触头一般采用桥式双断点结构。主触头用于接通或断开主电路或大电流电路，一般由三对常开触头组成。辅助触头用于通断电流较小的控制电路，一般由两对常开触头和常闭触头组成。所谓触头的常开和常闭，是指电磁系统未通电动作前触头的状态。常开触头和常闭触头是联动的。当线圈通电时，常闭触头先断开，常开触头后闭合，中间有一个很短的时间差。当线圈断电后，常开触头先恢复断开，随后常闭触头恢复闭合，中间也存在一个很短的时间差。这个时间差虽短，但对分析电路的控制原理却很重要。

3）灭弧装置。起着熄灭电弧的作用。对于大容量的接触器，常采用窄缝灭弧及栅片灭弧；对于小容量的接触器，采用电动力吹弧、灭弧罩等。

4）其他部件。主要包括反作用弹簧、缓冲弹簧、触头压力弹簧、传动机构及底座、接线柱等。

交流接触器的工作原理是：当接触器线圈通电后，线圈中的电流产生磁场，使静铁芯磁化产生足够大的电磁吸力，克服反作用弹簧的反作用力将衔铁吸合，衔铁通过传动机构带动辅助常闭触头先断开，三对常开主触头和辅助常开触头后闭合；当接触器线圈断电或电压显著下降时，由于铁芯的电磁吸力消失或过小，衔铁在反作用力弹簧的作用下复位，并带动各触头恢复到原始状态。由此可知，接触器还有欠压、失压保护功能。

（2）接触器的主要技术参数及常用的型号

接触器的主要技术参数如下：

1）额定电压。指主触头额定工作电压，应等于负载的额定电压。一只接触器常规定几个额定电压，同时列出相应的额定电流或控制功率。通常，最大工作电压即为额定电压。常用的额定电压值为 220 V、380 V、660 V 等。

2）额定电流。指接触器触头在额定工作条件下的电流值。380 V 三相电动机控制电路中，额定工作电流可近似等于控制功率的两倍。常用额定电流等级为 5 A、10 A、20 A、40 A、60 A、100 A、150 A、250 A、400 A、600 A。

3）通断能力。可分为最大接通电流和最大分断电流。最大接通电流是指触头闭合时不会造成触头熔焊时的最大电流值；最大分断电流是指触头断开时能可靠灭弧的最大电流。一般通断能力是额定电流的 5 ~ 10 倍。当然，这一数值与开断电路的电压等级有关，电压越高，通断能力越小。

4）动作值。可分为吸合电压和释放电压。吸合电压是指接触器吸合前，缓慢增加吸合线圈两端的电压，接触器可以吸合时的最小电压。释放电压是指接触器吸合后，缓慢降低吸合线圈的电压，接触器释放时的最大电压。一般规定，吸合电压不低于线圈额定电压的 85%，释放电压不高于线圈额定电压的 70%。

5）吸引线圈额定电压。指接触器正常工作时，吸引线圈上所加的电压值。一般该电压数值以及线圈的匝数、线径等数据均标于线包上，而不是标于接触器外壳铭牌上，使用时应加以注意。

6）操作频率。接触器在吸合瞬间，吸引线圈需消耗比额定电流大5～7倍的电流，如果操作频率过高，就会使线圈严重发热，直接影响接触器的正常使用。为此，规定了接触器的允许操作频率，一般为每小时允许操作次数的最大值。

7）寿命。包括电寿命和机械寿命。目前接触器的机械寿命已达一千万次以上，电气寿命约是机械寿命的5%～20%。

交流接触器的型号含义说明如图1—46所示。

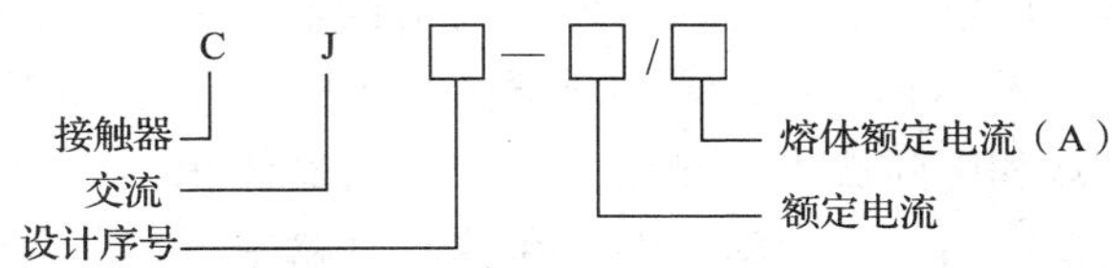

图1—46 交流接触器的型号含义

我国生产的交流接触器常用的有CJ10，CJ12，CJX1，CJ20等系列及其派生系列产品，CJ0系列及其改型产品已逐步被CJ20、CJX系列产品取代。上述系列产品一般具有三对常开主触头，常开、常闭辅助触头各两对。直流接触器常用的有CZ0系列，分单极和双极两大类，常开、常闭辅助触头各不超过两对。常用的直流接触器有CZ18、CZ21、CZ22、CZ10和CZ2等系列。

（3）接触器的安装与使用

1）安装前的检查

①检查接触器铭牌与线圈的技术数据（如额定电压、电流、操作频率等）是否符合实际使用要求。

②检查接触器外观，应无机械损伤；用手推动接触器可动部分时，接触器应动作灵活，无卡阻现象；灭弧罩应完整无损，固定牢固。

③将铁芯极面上的防锈油脂或黏在极面上的铁垢用煤油擦净，以免多次使用后衔铁被黏住，造成断电后不能释放。

④测量接触器的线圈电阻和绝缘电阻。

2）接触器的安装

①交流接触器一般应安装在垂直面上，倾斜度不得超过5°；若有散热孔，则应将有孔的一面放在垂直方向上，以利散热，并按规定留有适当的飞弧空间，以免飞弧烧坏相邻电器。

②安装和接线时，注意不要将零件掉入接触器内部。安装孔的螺钉应装有弹簧垫圈和平垫圈，并拧紧螺钉以防振动松脱。

③安装完毕，检查接线正确无误后，在主触头不带电的情况下操作几次，然后测量产品的动作值和释放值，所测数值应符合产品的规定要求。

3）日常维护

①应对接触器做定期检查，观察螺钉有无松动，可动部分是否灵活等。

②接触器的触头应定期清扫，保持清洁，但不允许涂油。当触头表面因电灼作用形成金属小颗粒时，应及时清除。

③拆装时注意不要损坏灭弧罩。带灭弧罩的接触器绝不允许不带灭弧罩或带破损的灭

弧罩运行，以免发生电弧短路故障。

6．继电器

继电器是根据某种输入物理量的变化，来接通和分断控制电路的电器。常用的有热继电器、中间继电器、电流继电器、电压继电器、时间继电器、速度继电器和压力继电器等。下面介绍几种较为常用的继电器。

（1）中间继电器

中间继电器是最常用的继电器之一，其外形与结构如图 1—47 所示。中间继电器实质上是一种电压继电器，它的结构和接触器基本相同。中间继电器的特点是触头数量较多，在电路中起增加触头数量和中间放大的作用。中间继电器体积小，动作灵敏度高，一般不用于直接控制电路的负荷。另外，中间继电器在控制电路中可调节各继电器、开关之间的动作时间，防止电路误动作。

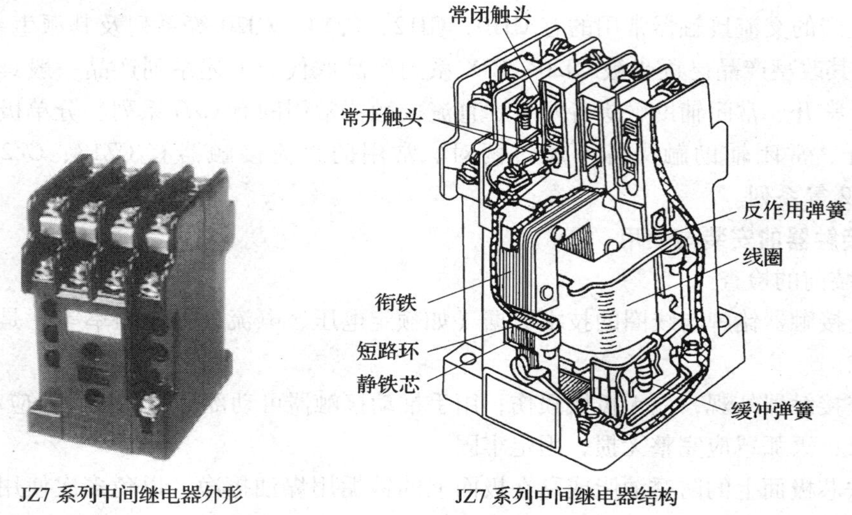

图 1—47　中间继电器的外形与结构

中间继电器属于电磁式继电器，下面讨论电磁式继电器的结构与原理。

1）电磁式继电器的结构与工作原理

电磁式继电器的结构如图 1—48 所示。电磁式继电器一般由铁芯、线圈、衔铁、触头簧片等组成的。只要在线圈两端加上一定的电压，线圈中就会流过一定的电流，从而产生电磁效应，衔铁就会在电磁力吸引的作用下克服返回弹簧的拉力吸向铁芯，从而带动衔铁的动触头与静触头（常开触头）吸合。当线圈断电后，电磁的吸力也随之消失，衔铁就会在弹簧的反作用力返回原来的位置，使动触头与原来的静触头（常闭触头）吸合。这样吸合、释放，从而达到了在电路中的导通、切断的目的。

继电器“常开、常闭”触头的区分方式为：继电器线圈未通电时处于断开状态的静触头，称为“常开触头”；处于接通状态的静触头称为“常闭触头”。

电磁式继电器有直流和交流之分，其结构和工作原理与接触器基本相同，但触头的通断电流值比接触器小，没有灭弧装置。

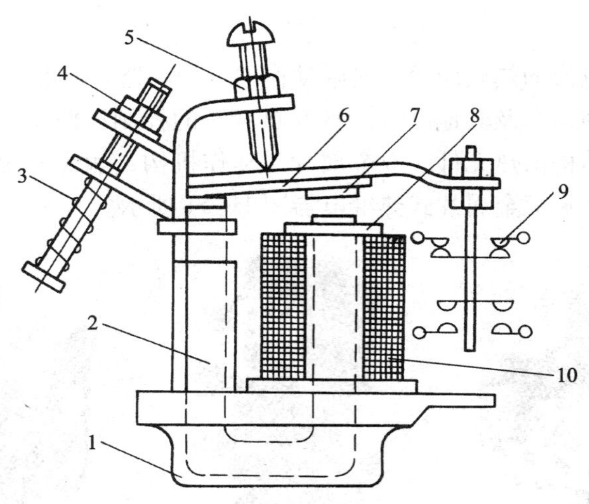

图 1—48　电磁式继电器的典型结构

1—底座　2—铁芯　3—释放弹簧　4—调节螺母　5—调节螺母
6—衔铁　7—非磁性垫片　8—极靴　9—触头系统　10—线圈

2）中间继电器的符号、型号与参数

中间继电器的文字符号、图形符号如图 1—49 所示。

中间继电器的型号含义说明如图 1—50 所示。

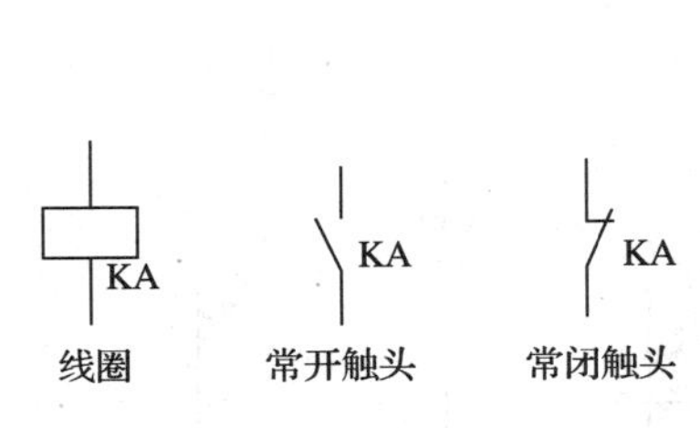

图 1—49　中间继电器的符号

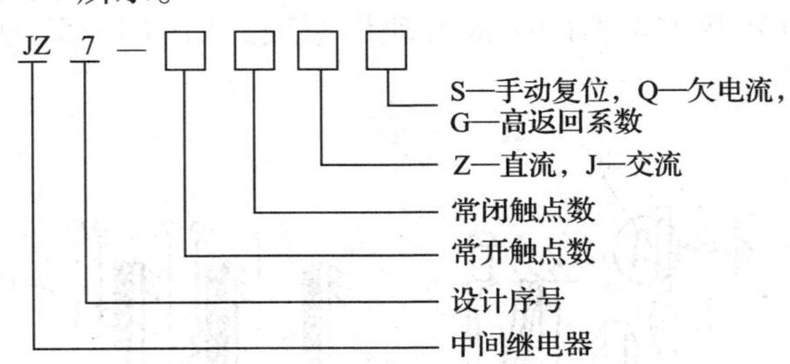

图 1—50　中间继电器的型号含义

表 1—14 为常用中间继电器的技术参数。

表 1—14　　**常用中间继电器的技术参数**

型号	线圈参数			触头参数			
	额定电压（V）		消耗功率	触头数		最大断开容量	
	交流	直流		常开	常闭	阻性负载	感性负载
JZ7－22	12、24 36、48、110 127 220 380 420 440、500	12 24 110 220	12 V · A	2	2	交流 380 V 5 A 直流 220 V 1 A	交流 380 V　5 A 500 V　3.5 A 直流 220 V 0.5 A
JZ7－41				4	1		
JZ7－42				4	2		
JZ7－44				4	4		
JZ7－53				5	3		
JZ7－62				6	2		
JZ7－80				8	0		

(2) **热继电器**

热继电器是利用电流的热效应而反时限动作的保护电器。一般作为电动机的过载保护、断相保护、电流不平衡运行及其他电气设备发热状态的控制。使用最多、最普遍的是双金属片式热继电器。其结构由热元件、双金属片、动作机构、触头系统、整定调整装置和温度补偿元件等组成。常见双金属片式热继电器图1—51所示。

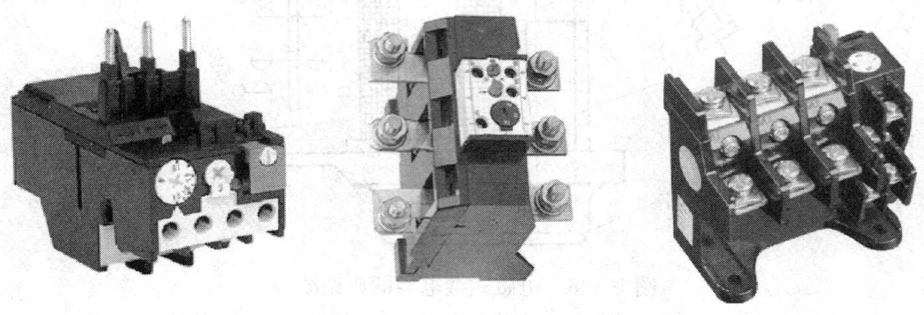

图1—51　常见双金属片式热继电器

目前，双金属片式热继电器均为三相式，有带断相保护和不带断相保护两种。由于热惯性，热继电器不会瞬间动作，因此它不能用作短路保护。但也正是这个热惯性，使电动机启动或短时过载时，热继电器不会误动作。

1）热继电器的结构及动作原理。如图1—52所示为双金属片热继电器原理结构图及符号。

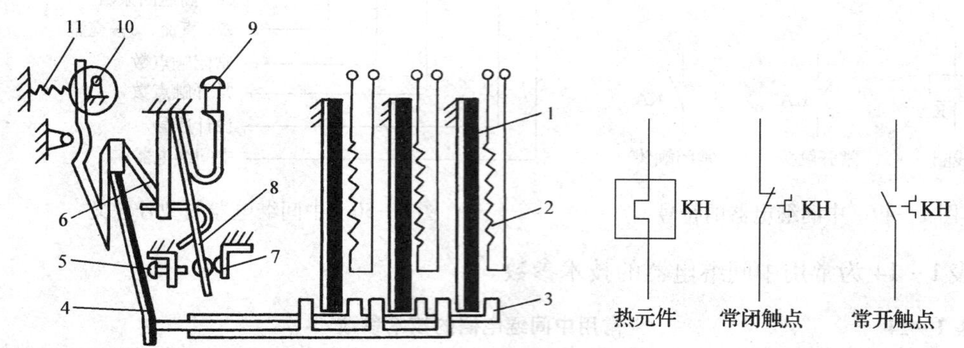

图1—52　双金属片式热继电器结构原理图及符号

1—主双金属片　2—电阻丝　3—导板　4—补偿双金属片　5—螺钉　6—推杆
7—静触头　8—动触头　9—复位按钮　10—调节凸轮　11—弹簧

由图1—52可见，双金属片式热继电器主要由双金属片、热元件、复位按钮、传动杆、调节凸轮、触头系统和温度补偿元件等组成。发热元件是一段阻值不大的电阻丝，串接在被保护电动机的主电路中，常闭触头串接于电动机的控制电路中。双金属片是一种将两种线膨胀系数不同的金属用机械辗压方法使之形成一体的金属片。由于两种线膨胀系数不同的金属紧密地贴合在一起，当产生热效应时，使得双金属片向膨胀系数小的一侧弯曲，由弯曲产生的位移带动触头动作。

当电动机正常运行时，热元件产生的热量虽能使双金属片弯曲，但还不足以使热继电器的触头动作。当电动机过载时，通过发热元件的电流超过整定电流，双金属片受热向上弯曲脱离导板，使常闭触头断开。由于常闭触头是接在电动机的控制电路中的，它的断开会使得与其相接的接触器线圈断电，从而接触器主触头断开，电动机的主电路断电，实现了过载保护。故障排除后，按下复位按钮，使热继电器触头复位。热继电器动作电流的调节是通过旋转调节凸轮来实现的。

2）热继电器的型号及参数。热继电器的型号含义说明如图1—53所示。

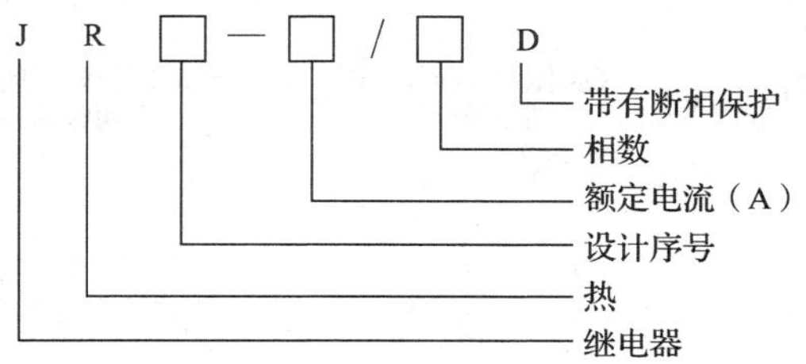

图1—53　热继电器的型号含义

目前国内生产的热继电器主要有JR0、JR1、JR2、JR9、R10、JR15、JR16等系列。JR0、JR1、JR2和JR15系列的热继电器均为两相结构，是双热元件的热继电器，可以用作三相异步电动机的均衡过载保护和定子绕组为Y联结的三相异步电动机的断相保护，但不能用作定子绕组为△联结的三相异步电动机的断相保护。

（3）时间继电器

时间继电器是一种延时控制继电器，它在得到动作信号后不立即让触点动作，而是延时一段时间才让触点动作。时间继电器主要应用在各种自动控制系统及电动机启动控制线路中。

时间继电器种类很多，常用的有电磁式、空气阻尼式、电动式和晶体管式等，其外形如图1—54所示。它按工作方式分为通电延时时间继电器和断电延时时间继电器，一般具有瞬时触点和延时触点这两种触点。时间继电器的符号如图1—55所示。

a)　　b)　　c)

图1—54　几种时间继电器

a）JS20系列晶体管式　b）JS7－A系列空气阻尼式　c）JS14S系列数显式

1）空气阻尼式时间继电器。空气阻尼式时间继电器是利用空气阻尼原理获得延时的。它由电磁机构、延时机构、触头系统三部分组成，延时机构采用气囊式阻尼器，电磁机构可以是直流的，也可以是交流的。延时方式有通电延时和断电延时两种。

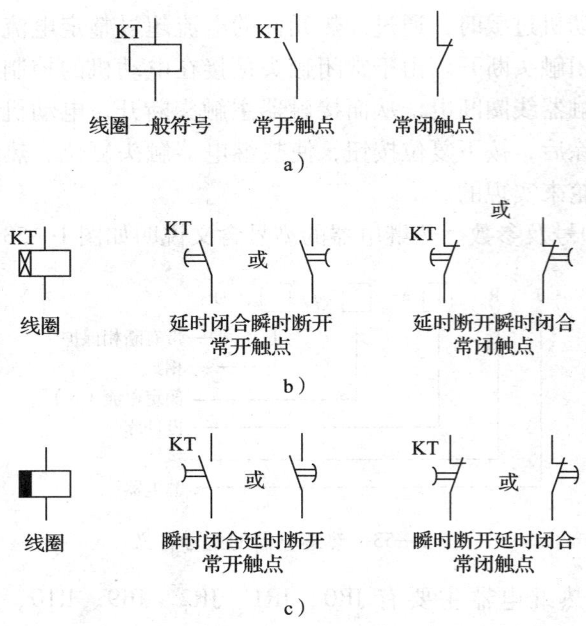

图 1—55 时间继电器的符号

a）瞬时动作 b）通电延时 c）断电延时

空气阻尼式时间继电器延时范围可以扩大到数分钟，但整定精度往往较差，只适用于一般场合。

2）电子式时间继电器。电子式时间继电器在时间继电器中已成为主流产品，电子式时间继电器是采用晶体管或集成电路和电子元件等构成，利用延时电路来进行延时的，它的特点是延时精度高，体积小。

7. 主令电器

主令电器是以发出指令接通或断开控制电路，或用于程序控制的开关电器。它是人机联系和对话所必不可少的一种元件。由于它专门发送命令或信号，故称为“主令电器”，也称“主令开关”。常用的主令电器有按钮、行程开关、万能转换开关和主令控制器等。

（1）控制按钮

按钮是一种用人体某一部分（一般为手指或手掌）施加力而操作、并具有弹簧储能复位的控制开关，是一种最常用的储能电器。按钮的触头允许通过的电流较小，一般不超过 5 A，因此，一般情况下，它不直接控制主电路（大电流电路）的通断，而是在控制电路（小电流电路）中发出指令或信号，控制接触器、继电器等电器，再由它们去控制主电路的通断、功能转换或电气联锁。常见按钮如图 1—56 所示。

1）控制按钮的结构、种类及工作原理。控制按钮的结构和图形符号如图 1—57 所示，它由按钮帽、动触头、静触头和复位弹簧等构成。按钮中的触头可根据实际需要配成一常开一常闭至六常开六常闭等不同的形式。将按钮帽按下时，下面一对原来断开的静触头被桥式动触头接通，以接通某一控制电路；而上面一对原来接通的静触头则被断开，以断开另一控制回路。按钮帽释放后，在复位弹簧的作用下，按钮触头自动复位的先后顺序相反。通常，在无特殊说明的情况下，有触头电器的触头动作顺序均为“先断后合”。

图 1—56　常见按钮外观

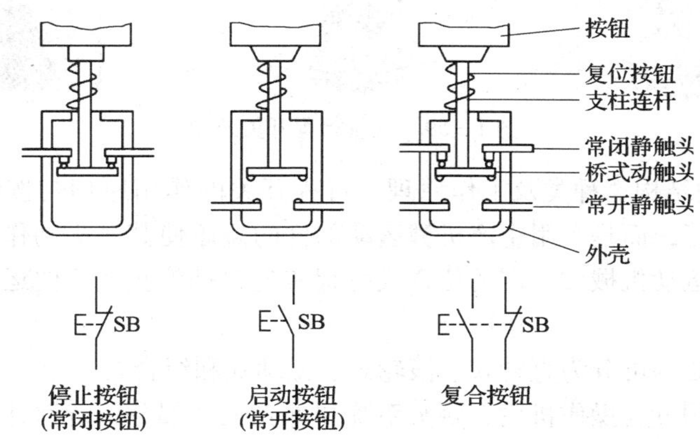

图 1—57　控制按钮结构及符号

在电器控制线路中，常开按钮常用来启动电动机，也称启动按钮，常闭按钮常用于控制电动机停车，也称停车按钮，复合按钮用于联锁控制电路中。

控制按钮的种类很多，在结构上有嵌压式、紧急式、钥匙式、旋钮式、带灯式等。为了标明各个按钮的作用，避免误操作，通常将按钮帽做成不同的颜色，以示区别。按钮帽的颜色有红、绿、黑、黄、蓝等，一般用红色表示停止按钮，绿色表示启动按钮。

2）按钮的型号及选用。按钮开关的型号含义说明如图 1—58 所示。

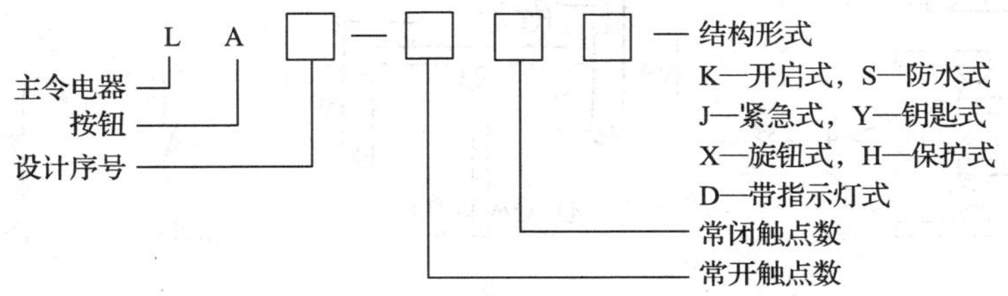

图 1—58　按钮开关的型号含义

按钮开关的选用注意事项：

①根据使用场合，选择控制按钮的种类，如开启式、防水式、防腐式等。

②根据用途，选用合适的形式，如钥匙式、紧急式、带灯式等。

③按控制回路的需要，确定不同的按钮数，如单钮、双钮、三钮、多钮等。

④按工作状态指示和工作情况的要求，选择按钮及指示灯的颜色。

（2）行程开关

行程开关是一种利用生产机械某些运动部件的碰撞来发出控制指令的主令电器。主要用来控制生产机械的运动方向、速度、行程大小或位置，是一种自动控制电器。常见行程开关如图 1—59 所示。

图 1—59　常见行程开关外观

1）行程开关的结构、种类及工作原理。行程开关的作用原理与按钮相同，区别在于它不是靠手指的按压，而是利用生产机械运动部件的碰压使其触头动作，从而将机械信号转变为电信号，使运动机械按一定的位置或行程实现自动停止、反向运动、变速运动或自动往返运动等。

行程开关按其结构可分为直动式、滚轮式、微动式和组合式。

行程开关的结构分为操作机构、触头系统和外壳三个部分，行程开关的结构及符号如图 1—60 所示。

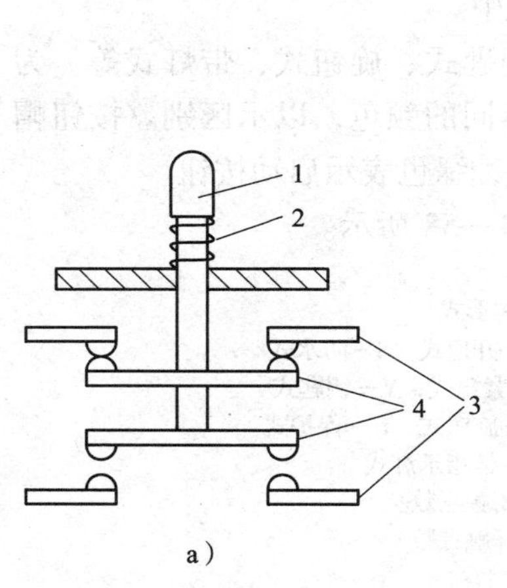

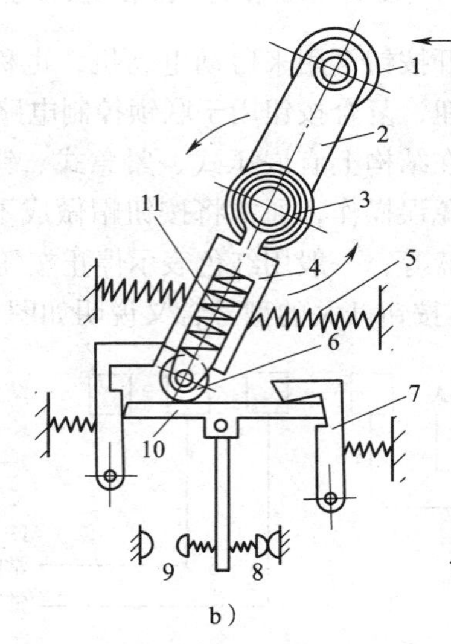

图 1—60　行程开关的结构及符号

a）直动式行程开关
1—顶杆　2—复位弹簧
3—静触头　4—动触头

b）滚轮式行程开关
1—滚轮　2—上转臂
3—盘形弹簧　4—推杆
5、11—弹簧　6—小滚轮
7—压板　8、9—静触头　10—横板

c）行程开关的符号

①直动式行程开关。其结构原理如图 1—60a 所示，其动作原理与控制按钮相同，但其触头的动作是依靠生产机械上的撞块压下的。生产机械的运行速度，不宜低于 0.4 m/min，否则触头分断过慢易被电弧烧坏。此时可以采用滚轮式行程开关。

②滚轮式行程开关。其结构原理如图 1—60b 所示，当被控机械上的撞块撞击滚轮 1 时，上转臂 2 转向右边，带动凸轮转动，顶下推杆 4 向右转动，并压缩弹簧 5，滑轮 6 也沿着横板 10 向右滚动，同时滑轮也压缩弹簧 11，当滑轮移动到横板中间时，盘形弹簧 3 和弹簧 11 一起随横板 10 迅速移动，从而使微动开关中的动触头迅速与右边静触头的触头分开，与左边的静触头闭合。当运动机械返回时，在复位弹簧的作用下，各部分动作部件复位。

行程开关的符号如图 1—60c 所示。

2）行程开关型号、参数及选用。行程开关的型号含义说明如图 1—61 所示。

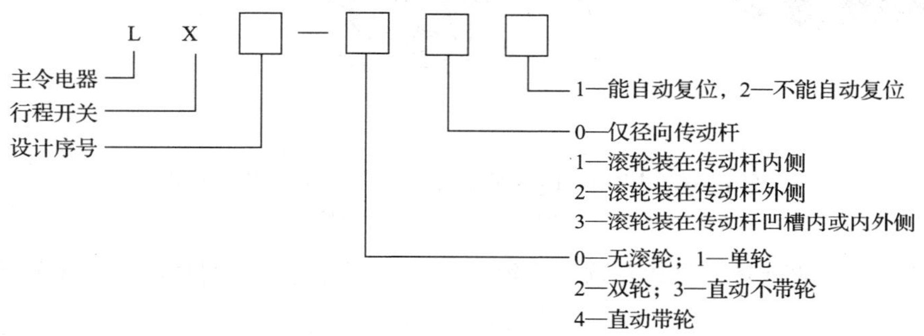

图 1—61 行程开关的型号含义

行程开关的主要参数有型式、动作行程、工作电压及触头的电流容量。目前国内生产的行程开关有 LXK3、3SE3、LX19、LXW 和 LX 等系列。常用的行程开关有 LX19、LXW5、LXK3、LX32 和 LX33 等系列。

行程开关的选用原则：

①根据安装环境选择防护形式，是开启式还是防护式。

②根据控制回路的电压和电流选择行程开关的型号。

③根据机械与行程开关的传力与位移关系选择合适的头部结构形式。

(3) 组合开关

组合开关又称转换开关，控制容量比较小，结构紧凑，常用于交流 380 V 以下，直流 220 V 以下的电气线路中手动不频繁地接通或分断电路，也可控制小容量交、直流电动机的正反转、星形—三角形启动和变速换向等。常用的产品有 HZ5、HZ10 和 HZ15 系列。HZ5 系列是类似万能转换开关的产品，其结构与一般转换开关有所不同；组合开关种类很多，有单极、双极和多极之分。

1）组合开关的结构与符号。组合开关的结构由三个分别装在三层绝缘件内的双断点桥式动触头、与盒外接线柱相连的静触头、绝缘方轴、手柄等组成。动触头装在附有手柄的绝缘方轴上，方轴随手柄而转动，于是动触头随方轴转动并变更与静触头分、合的位置。

组合开关常用来作电源的引入开关，起到设备和电源间的隔离作用，在小型数控机床上应用普遍。

常用的是三极的组合开关，其外形、结构和符号如图 1—62 所示。

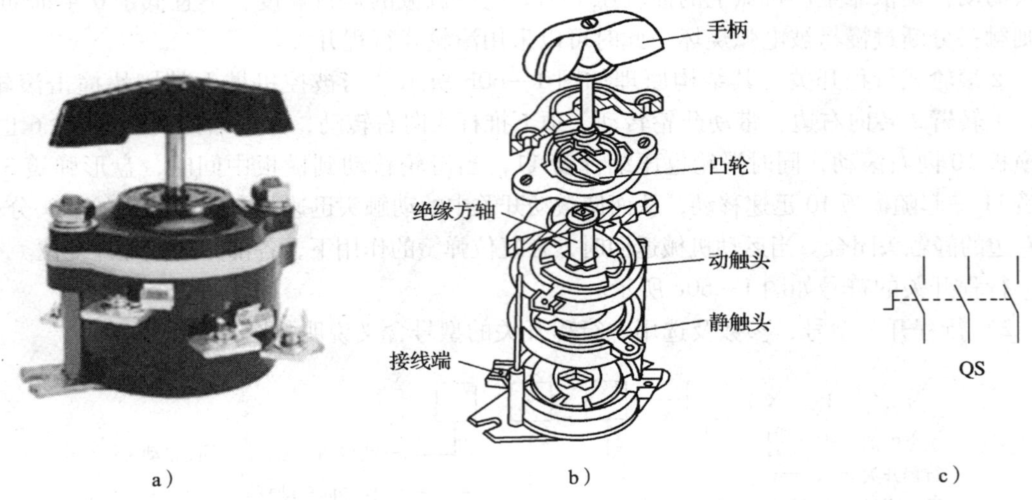

图 1—62　HZ10—10/3 型组合开关的外形、结构和符号

a）外形　b）结构　c）符号

2）组合开关的型号、参数及选用。组合开关的型号含义说明如图 1—63 所示。

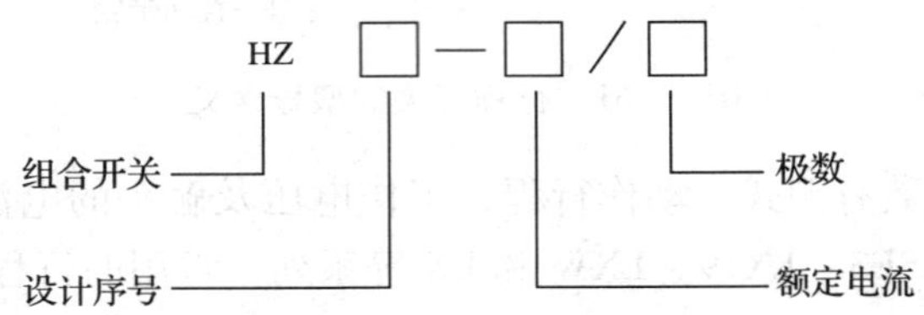

图 1—63　组合开关的型号含义

HZ 型组合开关的主要技术参数见表 1—15。

表 1—15　　HZ 型组合开关的主要技术参数

型号	额定电压（V）	额定电流（A）	极数	极限操作电流（A）		可控制电动机最大容量和额定电流	
				接通	分断	容量（kW）	额定电流（A）
HZ10—10	交流 380	6	单极	94	62	3	7
		10	2、3				
HZ10—25		25				5.5	12
HZ10—60		60		155	108		
HZ10—100		100					

组合开关的选用原则：

①用于机床电路时，组合开关的额定电流应等于或大于被控制电路中各负载电流的总和。

②用于电动机控制时，组合开关的额定电流一般取电动机额定电流的 1.5 ~ 2.5 倍。

③组合开关的通断能力较低，当用于控制电动机做可逆运转时，必须在电动机完全停止转动后，才能反向接通。

④当操作频率过高或负载的功率因数较低时，转换开关要降低容量使用，否则会影响开关寿命。

（4）万能转换开关

万能转换开关是由多组相同结构的触头组件叠装而成的多挡位多回路的手动控制电器。它具有多个操作位置和触头、能进行多个电路的换接的手动控制电器。它可用于机床电气控制线路的换接以及小容量电动机的启动、制动、调速和换向的控制，其触头挡数多、换接线路多、用途广泛，故有“万能”之称。如图 1—64 所示为万能转换开关单层的结构。

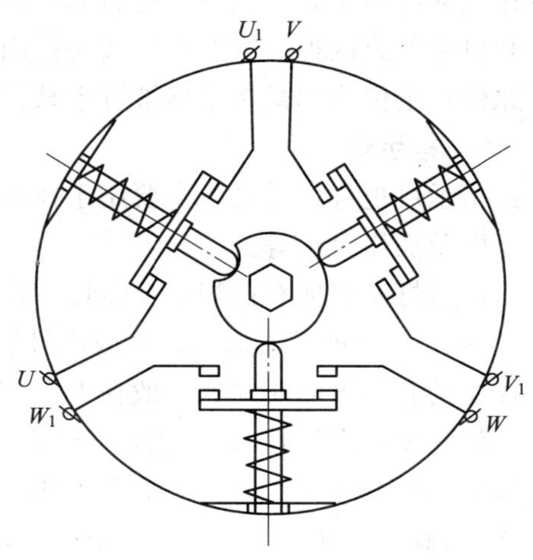

图 1—64　万能转换开关单层的结构

典型的万能转换开关由触头座、凸轮、转轴、定位机构、螺杆和手柄等组成，并由 1 ~ 20 层触头底座叠装而成，每层底座可装三对触头，由触头底座中且套在转轴上的凸轮来控制此三对触头的接通和断开。由于各层凸轮的形状可制成不同，因此用手柄将开关转到不同的位置，使各对触头按需要的变化规律接通或断开，达到满足不同线路的需要的目的。由于其触头的分合状态与操作手柄的位置有关，所以，除在电路图中画出触头图形符号外，还应画出操作手柄与触头分合状态的关系。

万能转换开关的图形符号及文字符号如图 1—65 所示。

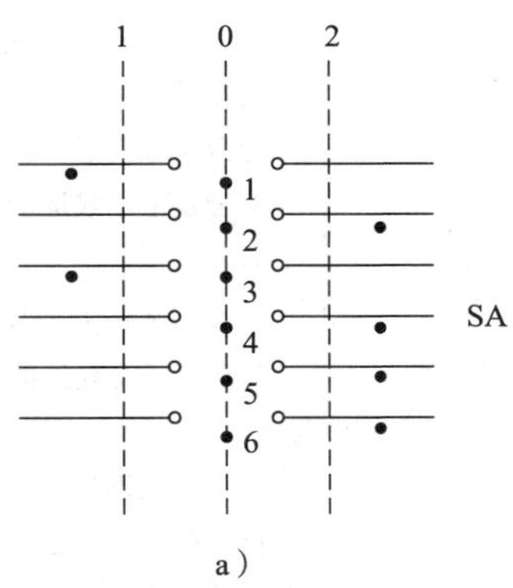

a）

触头号	1	0	2
1	×	×	
2		×	×
3	×	×	
4		×	×
5		×	×
6		×	×

b）

图 1—65　万能转换开关的图形符号和文字符号

a）图形符号　b）触头分合表

图中竖的虚线代表手柄的位置，垂直方向的数字 1 ~ 6 表示触头编号，水平方向的数字及文字“1”“0”“2”表示手柄的操作位置（挡位）。在不同的操作位置，各对触头的通、断状态的表示方法为：在触头的下方与虚线相交位置有黑色圆点表示在对应操作位置时触头接通，没涂黑色圆点表示在该操作位置不通。触头的通断也可以用触头分合表来表示，表中“×”表示触头闭合，空白表示触头分断。

万能转换开关的常用产品有LW5和LW6系列。LW5系列可控制5.5 kW及以下的小容量电动机；LW6系列只能控制2.2 kW及以下的小容量电动机。用于可逆运行控制时，只有在电动机停车后才允许反向启动。LW5系列万能转换开关按手柄的操作方式可分为自复式和自定位式两种。所谓自复式是指用手拨动手柄于某一挡位时，手松开后，手柄自动返回原位；定位式则是指手柄被置于某挡位时，不能自动返回原位而停在该挡位。

8. 指示灯

指示灯也称信号灯，主要用于在各种电气设备及线路中作电源指示、显示设备的工作状态以及操作警示等。

信号灯发光体有白炽灯、氖灯和发光二极管等。信号灯有持续发光（平光）和断续发光（闪光）两种发光形式，一般信号灯用平光灯，信号灯的图形符号如图1—66所示。断续发光的亮与灭的时间比一般在1∶1～1∶4，较优先的信息使用较高的闪烁频率。

如果要在图形符号上标注信号灯的颜色，可在靠近图形处标出对应颜色的字母：红色（RD）、黄色（YE）、绿色（GN）、蓝色（BU）、白色（WH）。如果要在图形符号上标注灯（信号灯或照明灯）的类型，可在靠近图形处标出对应类型的字母，如：白炽（IN）、电发光（EL）、荧光（FL）、发光二极管（LED）等。

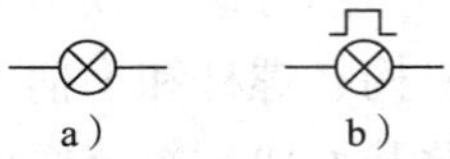

a）　b）

图1—66　信号灯的图形符号
a）平光灯　b）闪光灯

指示灯的颜色及其含义见表1—16。

表1—16　指示灯的颜色及其含义

颜色	含义	说　明	典型应用
红色	危险 告急	可能出现危险 需要立即处理	温度超过规定（或安全）限制 设备的重要部分已被保护电器切断 润滑系统失压 有触及带电或运动部件的危险
黄色	注意	情况有变化或即将发生变化	温度（或压力）异常 当仅能承受允许的短时过载
绿色	安全	正常或允许进行	冷却通风正常 自动控制系统运行正常 机器准备启动
蓝色	按需要 指定用意	除红、黄、绿三色外的任何指定用意	遥控指示 选择开关在设定位置
白色	无特定用意	任何用意。不能确切地用红黄绿时，以及用作执行时	

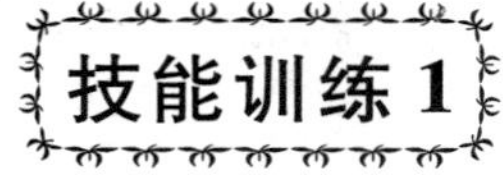

技能训练1

主令电器的识别与检测

1. 训练目标

（1）认识各种不同种类、不同结构形式的主令电器。

（2）能够对主令电器的触头进行简单检测。

2. 器材准备

准备内容见表1—17。

表1—17 准备内容

序号	名称	规格型号	数量	备注
1	按钮	LA18—22、LA18—22J、LA18—22X、LA18—22Y、LA19－11D、LA19－11DJ、LA20—22D	各一只	
2	行程开关	JLXK1—311、JLXK1—221、JLXK1—111	各一只	
3	万能转换开关	LW5—15/5.5N	一只	
4	主令控制器	LK1—12/90	一只	
5	凸轮控制器	KTJ1—50/1	一只	
6	兆欧表	ZC25—3型	一块	
7	万用表	MF—47型	一块	
8	电工常用工具		一套	

3. 训练内容及步骤

（1）识别主令电器

1）在教师指导下，仔细观察各种不同种类、不同结构形式的主令电器，熟悉它们的外形、型号及主要技术参数的意义、功能、结构及工作原理等。

2）由指导教师从所给主令电器中任选八种，用胶布盖住型号并编号，由学生根据实物写出各电器的名称、型号及文字符号，画出图形符号，填入表1—18中。

表1—18 主令电器的识别

序号	1	2	3	4	5	6	7	8
名称								
型号								
文字符号								
图形符号								

（2）检测按钮和行程开关

拆开外壳观察其内部结构，比较按钮和行程开关的相似和不同之处，理解常开触头、常闭触头和复合触头的动作情况，用万用表的电阻挡测量各对触头之间的接触情况，分辨常开触头和常闭触头。

（3）万能转换开关、主令控制器和凸轮控制器的检测

1）认真观察、比较三种主令电器，熟悉它们的外形、型号和功能，用兆欧表测量各触头的对地电阻，其值应不小于0.5 MΩ。

2）用万用表依次测量手柄置于不同位置时各对触头的通断情况，根据测量结果分别作出三种主令电器的触头分合表，并与给出的分合表对比，初步判断触头的工作情况是否良好。

3）打开外壳，仔细观察、比较它们的结构和动作过程，指出主要零部件的名称，理解工作原理。

4）检查各对触头的接触情况和各凸轮片的磨损情况，若触头接触不良应予以修整，若凸轮片磨损严重应予以更换。

5）合上外壳，转动手柄，检查其转动是否灵活、可靠，并再次用万用表依次测量手柄置于不同位置时各触头的通断情况，看是否与给定的触头分合表相符。

（4）评分标准见表1—19。

表1—19　　主令电器的识别与检测

<table>
<tr><th>项目内容</th><th>配分</th><th colspan="4">评分标准</th><th>扣分</th></tr>
<tr><td>识别主令电器</td><td>40分</td><td colspan="4">（1）写错或漏写名称　每只扣5分
（2）写错或漏写型号　每只扣5分
（3）写错符号　每只扣5分</td><td></td></tr>
<tr><td>检测主令电器</td><td>60分</td><td colspan="4">（1）仪表使用方法错误　扣10分
（2）测量结果有误　每次扣5分
（3）触头分合表有误　每错一处扣5分
（4）检查修整触头错误　扣10分
（5）检查更换凸轮片错误　扣10分
（6）损坏仪表电器　扣20分
（7）不会检测　扣40分</td><td></td></tr>
<tr><td>安全文明生产</td><td colspan="5">违反安全文明生产规程　扣5~40分</td><td></td></tr>
<tr><td>定额时间</td><td colspan="5">2 h，每超过5 min（不足5 min以5 min计）　扣5分</td><td></td></tr>
<tr><td>备注</td><td colspan="4">除定额时间外，各项目的最高扣分不得超过配分数</td><td>成绩</td><td></td></tr>
<tr><td>开始时间</td><td colspan="2"></td><td>结束时间</td><td></td><td>实际时间</td><td></td></tr>
</table>

技能训练2

常用继电器的识别

1．训练目标

（1）认识各种不同种类、不同结构形式的常用继电器。

（2）能够对常用继电器进行简单检测。

2. 器材准备

准备内容见表1—20。

表1—20　　准备内容

序号	名称	规格型号	数量	备注
1	中间继电器	JZ7	若干	
2	电流继电器和电压继电器	JT4	若干	
3	时间继电器	JS－A、JS20	若干	
4	速度继电器	JY1	若干	
5	固态继电器	JGX	若干	
6	兆欧表	ZC25—3 型	一块	
7	万用表	MF—47 型	一块	
8	电工常用工具		一套	

电气元件由指导教师根据实际情况在规定系列内选取，每系列取2～4种不同规格。

3. 训练内容及步骤

（1）在教师指导下，仔细观察不同类型、不同系列、不同规格的继电器，熟悉它们的外形、型号及主要技术参数的意义、结构、工作原理、接入电路的元器件及其接线柱等。

（2）根据指导教师给出的元件清单，从所给继电器中正确选出清单中的继电器。

（3）由指导教师从所给继电器中选取5～6件，用胶布盖住型号并编号，由学生根据实物写出它们的系列名称、型号、文字符号，画出图形符号，填入表1—21中，并简述各继电器的功能、主要结构和工作原理。

表1—21　　常用继电器的识别

序号	1	2	3	4	5	6
系列名称						
型号						
文字及图形符号						
主要功能						
主要参数						

（4）将时间继电器的动作值整定到规定值。

（5）注意事项

1）训练过程中注意不要损坏继电器。

2）JT4系列电压继电器与电流继电器的外形和结构相似，但线圈不同，刻度值不同，应注意区别。

3）时间继电器的整定值由指导教师根据继电器的规格在现场给出。

（6）评分标准见表1—22。

表 1—22　　评分标准

项目内容	配分	评分标准			扣分
继电器的识别	60 分	（1）不能按清单选出继电器　每只扣 5 分 （2）写错或漏写型号　每只扣 5 分 （3）写错或漏写名称　每只扣 5 分 （4）写错或漏写作用、参数　每只扣 5 分			
继电器的整定	30 分	不会整定时间继电器的动作值　每只扣 5 分			
安全文明生产	10 分				
定额时间	50 min，每超过 5 min（不足 5 min 以 5 min 计）　扣 5 分				
备注	除定额时间外，各项目的最高扣分不得超过配分数			成绩	
开始时间		结束时间		实际时间	

课后练习

1. 如何合理选用常用的导线？
2. 绝缘材料的作用是什么？
3. 电工材料有哪几类？导电材料具有哪些特点？
4. 低压开关的作用及种类有哪些？
5. 简述接触器的工作原理。

课题 3　动力、照明及控制电路的安装要求与配管

学习目标

1. 掌握低压电器及配电箱安装的相关规范。
2. 能够进行低压配电箱及电气控制柜的安装。
3. 熟悉电线管的施工规范及拖链的基本知识。
4. 能够进行 PVC 管（镀锌钢管）敷设穿线、电线穿拖链和金属线槽墙上安装。

一、低压电器的安装要求

1. 低压电器安装的一般要求

（1）低压电器安装前的检查要求：

1）电气设备的铭牌、型号、规格，应与被控制线路或设计要求相符。

2）设备的外壳、漆层、手柄，应无损伤或变形。

3）内部仪表、灭弧罩、瓷件及附件、胶木电器，应无裂纹或伤痕。

4）螺钉及紧固件应拧紧。

5）具有主触头的低压电器，触头的接触应紧密。采用0.05 mm×10 mm的塞尺检查，接触两侧的压力应均匀一致。

6）低压电器的附件应齐全、完好。

（2）低压电器安装的标高

低压电器安装的标高应符合设计规定。当设计无规定时，应符合下列要求：

1）落地安装的低压电器，其底部宜高出地面50～100 mm。

2）操作手柄转轴中心与地面的距离，宜为1 200～1 500 mm；侧面操作的手柄与建筑物或设备的距离不宜小于200 mm。

（3）低压电器成排或集中安装时排列应整齐，器件间的距离应符合设计要求，并应便于操作及维护。电器的安全作业要求技术数据必须符合技术文件的规定。

（4）电器外部接线要求：

1）按电器外部接线端头的相线标志进行与其电源配线匹配的接线。

2）接线应排列整齐、清晰、美观，导线应绝缘良好、无损伤。

3）电源侧进线应接在进线端，即固定触头接线端；负荷侧出线应接在出线端，即可动触头接线端。

4）电器的接线应采用铜质或有电镀金属防锈层的螺栓和螺钉，连接时应拧紧，并应有防松装置。

5）外部接线不得使电器内部受到额外应力。

6）电源线（母线）与电器连接时，接触面应洁净，严禁有氧化层；接触面必须严密。

（5）低压电器的固定要求：

1）低压电器根据其不同的结构。采用支架、金属板、绝缘板固定在墙、柱或建筑物构件上。金属板、绝缘板应平整，安装必须平稳。当采用卡轨支撑安装时，卡轨应与低压电器匹配，并用固定夹或固定螺栓与壁板紧密固定，严禁使用变形或不合格的卡轨。

2）当采用膨胀螺栓固定时，应根据产品技术要求选择螺栓的规格；其钻孔直径和埋设深度应与螺栓规格相符。

3）有防震要求的电器应增加减震装置；其紧固件螺栓必须采取防松措施。

4）固定低压电器时，不得使电器内部受额外应力。

（6）电器的金属外壳、柜架的接零或接地，应符合现行国家标准《电气装置安装工程接地装置施工及验收规范》的有关规定。

2. 低压断路器、低压接触器及启动器的安装要求

（1）低压断路器的安装要求

安装低压断路器时，应符合产品技术文件，以及施工验收规范的规定，应注意低压断路器的型号、规格要符合设计要求。安装时应符合以下要求：

1）宜垂直安装，其倾斜度应不大于5°。

2）低压断路器与熔断器配合使用时，熔断器应安装在电源一侧。

3）操作手柄或传动杆的开、合位置应正确。操作用力应不大于技术文件的规定值。

4）电动操作机构接线应正确。在合闸过程中开关不应跳跃。开关合闸后，限制电动机或电磁铁通电时间的联锁装置应及时动作。电动机或电磁铁通电时间应不超过产品的规定值。

5）开关辅助接点动作应正确可靠，接触良好。

6）抽屉式断路器的工作、试验、隔离三个位置的定位应明显，并应符合产品技术文件的规定。于空载时进行抽、拉数次应无卡阻，机械联锁应可靠。

（2）低压接触器的安装要求

1）接触器的型号、规格应符合设计要求，并应有产品质量合格证和技术文件。

2）衔铁表面应无锈斑、油垢；接触面应平整、清洁。可动部分应灵活无卡阻；灭弧罩之间应有间隙；灭弧线圈绕向应正确。

3）触头的接触应紧密，固定主触头的触头杆应固定可靠。

4）接线应正确牢固，并应做好绝缘处理；接触器安装应与地面垂直，倾斜度应不超过5°。

5）在主触头不带电的情况下，启动线圈间断通电，主触头动作正常，衔铁吸合后应无异常响声。

（3）启动器的安装要求

启动器应垂直安装，工作活动部件动作应灵活可靠，无卡阻；启动衔铁吸合后应无异常响声，触头接触紧密，断电后应能迅速脱开；可逆电磁启动器防止同时吸合的联锁装置动作正确、可靠；接线应正确且牢固，裸露线芯应做好绝缘处理。手动操作启动器的触头压力，应符合产品技术文件要求及技术标准的规定值，操作应灵活；接触器与启动器均应进行通断检查；对用于重要设备的接触器或启动器尚应检查其启动值是否符合产品技术文件的规定；变阻式启动器的变阻器安装后，应检查其电阻切换程序。触头压力、灭弧装置及启动值，应符合设计要求或产品技术文件的规定。

1）星形、三角形启动器的检查、调整应符合下列要求：

启动器接线应正确；电动机定子绕组的正常工作应为三角形接线法。手动操作的星形、三角形启动器，应在电动机转速接近运行转速时进行切换；自动转换的启动器应按电动机负荷要求正确调节延时装置。

2）自耦减压启动器安装、调整应符合下列要求：

启动器应垂直安装。油浸式启动器的油面不得低于标定油面线。减油抽头在65%～80%额定电压下，应按要求进行调整。启动时间不得超过自耦减压启动器允许的启动时间。连续启动累计或一次启动时间接近最大允许启动时间时，应待其充分冷却后方能再次启动。

3. 低压隔离开关、刀开关的安装要求

（1）接线时，刀开关电源线应接在开关上面的进线端上，用电设备应从下面熔体的出线端接线，以免刀开关断开后，闸刀和熔体带电。

（2）开关应垂直安装。当在不切断电流、有灭弧装置或用于小电流电路等情况下，可水平安装。水平安装时，分闸后可动触头不得自行脱落，其灭弧装置应固定可靠。

（3）可动触头与固定触头的接触应密合良好。大电流的触头或刀片宜涂电力复合脂。

有消弧触头的闸刀开关，各相的分闸动作应迅速一致。

(4) 双投刀开关在分闸位置时，刀片应可靠固定，不得自行合闸。

(5) 安装杠杆操作机构时，应调节杠杆长度，使操作到位、动作灵活、开关辅助接点指示应正确。

(6) 开关的动触头与两侧压板距离应调整均匀，合闸后接触面应压紧，刀片与静触头中心线位置应在同一平面内，刀片不应摆动。

(7) 刀开关用做隔离开关时，合闸后顺序为先合上刀开关，再合上其他用以控制负载的开关，分闸顺序则相反。刀开关应严格按照技术文件（产品说明书）规定的分断能力来分断负荷，无灭弧罩的刀开关通常不允许分断负载，否则，有可能导致稳定持续燃弧，使刀开关寿命缩短；严重的还会造成电源短路，开关烧毁，甚至酿成火灾。

4. 变阻器及电阻器的安装要求

(1) 电阻器安装

1）电阻器的电阻元件应位于垂直面上。电阻器垂直安装不应超过电箱。当超过电箱时，应采用支架固定并应保持一定距离。电阻器底部与地面之间应保持一定的间隔，应不小于 150 mm。

2）电阻器与其他电气设备垂直布置时，应安装在其他电器的上方，两者之间应留有适当的间隔。

3）电阻器的接线应符合下列要求：

电阻器与电阻元件之间的连接应采用铜或钢的裸导体，接触应可靠。电阻器引出线的夹板或螺栓应设置与设备接线图相应的标志。当与绝缘导线连接时，应采取防止接头处因温度升高而降低导线绝缘强度的措施。多层叠装的电阻箱和引出导线，应采用支架固定，并不得妨碍电阻元件的更换。电阻器和变阻器内部不得有断路或短路，其直流电阻值的误差应符合产品技术文件的规定。

(2) 变阻器的转换调节装置应符合下列要求：

1）转换装置的移动应均匀平滑、无卡阻，并有与移动方向对应的指示阻值变化的标志。

2）电动传动转换装置的限位开关及信号联锁接点的动作应准确、可靠。

3）齿链传动的转换装置，允许有半个节距的串动范围。

4）由电动传动及手动传动两部分组成的转换调节装置，应在电动及手动两种操作方式下分别进行试验。

5）转换调节装置的滑动触头与固定触头的接触应良好，触头间的压力应符合要求，在滑动过程中不得开路。

5. 控制器、继电器及行程开关的安装要求

(1) 控制器的安装要求

1）控制器的工作电压应与供电电源电压相符。

2）凸轮控制器及主令控制器应安装在便于观察和操作的位置上；操作手柄或手轮的安装高度宜为 800 ~1 200 mm。

3）控制器操作应灵活；挡位应明显、准确。带有零位自锁装置的操作手柄，应能正常工作。

4）操作手柄或手轮的动作方向，宜与机械装置的动作方向一致；操作手柄或手轮在各个不同位置时，其触头的分、合顺序均应符合控制器的开、合图表的要求，通电后应按相应的凸轮控制器件的位置检查电动机，并应运行正常。

5）控制器触头压力应均匀；触头超行程应不小于产品技术文件的规定。凸轮控制器主触头的灭弧装置应完好。

6）控制器的转动部分及齿轮减速机构应润滑良好。

（2）继电器的安装要求

1）继电器的型号、规格应符合设计要求。

2）继电器可动部分的动作应灵活、可靠。

3）继电器表面污垢和铁芯表面防腐剂应清除干净。

4）安装时必须试验端子确保接线相位的准确性。固定螺栓加套绝缘管，继电器安装应保持垂直，固定螺栓应垫橡胶垫圈和防松垫圈紧固。

（3）行程开关的安装要求

1）安装位置应能使开关正确动作，且不妨碍机械部件的运动。

2）碰块或撞杆应安装在开关滚轮或推杆的动作轴线上。对电子式行程开关应按产品技术文件要求调整可动设备的间距。

3）碰块或撞杆对开关的作用力及开关的动作行程，均应不大于允许值。

4）限位用的行程开关，应与机械装置配合调整；确认动作可靠后，方可接入电路使用。

6. 熔断器的安装要求

（1）低压熔断器安装，应符合施工质量验收规范的规定。安装的位置及相互间距应便于更换熔体。低压熔断器宜垂直安装。

（2）低压断路器与熔断器配合使用时，熔断器应安装在电源一侧。

（3）熔断器的安装位置及相互间距离，应便于更换熔体。

（4）安装有熔断指示器的熔断器，其指示器应装在便于观察的一侧。

（5）安装瓷插式熔断器在金属底板上时，其底座应设置软绝缘衬垫。将熔体装在瓷插件上，是最常用的一种熔断器。由于其灭弧能力差，极限分断能力低，只适用于负载不大的照明线中。

（6）安装几种规格的熔断器在同一配电板上时，应在底座旁标明熔断器的规格。

（7）对有触及带电部分危险的熔断器，应配齐绝缘抓手。

（8）安装带有接线标志的熔断器，电源配线应按标志进行接线。

（9）螺旋式熔断器安装时，其底座固定必须牢固，电源线的进线应接在熔芯引出的端子上，出线应接在螺纹壳上，以防调换熔体时发生触电事故。

（10）瓷插式熔断器应垂直安装，熔体不允许用多根较小熔体代替一根较大的熔体，否则会影响熔体的熔断时间，造成事故。瓷质熔断器安装在金属板上时应垫软绝缘垫。

7. 住宅低压电器、漏电保护器及消防电气设备的安装要求

（1）住宅电器的安装应符合下列要求：

1）应根据用电设备位置，确定管线走向、标高及开关、插座的位置。

2）电源线配线时，所用导线截面积应满足用电设备的最大输出功率。

3）暗线敷设必须配管。当管线长度超过 15 m 或有两个直角弯时，应增设拉线盒。

4）同一回路电线应穿入同一根管内，但管内总根数不应超过 8 根，电线总截面积（包括绝缘外皮）不应超过管内截面积的 40%。

5）电源线与通信线不得穿入同一根管内。

6）电源线及插座与电视线及插座的水平间距应不小于 500 mm。

7）电线与暖气、热水、煤气管之间的平行距离应不小于 300 mm，交叉距离应不小于 100 mm。

8）穿入配管导线的接头应设在接线盒内，接头搭接应牢固，绝缘带包缠应均匀紧密。

9）安装电源插座时，面向插座的左侧应接零线（N），右侧应接相线（L），中间上方应接保护地线（PE）。

10）当吊灯自重在 3 kg 及以上时，应先在顶板上安装后置埋件，然后将灯具固定在后置埋件上。严禁安装在木楔、木砖上。

11）连接开关、螺口灯具导线时，相线应先接开关，开关引出的相线应接在灯中心的端子上，零线应接在螺纹的端子上。

12）导线间和导线对地间电阻必须大于 0. 5 MΩ。

13）同一室内的电源、电话、电视等插座面板应在同一水平标高上，高差应小于 5 mm。

14）厨房、卫生间应安装防溅插座，开关宜安装在门外开启侧的墙体上。

15）电源插座底边距地宜为 300 mm，平开关板底边距地宜为 1 400 mm。

（2）漏电保护器的安装要求

1）按漏电保护器产品标志进行电源侧和负荷侧接线。

2）带有短路保护功能的漏电保护器安装时，应确保有足够的灭弧距离。

3）在特殊环境中使用的漏电保护器，应采取防腐、防潮或防热等措施。

4）电流型漏电保护器安装后，除应检查接线无误外，还应通过试验按钮检查其动作性能，并应满足要求。

（3）消防电气设备的安装要求

火灾探测器、手动火灾报警按钮、火灾报警控制器、消防控制设备等的安装，应按现行国家标准《火灾自动报警系统施工及验收规范》执行。

二、低压配电箱的安装

1. 低压配电箱的安装检查

（1）铁制配电箱

箱体应有一定的强度，周边平整无损伤，油漆无脱落，二层底板厚度不小于 1. 5 mm，但不得采用阻燃型塑料板作二层底板，箱内各种器具应安装牢固，导线排列整齐，压接牢固。

（2）塑料配电箱

箱体应有一定的强度，周边平整无损伤，塑料二层底板厚度不小于 5 mm。

（3）镀锌材料

镀锌材料有角钢、扁铁、铁皮、自攻丝、螺栓、垫圈、圆钉等。

(4) 绝缘导线

导线的型号规格必须符合设计要求，并有产品合格证。

2. 对低压配电箱的安装要求

(1) 配电箱应安装在安全、干燥、易操作的场所。配电箱安装时，如无设计要求，则一般暗装为底边距地1.5 m，照明配电板底边距地不小于1.8 m。并列安装的配电箱、盘距地高度要一致，同一场所安装的配电箱、盘允许偏差不大于5 mm。

(2) 配电箱上的母线其相线应用颜色标出，A相用黄色；B相用绿色；C相用红色；中性线N相用蓝色；保护地线（PE线）用黄绿相间双色。

(3) 配电箱上的电源指示灯，其电源应接至总开关的外侧，并应装单独熔断器（电源侧）。盘面闸具位置与支路相对应，其下面应装设卡片框，标明路别及容量。配电箱内应分别设置中性线N和保护地线（PE线）汇流排（采用内六角螺栓），中性线N和保护地线应在汇流排上连接，不得绞接，并应有编号。垂直装设的刀开关及熔断器等电器上端接电源，下端接负荷；横装者左侧（面对盘面）接电源，右侧接负荷。盘面上安装的各种刀开关及低压断路器等，当处于断路状态时，刀片可动部分均不应带电（特殊情况除外）。

(4) 配电箱上配线需排列整齐，并绑扎成束，活动部位均应固定；盘面引出和引进的导线应留适当余量，便于检修。导线削剥处不应损伤导线线芯或使线芯过长，导线压接牢固可靠；多股导线涮锡后压接，加装压线端子。

(5) 配电箱带有器具的铁制盘面和装有器具的门及电器的金属外壳应有明显可靠的PE保护地线（PE线为编织软裸铜线），但PE保护地线不允许利用箱体或盒体串接。当PE线所用材质与相线相同时选择截面不应小于表1—23中的规定。

表1—23　　PE线最小截面积　　(mm^2)

相线线芯截面积 S	PE线最小截面积 S
$S \leq 16$	S
$16 < S \leq 35$	16
$35 < S \leq 400$	$S/2$
$400 < S \leq 800$	200
$800 < S$	$S/4$

技能训练1

低压配电箱的安装

1. 训练目标

(1) 根据标准低压配电箱规格完成箱内低压断路器的安装，要求位置准确，安装牢固。

(2) 将标准低压配电箱牢固安装在木板上，要求箱体水平。

2. 器材准备

（1）箱体验收合格。

（2）经审核的施工图样。

（3）所需要的断路器、导线、配线扎带等已经准备完毕，并符合设计图样、配电箱安装要求。准备内容见表 1—24。

表 1—24　　准备内容

名称	数量	图示
低压配电箱	1 个	
断路器	12 个	
导线	一批	
辅件（紧固件、导轨等）	若干	
电工工具	一套	

3. 训练内容及步骤

（1）导轨的安装

画线定位，导轨安装要水平，用螺栓固定导轨，并与盖板断路器操作孔相匹配。并确保导轨的水平度（注：部分配电箱已安装导轨，可省略本步骤）。接地排直接安装在底板上。N 排经绝缘子后安装在底板上，如图 1—67 所示。

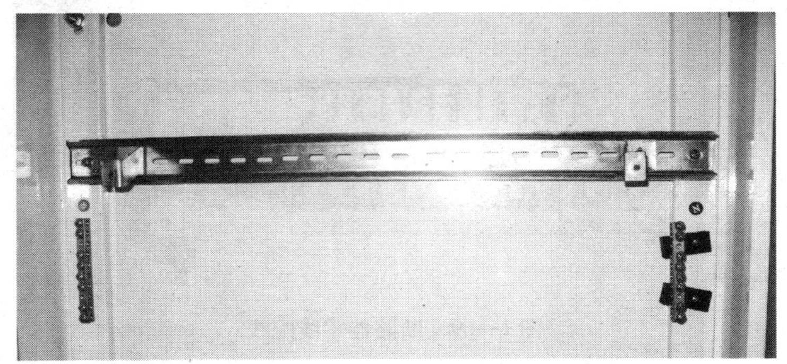

图 1—67　导轨的安装

（2）断路器安装

1）断路器安装时首先要注意箱盖上断路器安装孔位置，保证断路器位置在箱盖预留位置。其次开关安装时要从左向右排列，开关预留位应为一个整位。

2）预留位一般放在配电箱右侧。第一排总断路器与分断路器之间有预留一下完整的整位用于第一排断路器配线，如图 1—68 所示。

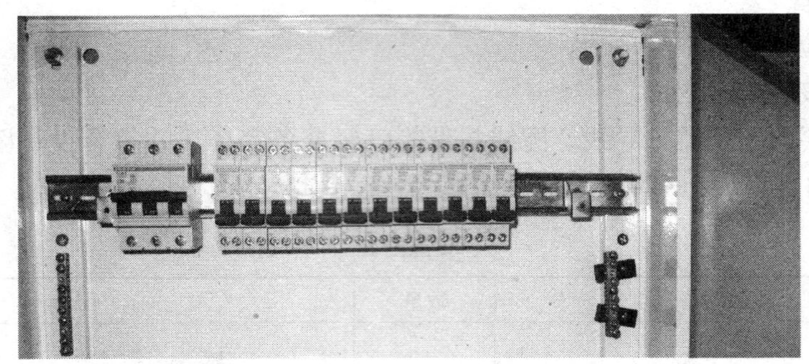

图 1—68　断路器的安装

（3）配线

1）零线颜色要采用蓝色，A 相线为黄、B 相线为绿、C 相线为红。

2）照明及插座回路一般采用 2.5 mm^2 导线，每根导线所串联断路器数量不得大于 3 个。空调回路一般采用 2.5 mm^2 或 4.0 mm^2 导线，一根导线配一个断路器。

3）不同相之间零线不得共用，如由 A 相配出的第一根黄色导线连接了两个 16 A 的照明断路器，那么 A 相所配断路器零线也只能配这两个断路器，配完后直接接到零线接线端子上。

4）箱体内总断路器与各分断路器之间配线一般走左侧，配电箱出线一般走右侧。

5）箱内配线要顺直不得有绞接现象，导线较多时要用塑料扎带绑扎，扎带大小要合适，间距要均匀。

6）导线弯曲应一致，且不得小于导线的自身弯曲半径，防止损坏导线绝缘皮及内部铜芯。具体配线如图 1—69、图 1—70、图 1—71 和图 1—72 所示。

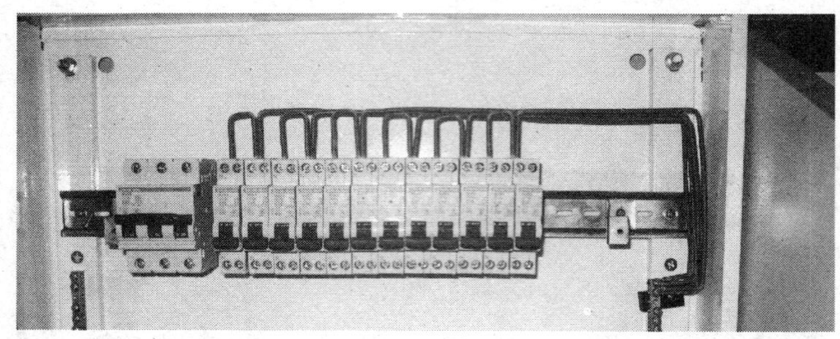

图 1—69　断路器零线配线

7）门与柜体之间的连接线采用镀锌屏蔽带连接。屏蔽带端头的处理要使用 O 形铜接头进行压接，不得将屏蔽带直接固定。固定时要使用倒齿垫片以防止松动和接触不良。

（4）导线绑扎

1）导线要用塑料扎带绑扎，扎带大小要合适，间距要均匀，一般为 100 mm。

2）扎带扎好后，不用的部分要用钳子剪掉，如图 1—73、图 1—74 所示。

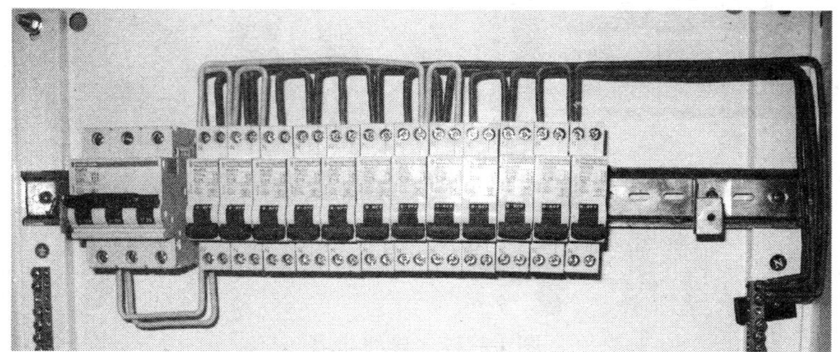

图 1—70　断路器 A 相配线

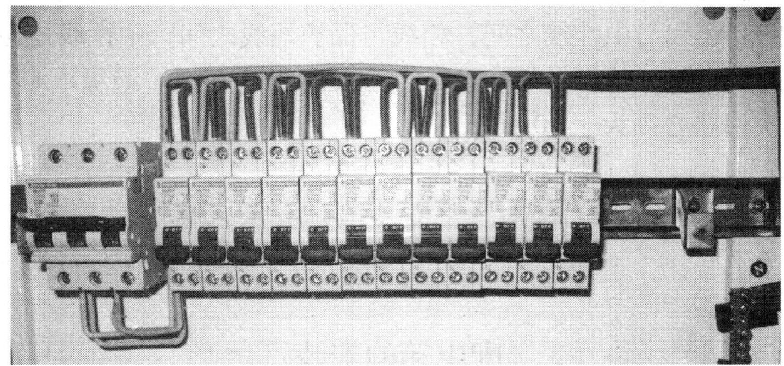

图 1—71　断路器 B 相配线

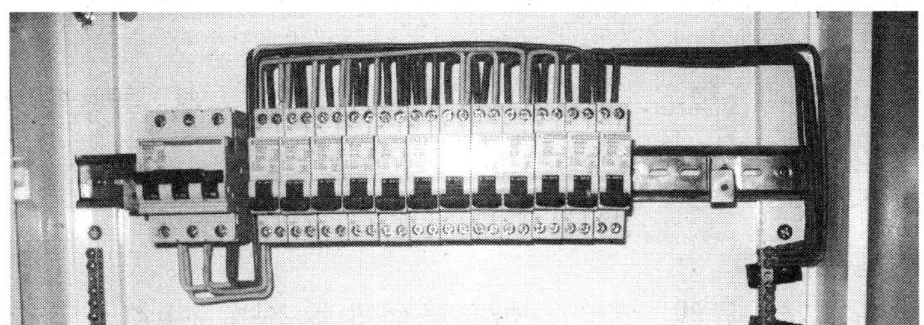

图 1—72　断路器 C 相配线

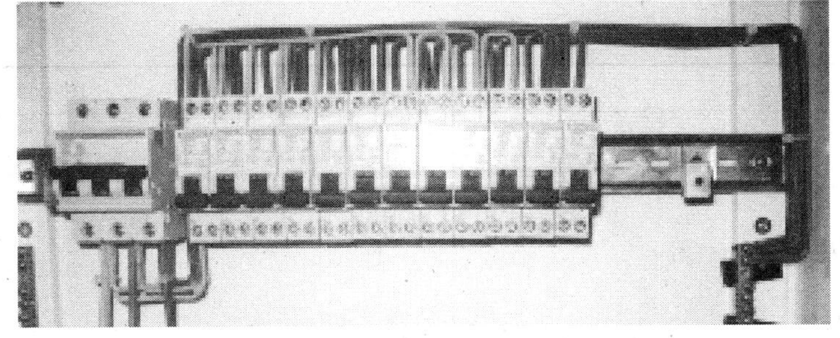

图 1—73　配电箱接线配线完成图

图 1—74　导线绑扎

（5）低压配电箱的绝缘摇测

配电箱全部电器安装完毕后，用 500 V 绝缘电阻表对线路进行绝缘摇测。摇测项目包括相线与相线之间，相线与中性线之间，相线与保护地线之间，中性线与保护地线之间。

摇测时，应两人进行，并应做好记录，作为技术资料存档。绝缘电阻值馈电线路必须大于 10 MΩ，二次回路必须大于 10 MΩ。

配电箱的安装

1. 训练目标

（1）根据配电箱规格完成箱内低压断路器的安装，要求位置准确，间距符合规范，安装牢固。

（2）导线型号、颜色符合规范，接线应排列整齐、清晰、美观，导线绝缘良好、无损伤。

2. 器材准备

（1）箱体验收合格。

（2）经审核的施工图样。

（3）所需要的断路器、导线、配线扎带等已经准备完毕，并符合设计图样、配电箱安装要求。

准备内容见表 1—25。

表 1—25　　准备内容

名称	数量	图示
标准低压电气箱	一个	

续表

名称	数量	图示
低压电器	一批	
旋具、扳手	一套	
安装辅件（紧固件、导轨等）	若干	

3. 训练内容及步骤

（1）元器件安装

1）安装前的准备

①安装前首先看明图样及技术要求。

②检查产品型号、元器件型号、规格、数量等与图样是否相符。

③检查元器件有无损坏。

④必须按图安装（如果有图）。

⑤元器件安装顺序应从板前开始，由左至右，由上至下。

2）组装产品应符合以下条件：

①操作方便。元器件在操作时，在空间上不受妨碍，没有触及带电体的可能。

②维修容易。能够较方便地更换元器件及维修连线。

③各种电气元件和装置的电气间隙、爬电距离应符合规定。

④保证一、二次线的安装距离。

3）组装所用紧固件及金属零部件均应有防护层，对螺钉过孔、边缘及表面的毛刺、尖锋应打磨平整后再涂敷导电膏。

4）对于螺栓的紧固应选择适当的工具，不得破坏紧固件的防护层，并注意相应的扭矩。

5）主回路上面的元器件，一般电抗器，变压器需要接地，断路器不需要接地，

6）对于发热元件（如管形电阻、散热片等）的安装应考虑其散热情况，安装距离应符合元件规定。

7）所有电器元件及附件，均应固定安装在支架或底板上，不得悬吊在电器及连线上。

8）接线面每个元件的附近有标牌，标注应与图样相符。除元件本身附有供填写的标志牌外（见图 1—75），标志牌不得固定在元件本体上。

9）标号应完整、清晰、牢固。标号粘贴位置应明确、醒目。

10）安装于面板、门板上的元件，其标号应粘贴于面板及门板背面元件下方，如下方无位置时可贴于左方，但粘贴位置尽可能一致，如图 1—76 所示。

11）保护接地连续性。

①保护接地连续性利用有效接线来保证。

②柜内任意两个金属部件通过螺钉连接时如有绝缘层均应采用相应规格的接地垫圈（见图 1—77），并注意将垫圈齿面接触零部件表面（画圈处），或者破坏绝缘层。

③门上的接地处（画圈处）要加“抓垫”，防止因为油漆的问题而接触不好，而且连接线尽量短，如图 1—78 所示。

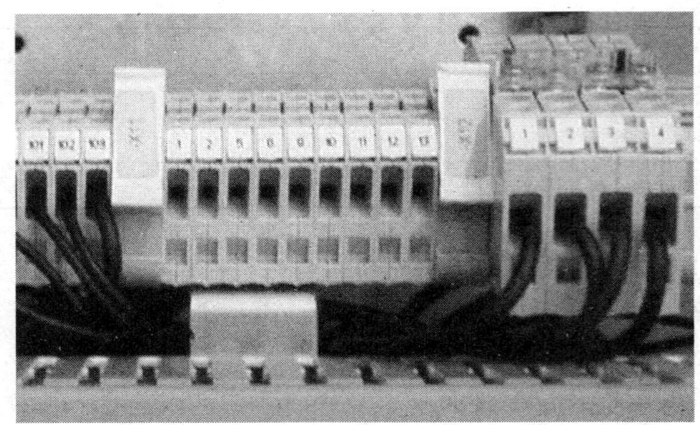

a）

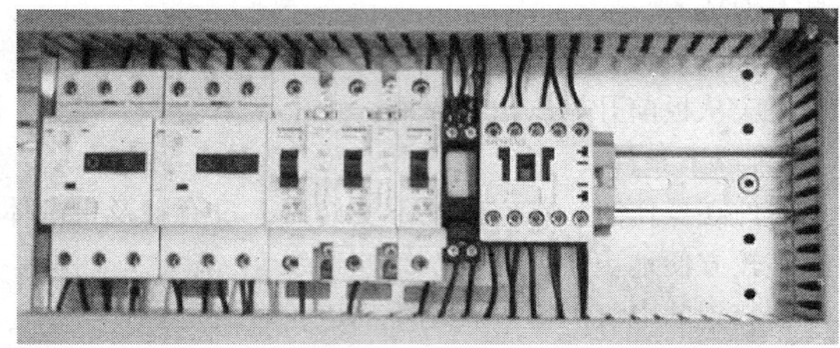

b）

图 1—75　安装于面板的元件的标志牌粘贴示例

a）端子的标志　b）双重的标志

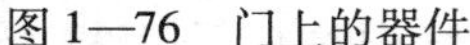

图 1—76　门上的器件

图 1—77　接地垫圈

12）安装因振动易损坏的元件时，应在元件和安装板之间加装橡胶垫减震。

13）对于有操作手柄的元件应将其调整到位，不得有卡阻现象。

（2）二次回路布线基本要求

1）按图施工、连线正确。

2）除了简单配电箱能用颜色区分电压及相位外，其他应该用号码管加以区分。

3）二次线的连接（包括螺栓连接、插接、焊接等）均应牢固可靠，线束应横平竖直，配置坚牢，层次分明，整齐美观。同一合同的相同元件走线方式应一致。

4）二次线截面积要求

①单股导线：不小于 1.5 mm^2。

②多股导线：不小于 1.0 mm^2。

图 1—78　接地装置

③弱电回路：不小于 0.5 mm^2。

④电流回路：不小于 2.5 mm^2。

⑤保护接地线：不小于 2.5 mm^2。

5）所有连接导线中间不能有接头。

6）每个电气元件的接点最多允许接 2 根线。

7）每个端子的接线点一般不宜接两根导线，特殊情况时如果必须接两根导线，则连接必须可靠。

8）导线应远离飞弧元件，并不得妨碍电器的操作。

9）电流表与分流器的连线之间不得经过端子，其线长不得超过 3 m。

10）屏蔽电缆的连接。

①拧紧屏蔽线至约 15 mm 长。

②用接线端子把导线与屏蔽层压在一起。

③压过的线回折在绝缘导线外层上。如图 1—79、图 1—80 所示。

三、塑料护套线及线管的敷设与配线

1. 塑料护套线配线

塑料护套线具有双层保护层，线芯绝缘为内层，外层为统包塑料绝缘护套，它具有防潮、耐酸和耐腐蚀等性能，可直接敷设在空心楼板内和建筑物的表面，用钢精轧片或塑料卡作为电线的固定支持物。

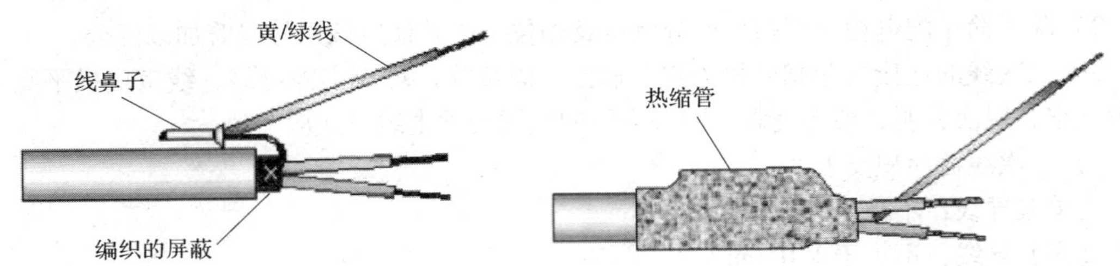

图 1—79　屏蔽层与导线的连接　　　　图 1—80　用热缩管固定导线连接的部分

护套线敷设的施工方法简单，线路整齐美观，造价低廉，广泛用于室内电气照明及其他配电线路。

选取塑料护套线时，其截面不宜大于 6 mm^2，最小线芯截面，铜线不应小于 1.0 mm^2，铝线不应小于 2.5 mm^2。

(1) 明配塑料护套线

在已预埋（如没预埋，应打孔后埋设木钉或塑料胀管）好的木砖、木钉的建筑物表面上，用钉子直接将铝线卡钉牢，然后把护套线拉直敷在线卡上收紧、卡牢。如使用塑料线卡，则应先把卡子卡在线上，再用钉子钉牢。

(2) 暗配塑料护套线

塑料护套线穿过空心楼板孔暗配敷设，可使建筑物更美观，在穿入导线时，楼板孔径要足够大，不要损伤护套层。

2. 线管配线

将绝缘导线穿在管子内的配线方式叫作线管配线，先按设计要求选择金属管或塑料管（明配或暗配），把管子配好，待建筑物抹灰、地面工程及设备完工后，再进行管内穿线。

管内线路敷设要求：

(1) 按设计要求，选择穿管导线的规格、型号。穿管绝缘导线最小截面，铜线不得小于 1.0 mm^2、铝线不得小于 2.5 mm^2。两根绝缘导线穿管时，其总截面不得大于管内截面的 60%，两根以上绝缘导线穿管时，其总截面不得大于管内截面的 40%。

(2) 低压线路穿管均采用额定电压不低于 500 V 的绝缘导线，应尽量使用不同颜色的导线，便于识别接线。

(3) 导线在管内不应有接头和扭结，接头设在接线盒内，导线穿好后，出接线盒线的长度不小于 0.15 m，箱内长度为箱体半周长，出户线为 1.6 m。

(4) 电压等级不同的导线、交流与直流的导线，不应穿在同一根管子里。防止短路及干扰故障的发生。

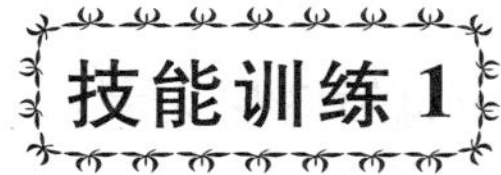

PVC 线管（镀锌钢管）敷设穿线

1. 训练目标

（1）对 PVC 线管（镀锌钢管）进行弯曲。

（2）用锁紧螺母及接线盒对线管进行连接。

（3）使用管卡对线管进行固定，要求水平和垂直度良好。

（4）使用钢丝作引线，进行线缆的穿管。

2. 器材准备

准备内容见表 1—26。

表 1—26　准备内容

序号	名称	规格型号	数量	备注
1	电线铁管	ϕ25 mm	2 m	
2	硬塑料电线管	ϕ25 mm	2 m	
3	钢接线盒	8080	1 个	
4	PVC 接线盒		1 个	
5	专用训练基板	1 000 mm × 1 000 mm	1 块	
6	灯具、开关、插座		1 套	
7	导线		若干	
8	安装辅件（紧固件、导轨、钢丝等）		若干	
9	工具		1 套	见注

注：在实际工作中用到的工具包括：

（1）煨管器、开孔器，套螺纹机（扳手）等。

（2）弯管弹簧、剪管器、热风枪等。

（3）电锤、手电钻、电烙铁等。

（4）锤子、钢锯、锉、活扳手、钢丝钳、尖嘴钳、剥线钳、压接钳等。

（5）卷尺、水平尺、线坠、铅笔、油漆、塑料透明管、放线架等。

（6）验电笔、一字旋具、十字旋具、电工刀、万用表、兆欧表、接地摇表。

上述准备的材料必须满足如下要求：

（1）镀锌钢管（或电线管）壁厚符合设计要求且均匀，焊缝均匀规则，无劈裂、砂眼、棱眼、棱刺和凹扁现象。除镀锌钢管外其他管材的内外壁需预先做除锈刷防腐处理（埋入混凝土内可不刷防腐漆，但应除锈）。镀锌钢管或刷过防腐漆的钢管外表层完整，无剥落现象，有产品合格证和材质化验报告。

（2）管箍使用通螺纹的，螺纹应清晰无乱扣现象，镀锌层完整，无剥落，无劈裂，两端光滑无毛刺，有产品合格证。

（3）锁紧螺母外形完好无损伤，螺纹清晰。

（4）护口有薄、厚壁管之区别，护口要完整无损。

（5）铁制灯头盒、开关盒、接线盒等，板材厚度应不小于 1.2 mm，镀锌层无剥落，无变形开焊，敲落孔洞完整无缺，面板安装孔与地线连接孔齐全，有产品合格证。

（6）面板、盖板的规格、尺寸、安装孔距与所用盒相配套，外形完整无损，板面颜色均匀一致，有产品合格证。

（7）使用的各种型钢应符合国家标准，镀锌层完整无损，有产品合格证。

（8）螺钉、螺栓、膨胀螺栓、螺母、垫圈等应采用镀锌件。

（9）凡所使用的阻燃型（PVC）塑料管，其材质均应具有阻燃、耐冲击性能并符合防火规范要求，有产品合格证及材质化验报告。

（10）阻燃型塑料管应有间距不大于 1 m 的连续阻燃标记和制造厂厂标，管子内、外壁光滑，无凸棱、凹陷、针孔、气泡，内外径的尺寸应符合设计要求及国家统一标准，管壁厚度应均匀一致。

（11）阻燃型塑料管的配件如各种灯头盒、开关盒、插座盒、管箍、端接头等，必须使用配套的阻燃型塑料制品。

（12）阻燃型塑料灯头盒、开关盒、接线盒，其外观应整齐，预留孔齐全，无劈裂等损坏现象。绝缘导线规格、型号必须符合设计要求，有出厂合格证。

3. 训练内容及步骤

（1）画线定位

根据线路电路图，结合实际情况定出线路走向及敷设管子数量，将灯具、开关、插座和配电箱定出坐标及高度。

一般宜采取从线路末端开始向线路端头方向施工的方法。具体操作，即先从最末端的灯头或插座开始布线，使沿线各导线向配电箱、配电盘处汇集。这样做法的好处在于能方便清理归接各用电器具的回路，避免归接入配电箱（盘）时产生混乱和遗漏，同时，也能方便在穿线或入配电箱时预留出适当长度的导线，减少电线的损耗率。

（2）裁管

一条线管固定尺寸为 4 m 或 6 m，裁管时要“先长后短”，即先裁长尺寸的线管，后裁短尺寸的线管，这样能减少线管的损耗率。裁管时，割管器的进刀量每次不可太深，以进刀后旋转刀片不太吃力为准。刀片沿线管外径旋转 1 ~ 2 圈后进一次刀，并需在割管前在切口处滴上机油润滑，以延长刀片的寿命。

（3）弯管

裁好尺寸的线管应先将需弯曲的线管弯好后方可进行套丝工作，否则会在弯管时将已套好丝的螺纹碰坏。弯管前还需将要弯两个弯以上的线管穿上铁丝，然后再弯。

1）钢管煨弯。钢管煨弯可采用冷煨法或热煨法。

①冷煨法。钢制管径在 20 mm 及以下的可用手扳弯管器，先将管插入煨管器，逐步煨出所需要的弯度。管径在 25 mm 及以上时，用液压煨管器，先将管放入模具内，然后扳动煨管器，煨出所需弯度。

②热煨法。用预先炒干的砂子灌入管内，堵塞一端，用锤子敲打填实，再将另一端管口堵好，放在火上转动加热，烧红后煨成所需要的弯度，边煨弯边冷却。要求管路弯曲处

不得有褶皱、凹陷和裂缝等现象。弯扁度不大于管外径的 1/10；暗配管时，弯曲半径不小于管外径的 6 倍；埋入地下或楼板内时，弯曲半径不小于管外径的 10 倍。

2）PVC 线管的弯曲。PVC 线管的弯曲可采用冷煨法或热煨法。

①冷煨法。适用于管径 25 mm 以下的 PVC 管，将弯簧插入（PVC）管内煨弯处，两手抓住弯簧在管内位置的两端，膝盖顶住被弯处，用力逐步煨出所需的角度，然后抽出弯簧，当弯曲较长管时，可将弯簧用铁丝或尼龙线拴牢一端待煨弯完后抽出。

②热煨法。将弯管弹簧插入待煨弯处，用热风枪等加热装置进行均匀加热，烘烤管子煨弯处，待管子被加热到可随意弯曲时，立即将管子放在木板上，固定管子一端，逐步煨出所需角度（注意：弯曲半径不得超出规范要求），并用湿布冷却，定型弯曲部位，然后抽出弯簧，但不得因煨弯使管子出现烧伤、变色、破裂等现象。

（4）套螺纹（PVC 线管无此步骤）

线管套螺纹可用专用丝板器具或套螺纹机。套螺纹时要不断将机油滴在丝刀上，保持润滑减轻阻力，当套不动时，可退一下刀让碎铁屑排出便可顺利进行。套完螺纹要将管口用圆锉锉平，以免在穿电线时将电线刮伤。

（5）箱、盒定位固定

箱、盒安装应牢固、平整，开孔整齐与管径相吻合，要求一孔一管，不得开长孔。铁制箱、盒严禁用气焊开孔。

（6）管路敷设与连接

1）钢管的敷设和连接。管路在 2 m 以上时，偏差值应控制在 3 mm 以内，全长不得超过管子内径的 1/2。同时检查管路是否畅通，内侧有无毛刺，镀锌层或防锈漆是否完好无损，管子不顺直应调直。

敷设时，先将管卡一端的螺栓拧进一半，然后将管敷设在管卡内，逐个拧牢，使用铁支架时，可将钢管固定在支架上，不允许将钢管焊在支架上。

2）PVC 线管敷设。PVC 管敷设时，管路较长超过下列情况时，应加接线盒：①无弯时 30 m；②有一个 90°弯时 20 m；③有两个弯时 15 m；④有三个弯时 8 m。

管进盒、箱连接。可采用粘接或端头连接。管进入盒、箱应与盒、箱里口齐平，一管一孔，不允许开长孔。扫管，穿带线时将管口与盒、箱里口切平。管敷设完后应每隔间距不超过 1 m 绑扎固定一次。在弯曲部位及盒、箱边缘应在两端 300～500 mm 处加一固定点。

（7）管内穿线的步骤

1）选择导线。应根据设计图样要求选择导线规格、型号。相线、零线及保护接地线的颜色加以区分，用黄绿双色导线为接地保护线，淡蓝色导线作零线。

2）清扫管路。清扫管路的目的是清除管路中的灰尘、泥水及杂物等。清扫管路的方法：将布条的两端牢固绑扎在带线上，从管的一端拉向另一端，以将管内的杂物及泥水除尽为目的。

3）穿带线。先将钢丝或铁丝的一头弯成不封闭的圆环状，圆环顺着穿线的方向穿入管道，边穿边将钢丝或铁丝顺直，如一次不能穿过，可按上述方法从另一头穿入钢丝，根据长度判断两个钢丝碰头后，转动钢丝，当两头搅在一起后，从钢丝较短的一头拉出。

4）放线及断线

①放线。放线前应根据施工图纸对导线规格、型号进行核对。并用对应电压等级的摇表进行通断摇测；放线时导线应置于放线架上。

②断线。剪断导线时，导线的预留长度应按以下四种情况预留：接线盒、开关盒、插座盒及灯头盒内导线的预留长度应为150 mm；配电箱内导线的预留长度应为配电箱体周长的1/2；出户导线的预留长度应为1.5 m；公用导线在分支处，可不剪断导线而直接穿过。

5）导线与带线的绑扎

①当导线根数较少时，如2~3根导线，可将导线前端的绝缘层削去，然后将线芯与带线绑扎牢固，使绑扎处形成一个平滑的锥形过渡部位。

②当导线根数较多或导线截面较大时，可将导线前端绝缘层削去，然后将线芯斜错排列在带线上，用绑线绑扎牢固，不要将线头做得太粗、太大，应使绑扎接头处形成一个平滑的锥形接头，减少穿管时的阻力，以利穿线。

6）管内穿线

①钢管（电线管）在穿线前，应首先检查各管口的护口是否齐全，如有遗漏和破损，应补齐或更换。

②当管路较长或弯头较多时，要在穿线前向管内吹入适量的滑石粉。

③两人穿线，应配合协调，一拉一送，用力均匀。

④穿线时应注意的问题：

a. 同一交流回路的导线必须穿于同一管内。

b. 不同回路的导线、不同电压的导线、交流与直流的导线不得穿入同一管内。但以下情况除外：标称电压为50 V以下的回路；同一设备或同一设备的回路和无特殊干扰要求的控制回路；同一花灯的几个回路。同类照明的几个回路。但管内的导线总数不得多于8根。

c. 敷设于垂直管路中的导线，当超过下列长度时，应在管口处和接线盒中加以固定：截面积为50 mm^2及以下导线为30 m，截面积为70~95 mm^2导线为20 m，截面积为180~240 mm^2导线为18 m。

d. 导线在管内不得有接头和扭结，其接头应在接线盒内连接。

e. 管内导线的总截面积（包括外护层）不超过管子截面积的40%。

f. 导线穿入钢管后，在导线出口处，应装护口保护导线，在不进入箱（盒）内的垂直管口，穿入导线后，应将管口做密封处理。

四、线槽及拖链的敷设与配线

1. 线槽配线

线槽配线就是将导线放在线槽的槽盒内，外加盖板。线槽有金属和塑料两种，可分为明配和暗配两种敷设方式。

线槽配线方式广泛用于电气工程安装、机床和电气设备的配电板或配电柜等的明装配线，也适用于电气工程改造时更换线路以及各种弱电、信号线路在吊顶内的敷设。

对线槽的安装要求如下：

（1）线槽应平整，无扭曲变形，内壁无毛刺，各种附件齐全。

（2）线槽的接口应平整，接缝处应紧密平直。槽盖装上后应平整，无翘角，出线口的位置正确。

（3）不允许将穿过墙壁的线槽与墙上的孔洞一起抹死。

（4）线槽所有非导电部分的铁件均应相互连接和跨接，使之成为一连续导体，并做好整体接地。

（5）当线槽的底板对地距离低于 2.4 m 时，线槽本身和线槽盖板均必须加装保护地线。2.4 m 以上的线槽盖板可不加保护地线。

2. 拖链的基本知识

（1）拖链的用途和特点

拖链适合在往复运动的场合使用，能够对内置的电缆、油管、气管、水管等起到牵引和保护作用。

拖链已广泛应用于数控机床、电子设备、注塑机、机械手、起重运输设备等各种专用机械中。

常用的拖链如图 1—81 所示。

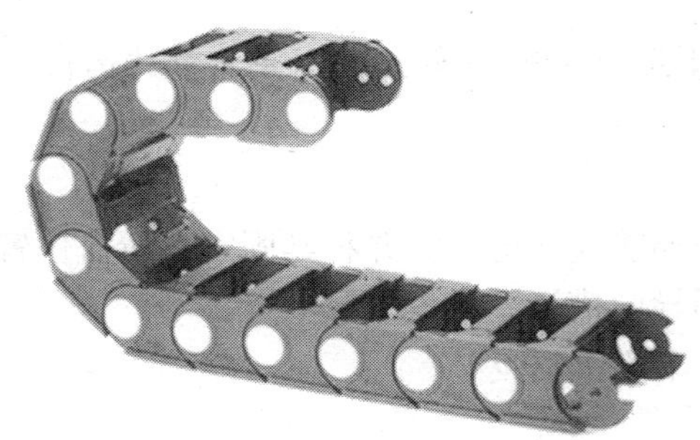
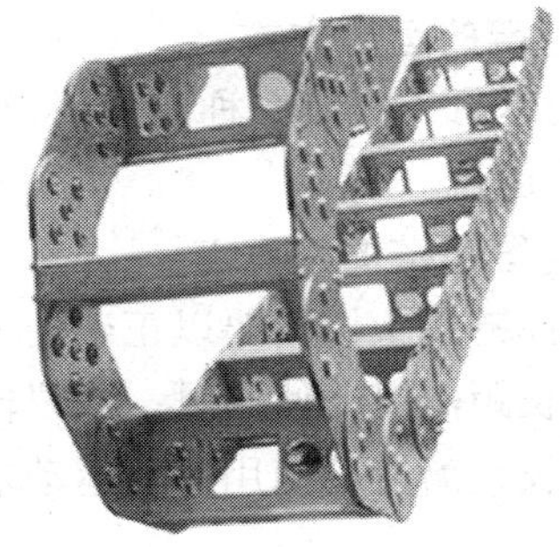

图 1—81　常用拖链

（2）拖链的结构

1）工程塑料电缆拖链由众多单元链节组成，链节之间可转动自如。

2）相同系列的拖链内高、外高、节距，拖链内宽、弯曲半径可有不同的选择。

3）由于厂家不同及规格不同，有些拖链的单元链节不能打开（见图 1—82）；有些拖链的单元链节能单面打开（见图 1—83）；有些拖链的单元链节上下两面均能打开，它由左右链板和上下盖板组成；拖链每节都能打开，装拆方便；不必穿线，打开盖板后即可把电缆、油管、气管等放入拖链内。

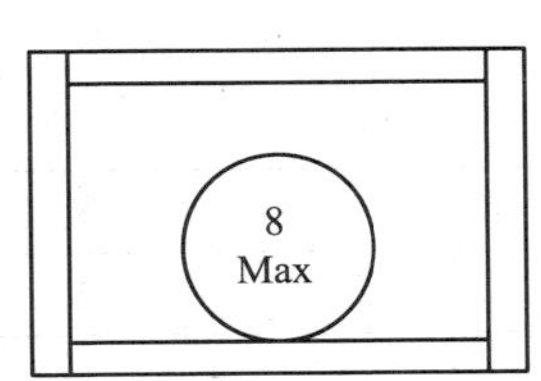

图 1—82　不能打开的拖链

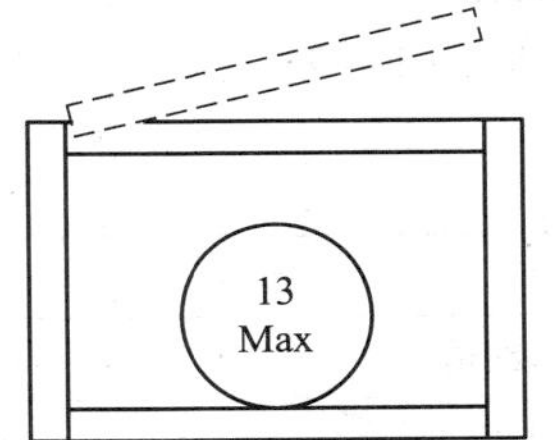

图 1—83　能单面打开的拖链

4）有些规格的拖链可提供分隔片（见图 1—84），将链内空间按需要分隔开。

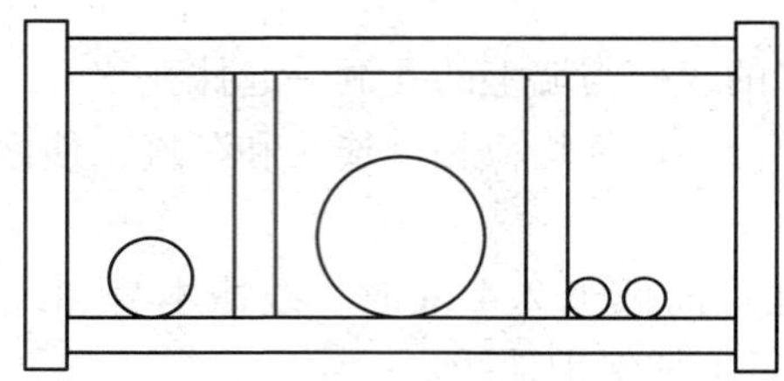

图 1—84　带分隔片的拖链

(3) 拖链的基本参数

1）材料。材料主要是增强尼龙或钢。

2）抗耐性。耐油、耐盐，并有一定的耐酸、耐碱能力。

3）运行速度和加速度。最高速度可达 5 m/s，最高加速度可达 5 m/s^2（具体速度、加速度视运行情况而定）。

4）运行寿命。在正常架空使用情况下，往复运动次数可达 500 万次。

(4) 拖链的运行方式

拖链的运行方式有 5 种，分别为水平运行、90°旋转运行、垂直立式运行、垂直吊式运行和组合式运行。

(5) 电缆拖链的注意点

1）将拖链接头按需要以正确的方向连接在拖链上，并将其固定在所需位置上。

2）在长距离滑动使用时，建议使用导向槽。

3）在长距离滑动使用时，运动端三节拖链需反装。

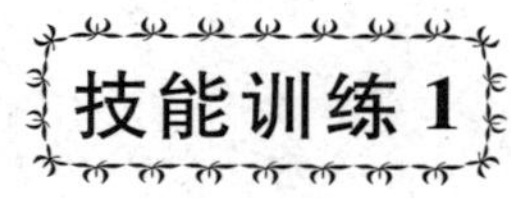

技能训练 1

金属线槽墙上安装

1. 训练目标

(1) 根据安装板大小完成元件和线槽位置的合理布局。

(2) 将线槽、导轨固定在安装板上。

2. 器材准备

准备内容见表 1—27。

表 1—27　　准备内容

序号	名称	规格型号	数量	备注
1	金属线槽	直径 25 mm	2 m	
2	配线箱		一个	
3	专用训练基板	2 000 mm × 2 000 mm	1 块	

续表

序号	名称	规格型号	数量	备注
4	导线		若干	
5	安装辅件（紧固件等）	1 000 mm×1 000 mm	若干	
6	工具		1套	见注

注：在实际工作中用到的工具包括：

（1）铅笔、卷尺、线坠、粉线袋、锡锅、喷灯。

（2）电工工具、手电钻、冲击钻、兆欧表、万用表、工具袋、工具箱、高凳等。

3．训练内容及步骤

（1）弹线定位

根据设计图设计的电气器具位置，找好水平或垂直线，用粉线袋沿墙壁、顶棚或地面等处，在线路的中心线进行弹线，并按设计图样要求和施工规范，分匀挡距并用笔标出支吊架位置。

（2）支架及吊架安装

支架及吊架所用钢材应平直，无显著扭曲。下料后长短偏差应在5 mm范围内，切口处应无卷边、毛刺。

钢支架和吊架应焊接牢固，无显著变形，焊缝均匀平整，焊缝长度应符合要求，不得出现裂缝、咬边、气孔、凹陷、漏焊等缺陷。

支架及吊架应安装牢固，保证横平竖直，在有坡度的建筑物上安装支架与吊架应与建筑物有相同的坡度。

支架与吊架的用料规格一般扁铁不小于30 mm×3 mm；角钢不小于25 mm×25 mm×3 mm。

万能吊具应采用定型产品，对线槽进行吊装，并应有各自独立的吊装卡具或支撑系统。

固定点间距一般不大于1.5～2 m。在进出接线盒、箱、柜、转角、转弯和变形缝两端及丁字接头的三端500 mm以内应设置固定支持点。支架与吊架距离上层楼板不应小于150～200 mm；距地高度不应低于100～150 mm应设置固定支持点。

固定支吊架时，应根据支架或吊架承重的负荷，选择相应的金属膨胀螺栓及钻头；打孔的深度以套管全部埋入墙内或顶板内后，表面平齐为宜，且应清除孔洞内的碎屑。

（3）线槽敷设安装

线槽直线段连接应采用连接板，用垫圈、弹簧垫圈、螺母紧固，接茬处的缝隙严密平齐。

线槽与线槽可采用内连接头或外连接头，配上平垫和弹簧垫，用螺母固定。

线槽进行交叉、转弯、丁字形连接时，应采用单通、二通、三通、四通或平面二通、平面三通等进行变通连接。导线接头处应设置接线盒或放置在电气器具内，转弯部位应采用立上弯头和立下弯头，安装角度要适宜。

线槽与盒、箱、柜等接茬时，进线和出线口等处应采用抱脚连接，并用螺钉紧固，末端应加装封堵。

（4）线槽内保护地线安装

保护地线应根据设计图要求敷设在线槽内一侧，接地处螺钉直径不小于6 mm；并且需要加平垫和弹簧垫圈，用螺母压接牢固；

金属线槽的宽度在 100 mm 以内（含 100 mm），两段线槽用连接板连接处（即连接板做地线时），每端螺钉固定点不少于 4 个；宽度在 200 mm 以上（含 200 mm）两段线槽用连接板连接的保护地线每端螺钉固定点不少于 6 个。

技能训练 2

电线穿拖链

1. 训练目标

（1）完成拖链的固定。

（2）完成线缆在拖链中的敷设。

2. 器材准备

准备内容见表 1—28。

表 1—28　　准备内容

序号	名称	规格型号	数量	备注
1	拖链		1 套	
2	导线		若干	
3	安装辅件（紧固件、导轨、钢丝等）		若干	
4	常用电工工具		1 套	

3. 训练内容及步骤

（1）不可打开拖链的穿线

1）拖链连接。将拖链的两头对在一起，用力将销推入孔内即可。

2）拖链拆分。将链节与链节之间用一字旋具往外撬，使销与孔分离，然后往外扳，使链节脱离。链头的装拆和链节一样。

3）穿线。将线从头往后穿。

（2）可打开拖链的穿线

1）拖链连接。将拖链的两头对在一起，用力将销推入孔内即可。

2）拖链拆分。将链节与链节之间用一字旋具往外撬，使销与孔分离，然后往外扳，使链节脱离。链头的装拆和链节一样。

3）打开横杆。用一字旋具插入横杆左侧的间隙，先侧面用力往上撬，打开横杆的左侧；用一字旋具插入横杆右侧的间隙，先侧面用力往上撬，打开横杆的右侧。

4）放入导线。打开盖板，将电缆、油管等放入拖链，然后盖上盖板，此外，电线的固定端和活动端均应用去张力装置加以固定。

5）闭合横杆。将横杆放入，用手指将横杆左端压入卡槽内；再用手指将横杆右端压入卡槽内。

课后练习

1. 线管配线的技术要求有哪些?
2. 在线管配线中如何正确选择线管?
3. 保护管的煨弯方法有哪些?
4. 有缝钢管或管径较大的钢管，一般采用什么方法进行弯曲?
5. 线管敷设的基本工艺有哪些?

课题4　动力、照明及控制电路的接线与调试

学习目标

1. 掌握接线工艺要求规范，能够进行导线连接及恢复绝缘处理。
2. 了解接地与接地装置及接地电阻测试仪的使用。
3. 能够对照明、动力及控制电路进行接线与调试。

一、导线的连接

1. 接线工艺要求规范

接线是维修电工应熟练掌握的一项基本技能。目前对于接线的要求，国内外各行业甚至同行业各企业之间也往往有各自不同的规范，相互之间在细节上都有所差异，因此在接线时应加以注意。

常见的接线工作一般有两类：柜（箱）内接线及柜（箱）外接线。

(1) 柜内接线

柜内接线工作一般在柜内所有元器件固定后进行，使用导线将柜、箱上的电器元件按照电气原理图连接起来。要求能满足设计控制要求，并且所接的线缆整齐美观、方便检查。

一般首先应完成主电路的接线，然后依次接控制电路及信号电路等。

接线的第一步是放线。放线时必须根据实际需要长短来落料，活动线束应考虑最大极限位置需用长度，放线时尽量利用短、零线头，以免浪费。导线不允许有中间接头、强力拉伸导线及其绝缘被破坏的情况，导线排列应尽量减少弯曲和交叉，弯曲时其弯曲半径应不小于3倍的导线外径，并弯成弧形。导线交叉时，则应以少数导线跨越多根导线，细导线跨越粗导线为原则。导线穿越金属板孔时，必须在金属板孔上套上合适的保护物，如橡皮护圈等。

行线一般有平行排列行线、成束行线和行线槽行线三种方法。平行排列行线在行线时导线间平行排列固定；成束行线是指将多根导线扎成线束行线；行线槽行线则是采用导线在行线槽内行线，这是电控柜中最常见的方式。布线时都要求每根导线要拉直，行线做到平直整齐，式样美观。

导线颜色一般应遵循下列原则：

1）交流三相电路的A相：黄色；B相：绿色；C相：红色；零线或中性线：淡蓝色；安全接地线：黄绿双色。

2）用双芯导线或双根绞线连接的交流电路：红黑色并行。

3）直流电路的正极：棕色；负极：蓝色；接地中线：淡蓝色。

4）半导体电路的半导体三极管的集电极：红色；基极：黄色；发射极：蓝色。

半导体二极管和整流二极管的阳极：蓝色；阴极：红色。

可控硅管的阳极：蓝色；控制极：黄色；阴极：红色。

双向可控硅管的控制极：黄色；主电极：白色。

5）整个装置及设备的内部布线一般推荐为：黑色；半导体电路：白色；可能发生混淆时：允许选指定用色外的其他颜色（如橙、紫、灰、绿蓝、玫瑰红等）。

6）具体标色时，在一根导线上，如遇有两种或两种以上的可标色，视该电路的特定情况，以电路中需要表示的某种含义进行定色。

为了日后维护检修方便，导线都应在两端套装标号头。所有标号头应根据接线图所注明的数字，将其输入套管打印机中，打印在专用套管上，套管直径应与套装的导线粗细配合。标号头的套装要求数字排列方向统一。如是水平套装，数字从左到右，如是垂直套装，数字从上到下。标号头要求字迹清晰、正确，一般不得用手写标号头。

电气连接接线牢固、良好，配线应成排成束地垂直或水平有规律地敷设，要求整齐、美观、清晰，横平竖直，层次分明。

一般一个接线端子（含端子排和元器件接线端）只连接一根导线，必要时允许连接两根导线。

导线与电气元件间采用螺栓连接、插接、焊接或压接等，均应牢固可靠。凡是多股软线的连接头，一律用冷压接头压接。

系统数据传输的总线电缆应带有抗电磁干扰的屏蔽层，电缆屏蔽层应可靠地接到接地导体表面。总线、控制信号线应与动力电缆或母排分开，避免强弱电线缆靠近或平行走向。

接线完毕后应自检，认真对照原理图，接线图，按照接线要求对设备进行自检，若有不符之处，进行纠正，并将柜内打扫清洁。

（2）柜外接线

现场成套设备柜之间、设备与监控室之间的动力电缆、控制电缆、总线应分类按敷设规程敷设。大电流动力电缆，低压动力照明电缆，一般控制电缆，信号、总线电缆应该按类别分层敷设，不可混在一层敷设。

一般柜外敷设电缆穿管或线槽敷设时，线管及线槽宜采用电导体材料制作，并且每间隔一段距离要接地并做防腐处理，间隔距离应满足电磁兼容（EMC）要求。

柜外线缆应在电缆终端头、电缆接头处装设电缆标志牌。如为长距离布线，则应在下列部位装设电缆标志牌：

1）电缆终端及电缆接头处。

2）电缆两端，人孔及工作井处。

3）电缆隧道内转弯处、电缆分支处、直线段每隔 50～100 m 处。

标志牌上应注明线路编号。当无编号时，应写明电缆型号、规格及起止地点。并联使用的电缆应有顺序号。标志牌的字迹应清晰不易脱落，且规格宜统一，并应能防腐，挂装应牢固。

2. 导线绝缘层的剖削

维修电工应熟练掌握导线绝缘层剖削的技巧。导线绝缘层可以使用电工刀、电工钢丝钳或剥线钳进行剖削。

（1）塑料硬线绝缘层的剖削。线芯截面为 4 mm^2 及以下的塑料硬线，其绝缘层用电工钢丝钳或剥线钳进行剖削。用电工钢丝钳剖削方法如图 1—85 所示。

剖削时根据线端所需长度，用钳头刀口切破绝缘层，注意不可切损线芯。然后右手握住钳头部用力向外勒去绝缘层。在勒去绝缘层时，不可在刀口处加剪切力。

线芯截面为 4 mm^2 以上时，一般使用电工刀剖削绝缘层，方法如图 1—86 所示。

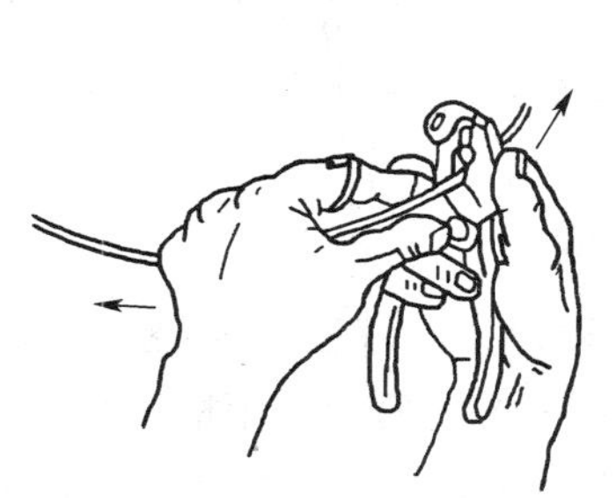

图 1—85　使用电工钢丝钳剖削绝缘层

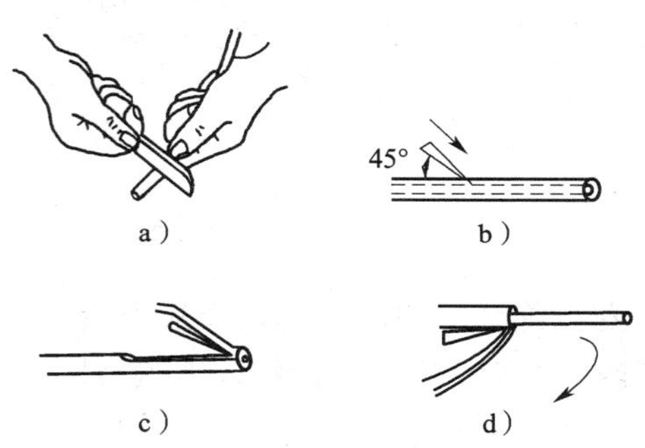

图 1—86　使用电工刀剖削绝缘层
a）握刀姿势　b）刀以 45°切入
c）刀以 25°倾斜推削　d）扳翻塑料层并在根部切去

首先根据所需线端的长度，用电工刀以 45°角切入绝缘层，注意深度不可伤及线芯。然后使刀面与导线保持 25°角左右向线端推削，削出一条缺口。再将绝缘层剩余部分翻下，将绝缘层与线芯剥离。最后用电工刀切掉绝缘层，并修齐剖削部分。

（2）塑料软线绝缘层的剖削。塑料软线线芯为多股铜丝，一般使用剥线钳或电工钢丝钳剖削，用电工刀易剖伤线芯，使用电工钢丝钳的剖削方法与塑料硬线绝缘层剖削方法相同。

（3）塑料护套线线头绝缘层的剖削。如图 1—87a 所示，首先按所需长度用电工刀刀尖对准芯线缝隙划开护套层，然后如图 1—87b 所示向后翻护套层，用电工刀齐根切去，图 1—87c 所示。最后在离护套层 5～10 mm 处，用电工刀按照剖削塑料硬线绝缘层的方法，分别将每根芯线的绝缘层剥除。

（4）橡皮套软电缆绝缘层的剖削。如图 1—88a 所示，首先用电工刀从端头割破部分护套层，然后按如图 1—88b 所示连同芯线反向撕破护套层或继续用电工刀割破，再如图 1—88c 所示用电工刀割齐护套，最后用剥线钳或电工钢丝钳剥离芯线绝缘层。

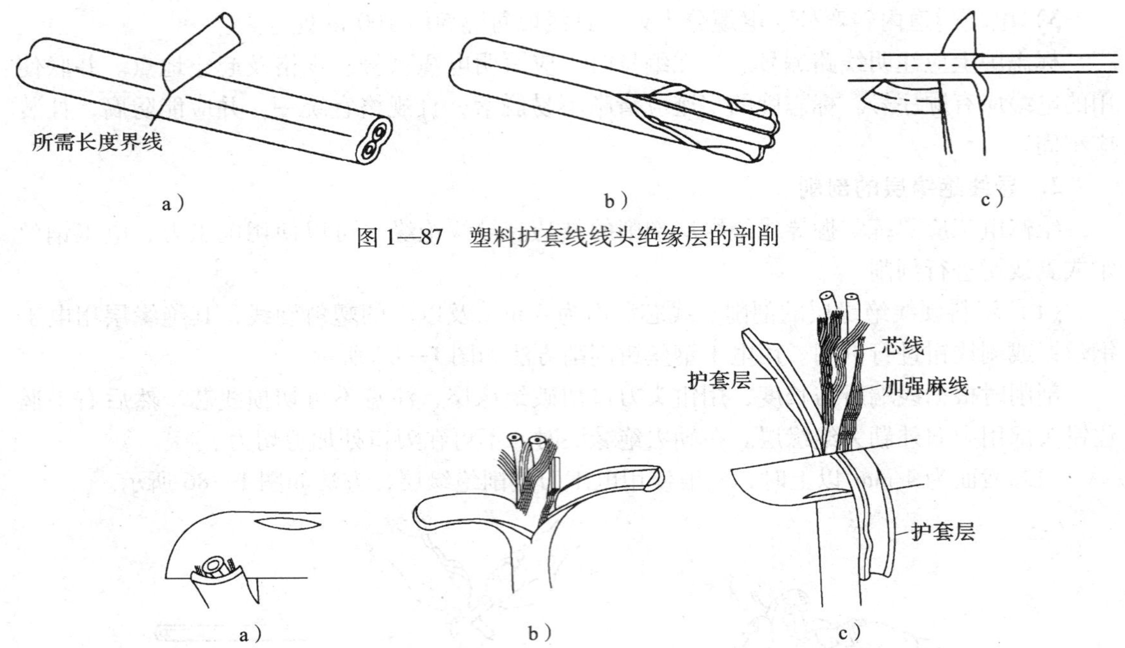

图 1—87　塑料护套线线头绝缘层的剖削

图 1—88　橡皮套软电缆的剖削

（5）花线绝缘层的剖削。花线最外层棉纱织物保护层较软，可如图 1—89a 所示，用电工刀将四周切割一圈后用力将棉纱织物拉去。然后如图 1—89b 所示在距棉纱织物保护层末端 10 mm 处，用钢丝钳刀口切割橡胶绝缘层，注意掌握力度，不能损伤芯线。再采用类似图 1—89 的方式用右手握住钳头，左手把花线用力抽拉，通过钳口勒出橡胶绝缘层。花线的橡胶层剥去后就露出了里面的棉纱层，将包裹芯线的棉纱松散开，即露出芯线。

图 1—89　花线绝缘层的剖削

（6）铅包线绝缘层的剖削。铅包线绝缘层分为外部铅包层和内部芯线绝缘层，剖削时先按图 1—90a 所示用电工刀在铅包层切下一个刀痕，然后按图 1—90b 所示上下左右扳动折弯刀痕，使铅包层从切口处折断，并将它从线头上拉掉。内部芯线绝缘层的剖除方法与塑料硬线绝缘层的剖削方法相同，如图 1—90c 所示。

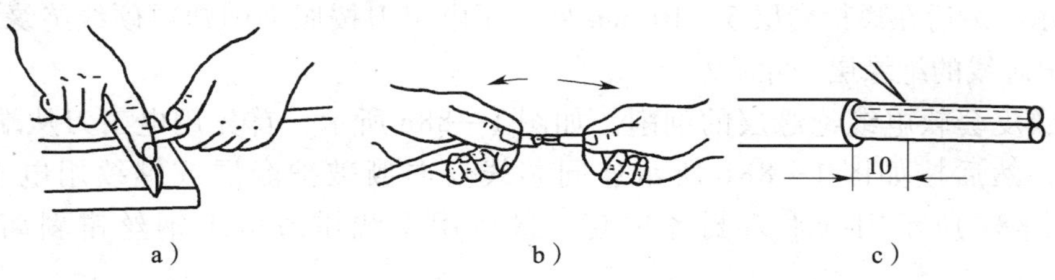

图 1—90　铅包线绝缘层的剖削

3. 导线之间的连接

(1) 铜芯导线之间的连接

1) 单股铜芯导线的直线连接

①剥去两根导线线端的绝缘层。

②将两导线芯线线头按图 1—91a 所示成“X”形相交。

③按图 1—91b 所示互相绞合 2 ~ 3 圈后扳直两线头。

④接着按图 1—91c 所示将每个线头在另一芯线上紧贴并绕 6 圈。

⑤用钢丝钳切去余下的芯线，并钳平芯线末端。

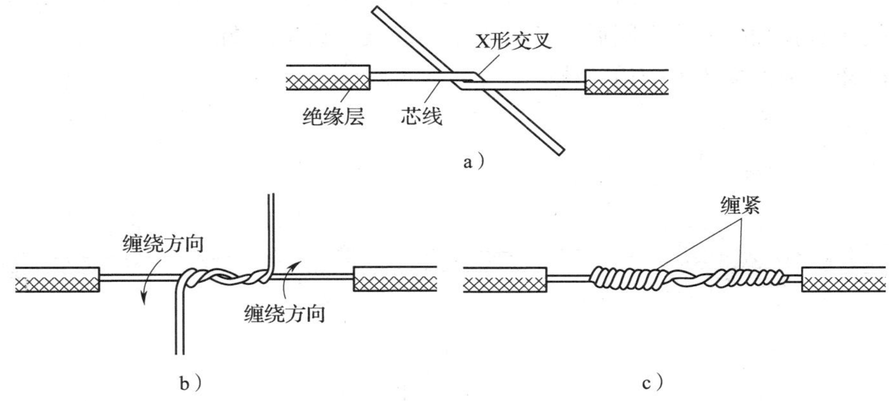

图 1—91 单股铜芯导线的直线连接

2) 单股铜芯导线的 T 字形分支连接

①剥去干线和支线两根导线的绝缘层。

②将支路芯线的线头与干线芯线十字相交，在支路芯线根部留出 3 ~ 5 mm。

③顺时针方向缠绕支路芯线，缠绕 6 ~ 8 圈。如果导线截面积较大，两芯线十字交叉后直接在干线上紧密缠 5 ~ 6 圈即可，如图 1—92a 所示。较小截面积的芯线可按图 1—92b 所示方法，环绕成结状，然后将支路芯线线头抽紧扳直，向左紧密地缠绕 6 ~ 8 圈。

④用钢丝钳切去余下的芯线，并钳平芯线末端。

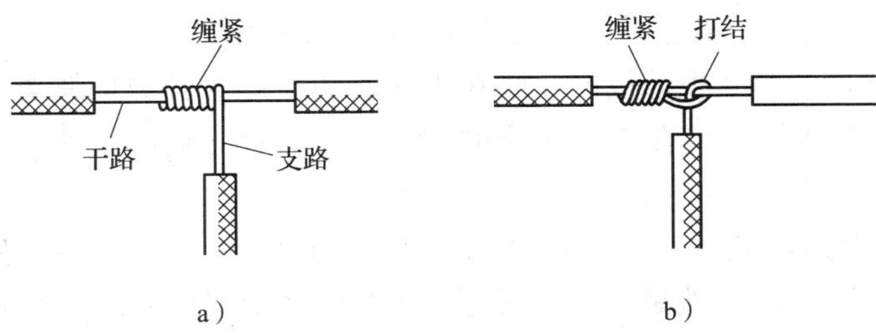

图 1—92 单股铜芯导线的 T 字形分支连接

a）导线截面积较大 b）导线截面积较小

3) 7 股铜芯导线的直线连接

①剥去两根导线线端的绝缘层，并如图 1—93a 所示将分支芯线散开并拉直。把靠近绝

缘层 1/3 处的芯线绞紧，然后将余下的 2/3 芯线头分散成伞状，将每根芯线拉直。

②如图 1—93b 所示把两股伞骨形芯线一根隔一根地交叉直至伞形根部相接。捏平交叉插入的芯线。

③如图 1—93c 所示把左边的 7 股芯线按 2 根、2 根、3 根分成三组，把第一组 2 根芯线扳起，垂直于芯线。

④如图 1—93d 所示按顺时针方向缠绕 2 圈，缠绕 2 圈后将余下的芯线向右扳直紧贴芯线。

⑤如图 1—93e 所示把下边第二组的 2 根芯线向上扳直，也按顺时针方向紧紧压着前 2 根扳直的芯线缠绕，缠绕 2 圈后，也将余下的芯线向右扳直，紧贴芯线。

⑥如图 1—93f 所示把下边第三组的 3 根芯线向上扳直，按顺时针方向紧紧压着前 4 根扳直的芯线向右缠绕。缠绕 3 圈后，切去多余的芯线，钳平线端。

⑦用同样方法再缠绕另一边芯线。

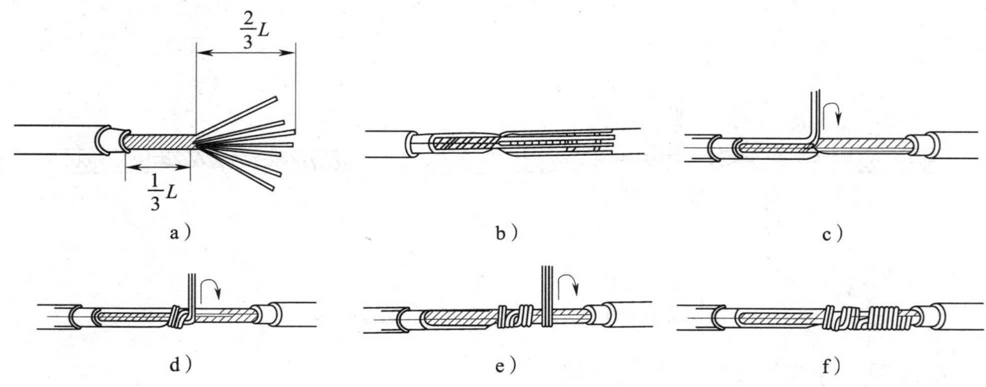

图 1—93　7 股铜芯导线的直线连接

4）7 股铜芯导线的 T 字形分支连接

①剥去干线和支线两根导线的绝缘层。

②如图 1—94a 所示将分支芯线散开并拉直。把紧靠绝缘层 1/8 线段的芯线绞紧，把剩余 7/8 的芯线分成两组，一组 4 根，另一组 3 根，排齐。

③如图 1—94b 所示用螺钉旋具把干线的芯线撬开分为两组。把支线中 4 根芯线的一组插入干线芯线中间，而把 3 根芯线的一组放在干线芯线的前面。

④如图 1—94c 所示把 3 根芯线的一组在干线右边按顺时针方向紧紧缠绕 3 ~ 4 圈，并钳平线端，把 4 根芯线的一组在干线芯线的左边按逆时针方向缠绕 4 ~ 5 圈，最后钳平线端，连接好的导线如图 1—94d 所示。

5）不同直径铜导线的连接。不同直径铜导线连接的具体过程是：将细导线的芯线在粗导线的芯线上绕 5 ~ 6 圈，然后将粗芯线弯折压在缠绕细芯线上，再把细芯线在弯折的粗芯线上绕 3 ~ 4 圈，多余的细芯线剪去。

6）多股软导线与单股硬导线的连接。多股软导线与单股硬导线连接的具体过程是：先将多股软导线拧紧成一股芯线，然后将拧紧的芯线在硬导线上缠绕 7 ~ 8 圈，再将硬导线折弯压紧缠绕的软导线。

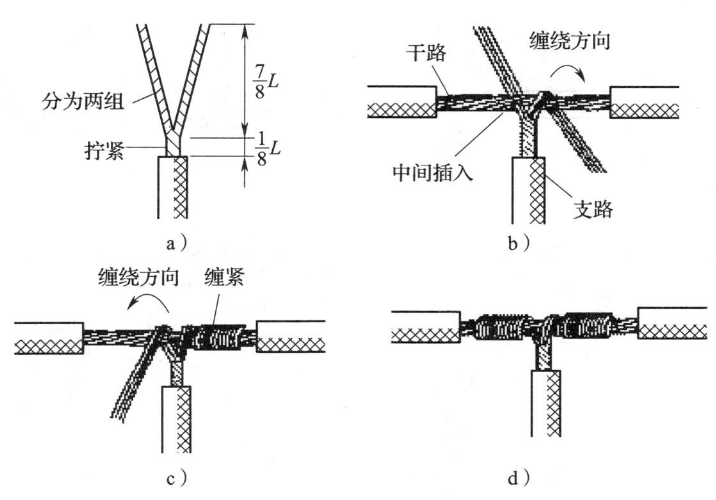

图 1—94　7 股铜芯导线的 T 字形分支连接

7）多芯导线的连接。多芯导线的连接如图 1—95 所示，从图中可以看出，多芯导线之间的连接关键在于各芯线连接点应相互错开，这样可以防止芯线连接点之间短路。

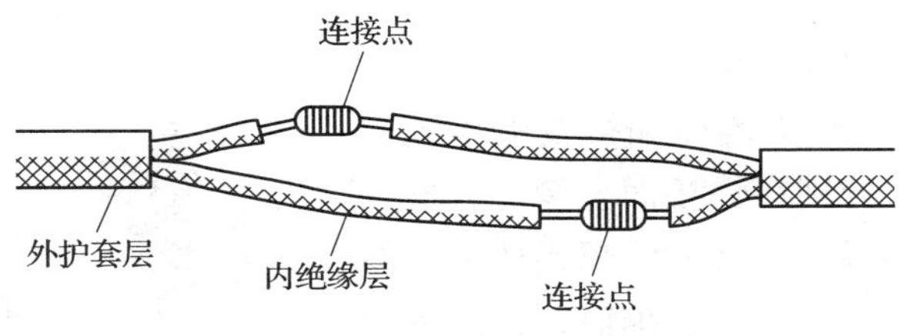

图 1—95　多芯导线的连接

（2）铝芯导线之间的连接

铝芯导线由于采用铝材料做芯线，而铝材料易氧化且在表面形成氧化铝，氧化铝的电阻率又比较高，如果线路要求比较高，铝芯导线之间一般不采用铜芯导线之间的连接方法，而常用铝压接管进行连接。

用压接管连接铝芯导线方法如图 1—96 所示，具体操作过程如下：

①将待连接的两根铝芯线穿入压接管，并穿出一定的长度，如图 1—96a 所示，芯线截面积越大，穿出越长。

②用压接钳对压接管进行压接，如图 1—96b、c 所示，铝芯线的截面积越大，要求压坑越多。如果需要将 3 根或 4 根铝芯线压接在一起，可按图 1—96d、e 方法进行。

4. 导线与接线桩的连接

（1）导线的封端

为保证导线线头与电气设备的电接触及其机械性能，除 10 mm^2 以下的单股铜芯线、2.5 mm^2 及以下的多股铜芯线和单股铝芯线能直接与电气设备连接外，大于上述规格的多股或单股芯线，通常都应在线头上焊接或压接接线端子，这种工艺过程叫作导线的封端。但在工艺上，铜导线和铝导线的封端是不完全相同的。不同规格的接线端子如图 1—97 所示。

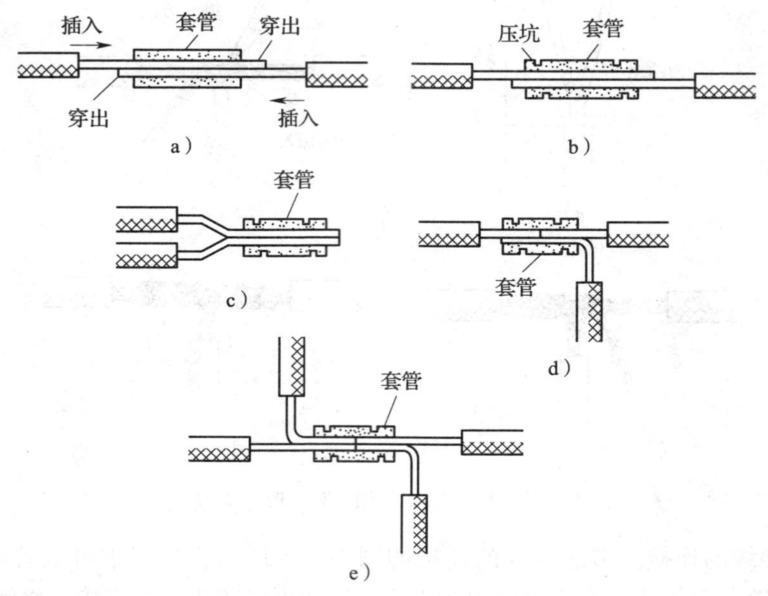

图 1—96　铝芯导线之间的连接

导线封端常用锡焊法或压接法。

1）锡焊法。先除去线头表面和接线端子孔内表面的氧化层和污物，分别在焊接面上涂上无酸焊锡膏，线头上先搪一层锡，并将适量焊锡放入接线端子的线孔内，用喷灯对接线端子加热，待焊锡熔化时，趁热将搪锡线头插入端子孔内，继续加热，直到焊锡完全渗透到芯线缝中并灌满线头与接线端子孔内壁之间的间隙，方可停止加热。

图 1—97　不同规格的接线端子

2）压接法。采用压接法的线头连接到接线桩比较容易，操作简单，适合现场施工。施工时按接线桩的形式选用针形、U 形或 O 形等形状的接线端子，然后按导线的规格选择相同尺寸的接头端子，使用压接钳及合适的模具进行冷态压接。压接时一般只要每端压一个坑就能满足接触电阻及机械强度要求，但对于拉力强度较高的场合可采用每端压两个坑的做法，压坑深度控制在上下模接触即可。然后将接线端子在接线桩上固定即可。

由于铝导线表面极易氧化，用锡焊法比较困难，通常都用压接法封端。压接前除了清除线头表面及接线端子线孔内表面的氧化层及污物外，还应分别在两者接触面涂以中性凡士林，再将线头插入线孔，用压接钳压接。

导线封端压接的方法是：先将线头按接线端子孔径大小拧紧，并清洁表面，将线头塞入接线端子用压接钳进行压接，如图 1—98 所示。把接头处裸露部分做绝缘处理后清洁接线端子表面，再固定到接线桩上，固定时在接线端子上应按平垫圈、弹簧垫圈、螺母的顺序放置紧固件，并按适当力矩锁紧。

（2）线头与针孔接线桩的直接连接

端子板、某些熔断器、电工仪表等的接线部位多是利用针孔附有压接螺钉压住线头完成连接的。若线路容量小，可用一只螺钉压接；若线路容量较大，或接头要求较高时，应用两只螺钉压接。

如图 1—99 所示，单股芯线与接线桩连接时，最好按要求的长度将线头折成双股并排插入针孔，使压接螺钉顶紧双股芯线的中间。如果线头较粗，双股插不进针孔，也可直接用单股，但芯线在插入针孔前，应稍微朝着针孔上方弯曲，以防压紧螺钉稍松时线头脱出。

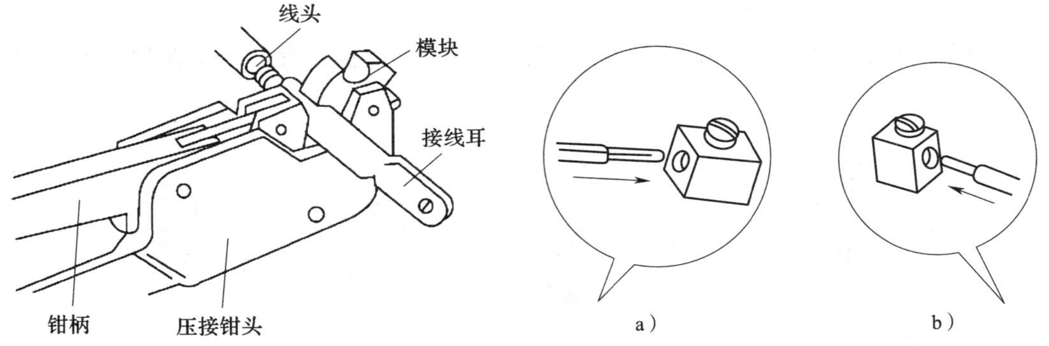

图 1—98　导线封端压接法

图 1—99　单股导线针孔接线桩法
a）芯线折成双股进行连接　b）单股芯线插入连接

在针孔接线桩上连接多股芯线时，先用钢丝钳将多股芯线绞紧，以保证压接螺钉顶压时不致松散。注意针孔和线头的大小应尽可能配合，如图 1—100a 所示。如果针孔过大可选一根直径大小相宜的导线做绑扎线，在已绞紧的线头上紧密缠绕一层，使线头大小与针孔大小合适后再进行压接，如图 1—100b 所示。如线头过大，插不进针孔时，可将线头散开，适量减去中间几股，通常 7 股可剪去 1 ~ 2 股，19 股可剪去 1 ~ 7 股，然后将线头绞紧，进行压接，如图 1—100c 所示。

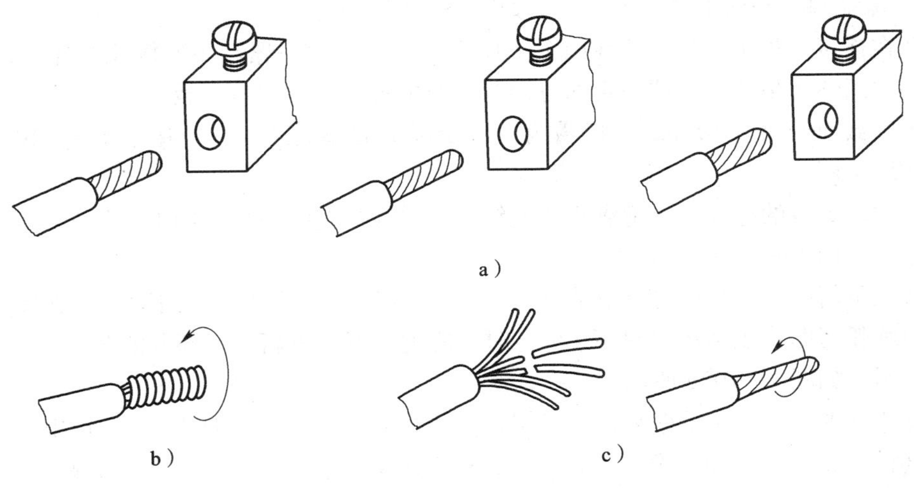

图 1—100　多股芯线与针孔接线桩连接
a）针孔合适的连接　b）针孔过大时线头的处理　c）针孔过小时线头的处理

无论是单股还是多股芯线的线头，在插入针孔时，要求插到底，不得使绝缘层进入针孔，针孔外的裸线头的长度不得超过 3 mm。

（3）线头与平压式接线桩的直接连接

平压式接线桩利用半圆头、圆柱头或六角头螺钉加垫圈将线头压紧，完成电连接。其重点是导线的弯环加工。在弯环前，先进行导线的剖削工作，一般地，穿 M3 螺钉剖 11 mm，穿 M4 螺钉剖 15 mm，穿 M5 螺钉剖 20 mm，穿 M6 螺钉剖 22 mm……裸导线外露 3 ~7 mm，线头必须顺时针弯曲成羊眼圈。螺钉连接时，弯线方向应与螺钉前进的方向一致。

对载流量小的单股芯线，先将线头弯环，再用螺钉压接。弯环的步骤如图 1—101 所示。

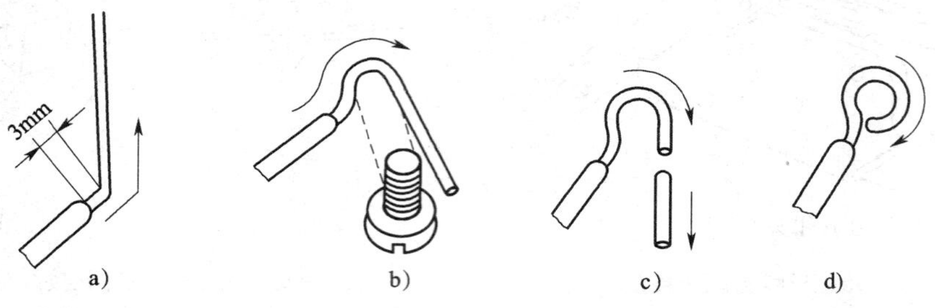

图 1—101　单芯线弯环

首先，如图 1—101a 所示，去除导线的绝缘层，剥线长度为所需弯环拉直后的长度再增加 2 ~3 mm，然后用圆头钳把经过剥线后的导线离绝缘层根部约 3 mm 处向外弯出一定角度。

再如图 1—101b 所示，用圆头钳按顺时针方向把已弯成角状的线尾，按略大于标准直径大小弯曲成圆弧。

最后如图 1—101c 所示用斜口钳剪去芯线余端，使圆环尽可能的圆，环尾间隙留 1 ~ 2 mm，并保证圆环平面平整、不扭曲，如图 1—101d 所示。

圆环在连接过程中，环要放在两个垫片之间。如果同一螺钉要连接几个环时，必须在所有圆环之间垫入垫片，且圆环弯曲方向与螺钉的拧紧方向保持一致。

对于横截面不超过 10 mm^2、股数为 7 股及以下的多股芯线，应按如图 1—102 所示的步骤制作压接圈。

首先剥离导线的绝缘层。把剥离了绝缘层的导线离绝缘层根部约 1/2 的芯线重新绞紧，越紧越好，如图 1—102a 所示。

其次把重新绞紧部分的芯线，在 1/3 处向外折角，然后开始弯曲圆弧，如图 1—102b 所示。当圆弧弯曲将成圆环（剩下 1/4）时，应把余下的重新绞紧部分的芯线向左外折角，并使之成圆，如图 1—102c 所示。

最后如图 1—102d 所示捏平余下线端，使两根芯线平行。再把置于最外侧的两股芯线折成垂直状（要留出垫圈边宽），按 2、2、3 股分成三组，以顺时针方向紧贴芯线并各缠两圈，依次将三组芯线缠绕至绝缘层，最后剪平切口毛刺，如图 1—102e、图 1—102f 所示。

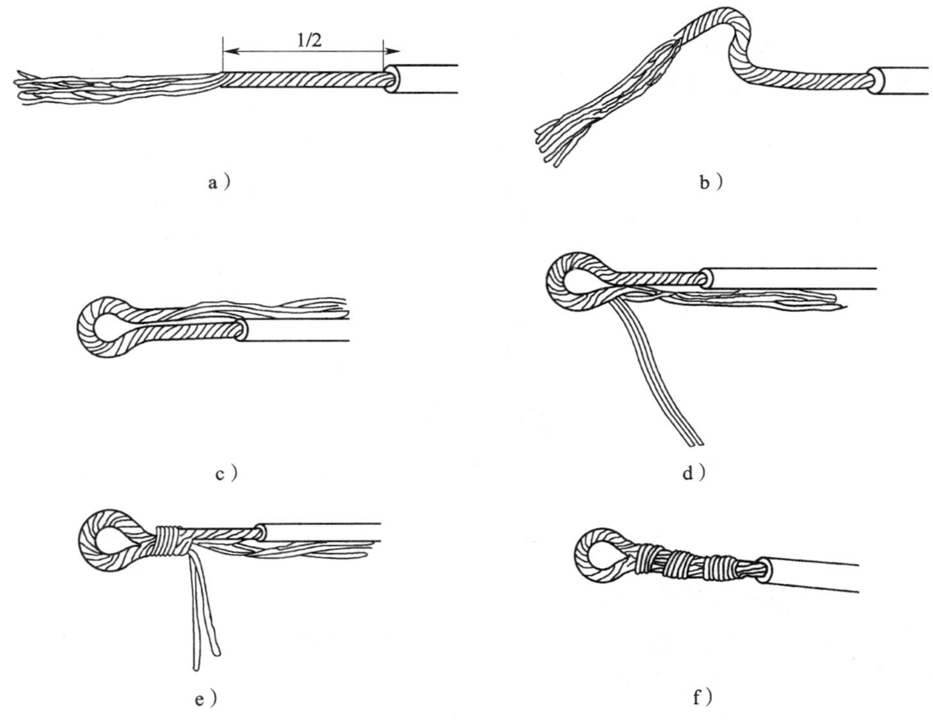

图 1—102　7 股导线压接圈弯法

对于载流量较大、横截面积超过 10 mm^2、股数多于 7 股的导线端头，应安装接线耳。连接这类线头时，压接圈或接线耳的弯曲方向应与螺钉拧紧方向一致。对于载流量较大的多股导线，应在弯环成型后再进行搪锡处理。

线头与平压式接线桩的连接工艺要求是：压接圈和接线耳的弯曲方向应与螺钉拧紧方向一致，连接前应清除压接圈、接线耳和垫圈上的氧化层及污物，再将压接圈或接线耳在垫圈下面，用适当的力矩将螺钉拧紧，以保证良好的电接触。压接时注意不得将导线绝缘层压入垫圈内。

5. 导线绝缘层的恢复

导线绝缘层破损或在线头连接完工后，导线被破坏的绝缘层必须恢复，且恢复后的绝缘强度一般不应低于破损或剖削前的绝缘强度，方能保证用电安全。电力线上恢复线头绝缘层常用黄蜡带和黑胶带（黑胶布），绝缘带宽度选 20 mm 比较适宜。

绝缘处理时应注意在 380 V 的线路上恢复绝缘层时，要先包缠 1 ~ 2 层黄蜡带，再包缠一层黑胶带。在 220 V 线路上恢复绝缘层时，可先包一层黄蜡带，再包一层黑胶带。或不包黄蜡带，只包两层黑胶带。在包缠时要拉紧黄蜡带和黑胶带，不能过疏，不能露出线芯，以防发生短路及人身伤害事故。

（1）导线直线连接处的绝缘处理

1）在导线直线连接处包缠时，如图 1—103a、图 1—103b 所示，先将黄蜡带从线头的一边在完整绝缘层上离切口 40 mm 处开始包缠，使黄蜡带与导线保持 55°的倾斜角，后一圈压叠在前一圈1/2的宽度上，这种方法常称为半叠包。

2）黄蜡带包缠完以后将黑胶带接在黄蜡带尾端，朝相反方向斜叠包缠，仍倾斜55°，后一圈仍压叠前一圈1/2，如图1—103c、图1—103d所示。

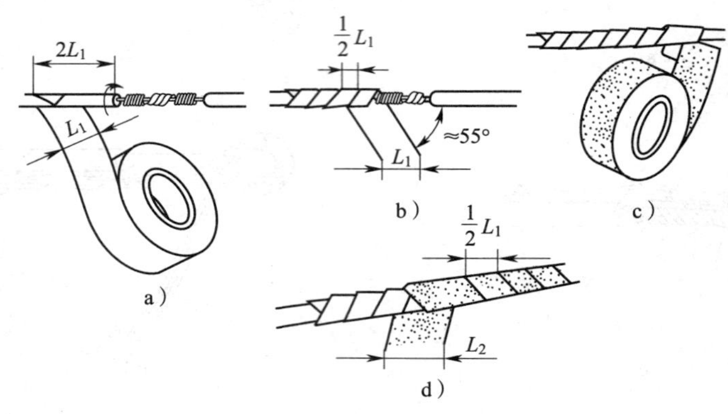

图1—103　直线连接处绝缘带的包缠

（2）导线T字形连接处的绝缘处理

1）导线T字形连接处的绝缘处理类似于直线连接处的绝缘处理，先按如图1—104a～图1—104f所示的步骤包缠黄蜡带。

2）黄蜡带包缠完毕后，然后再反方向采用相同方法包缠黑胶带。

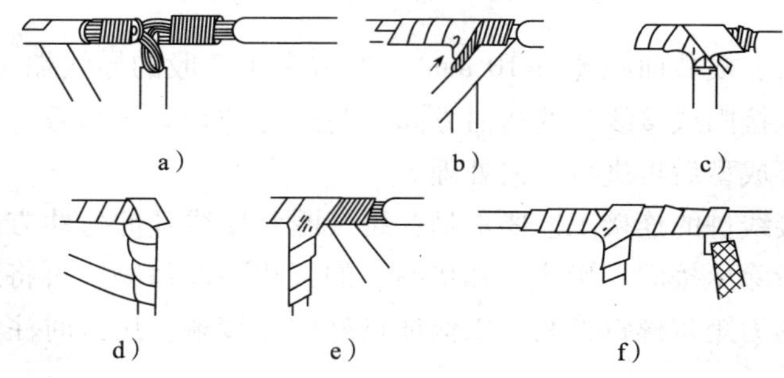

图1—104　T字形连接处绝缘带的包缠

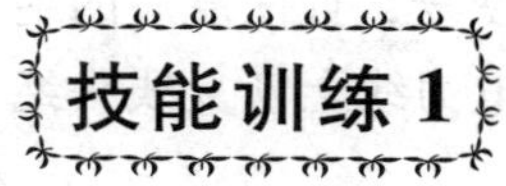

技能训练1

导线的连接

1．训练目标

（1）熟练掌握单股线、多股线的连接。

（2）熟练掌握导线绝缘层的恢复技术工艺。

2．器材准备

准备内容见表1—29。

表 1—29　　准备内容

序号	名称	规格型号	数量	备注
1	单芯导线		若干	
2	多芯导线		若干	
3	绝缘胶带		若干	
4	黄蜡带		若干	
5	电工常用工具		1 套	

3. 训练内容及步骤

(1) 实训内容

1) 单股导线直接连接。

2) 单股导线分支连接。

3) 多股导线的缠绕法和交叉连接法。

4) 导线绝缘层的恢复。

(2) 实训步骤

1) 导线的剖削。

2) 导线连接。

3) 绝缘的恢复。

实训要求：掌握导线连接的剖削、连接、绝缘的恢复工艺方法。

思考题：

1) 电工刀、剖线钳剥削导线各有哪些优缺点？

2) 导线绝缘层的恢复常用的有哪些方法？

二、接地和接零的电气安全

1. 接地电阻测试仪的工作原理和使用方法

(1) 接地电阻测试仪的工作原理

接地电阻测试仪的工作原理为由机内 DC/AC 变换器将直流变为交流的低频恒流，经过辅助接地极 C 和被测物 E 组成回路，在被测物上产生交流压降，经辅助接地极 P 送入交流放大器放大，再经过检测送入表头显示。借助倍率开关可得到三个不同的量程：0 ~ 2 Ω、0 ~ 20 Ω、0 ~ 200 Ω。

(2) 接地电阻测试仪的使用方法

在电气系统中，为了防止电气设备的绝缘层被击穿和因漏电使设备的外壳带电，一般要把设备的外壳接地。此外，为了防止雷电袭击，高大建筑物和高压输电线都需装设避雷装置（包括避雷针、避雷线、避雷器等），这些装置都要可靠接地。接地装置必须十分可靠，其接地电阻必须保证在一定的范围之内。接地电阻测试仪是专用于测量各种装置接地电阻的仪表。下面介绍一下接地电阻测试仪的使用方法，只有正确使用和接线才能得到正确的测量值。

1) 测量接地电阻时，应选择在土壤导电率最低及土壤干燥的时期（如冬季最冷的时候或夏季）进行。在测量前，应先将被测设备停电。为了防止其他接地装置影响测量结果，应将待测接地极与其他接地装置临时断开，待测量完毕再将断开处可靠连接。

2）测量前，先将接地电阻测量仪水平放置并调零，检查检流计的指针是否指在中心线上（如不在中心线上，应调整到中心线上）。

3）按所使用的接地电阻测量仪说明书的要求接线。三端钮式测量仪接地如图 1—105a 所示，四端钮测量仪接线如图 1—105b 所示。两根探测针（P′和 C′）都需垂直插入地下 40 cm 以上。

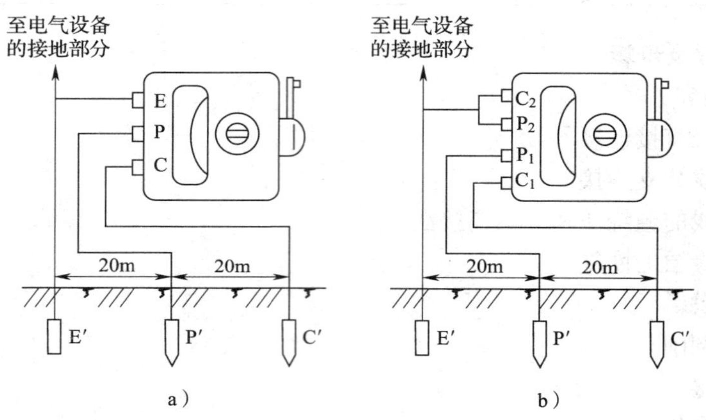

图 1—105　接地电阻测量仪的接线

a）三端钮式　b）四端钮式

4）将接地电阻测量仪的粗调倍率旋钮置于最大倍数位置，一面缓慢转动手柄，一面调节粗调旋钮，使检流针的指针接近中心红线位置。当检流计接近平衡时，再加快手柄的转速使之达到额定转速（约 120 r/min）；同时调节测量标度盘细调拨盘，使检流计指针居中，稳定地指在红线位置为止。这时，用测量标度盘（表头）的读数乘以粗调倍率旋钮的定位倍数，即为接地装置的接地电阻值。

5）如果测量标度盘的读数小于 1 Ω，则应将粗调倍率旋钮置于倍数较小的挡，并重新测量和读数。

6）为了保证测得的接地电阻值准确可靠，应在测量完毕后移动两根探测针，更换另一个地方进行再次测量。一般每次所测得的接地电阻值不会完全相同，最后取多次测得值的平均数为该接地装置的电阻值。

电气设备接地电阻的测量应该定期进行。接地电阻按要求在一年中任何时候都不能大于规定的数值，所测接地电阻小于规定值才算真正符合要求。

2. 接地与接地装置

（1）接地方式的选择

根据电网的结构特点、运行方式、工作条件、安全要求等方面的情况，从安全、经济、可靠出发，合理选择接地方式。

低压电网的中性点可直接接地或不接地。当安全要求较高，且对称三相负载装有迅速而可靠地自动切除故障的装置时，电力网宜采用中性点不接地的方式。从经济方面考虑，低压配电系统通常采用中性点直接接地方式，以三相四线或五线制供电，可供动力负荷与照明负荷，以节约投资。

电气装置的金属外壳、配电装置的构架和线路杆塔，由于绝缘损坏，有可能带电，为防止危及人身和设备的安全而设的接地，称为保护接地，如 TT 系统、IT 系统中电气设备的外露可导电部分所做的接地。在中性点直接接地系统中，将电气设备外露可导电部分与零线进行连接，称为保护接零，如 TN－C 系统接地方式。

由此可见，保护接地适用于中性点不接地系统中；在中性点直接接地系统中，宜采用保护接零，且土壤电阻率较低，可采用保护接地，并装设漏电保护器来切除故障。TN、TT 及 IT 三种接地方式如图 1—106 所示。

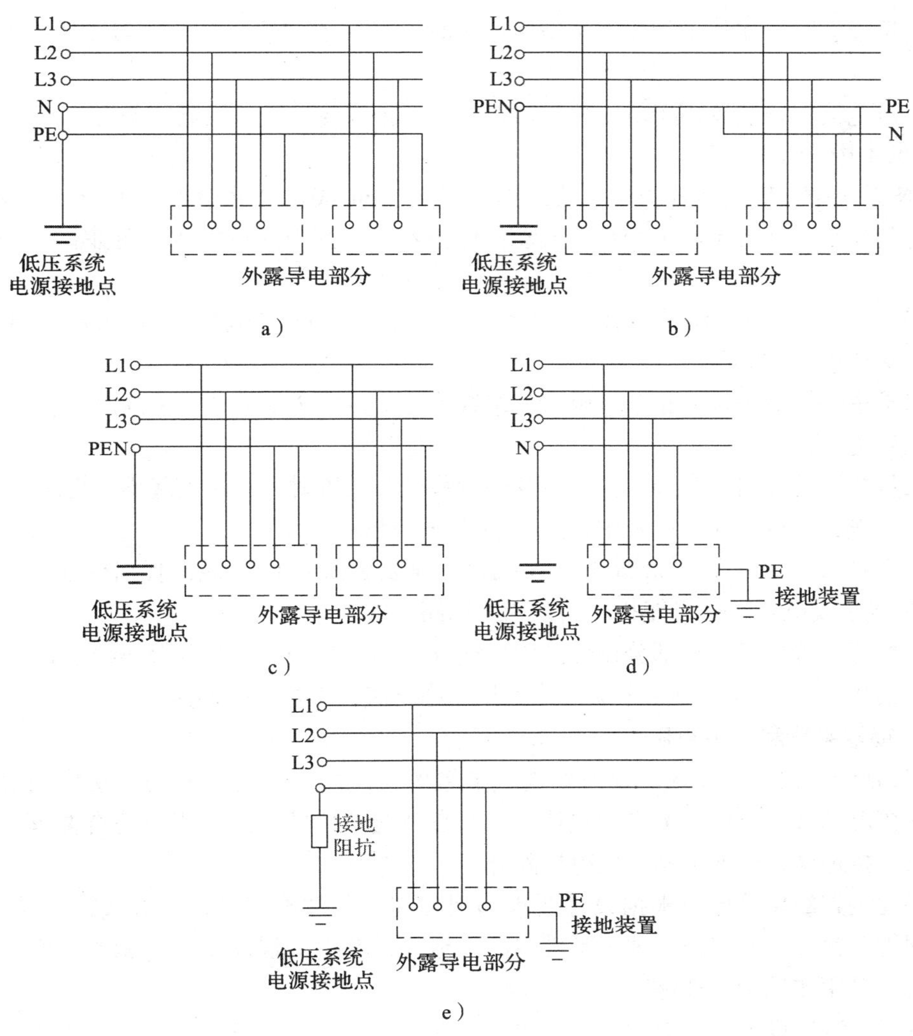

图 1—106 TN、TT 及 IT 三种接地方式

a）TN－S 系统，整个系统的中性线与保护线是分开的 b）TN－C－S 系统，系统有一部分中性线与保护线是合一的
c）TN－C 系统，整个系统的中性线与保护线是合一的 d）TT 系统 e）IT 系统

(2) 接地保护线、保护中性线的连接

1）接地保护线的连接

①保护线应采取保护措施，免受机械和化学的损坏并耐受电动力。

②保护线的接头应便于检查和测试。

③开关电器严禁接入保护线。

④检测对地导通的动作线圈严禁接入保护线，如 PE 线不准穿过漏电电流动作保护器中电流互感器的磁回路。

⑤布线的护套或金属外皮的电气持续性不受机械、化学或电化学的损坏，以及导电性符合保护线最小截面积的要求时，方可用做相应回路的保护线。电气用的其他金属管严禁用做保护线。

⑥利用装置的金属外护物或框架做保护线时，每个预定的分接点上与其他保护线应相互连接。

⑦当过电流保护装置用于电击保护时，应将保护线与带电导线紧密布置。

2）保护中性线的连接

①TN 系统中，固定装置中铜芯截面不小于 10 mm^2 或铝芯截面不小于 16 mm^2 的电缆，当所供电的那部分装置不经由剩余电流动作保护器时，其中的单根线芯可兼做保护线和中性线。

②采用单芯导线做 PEN 干线时，其截面不小于 10 mm^2（铜材）、16 mm^2（铝材）或 4 mm^2（多芯电缆的线芯）。

③保护中性线应采取防止杂散电流的绝缘措施。成套开关设备和控制设备内部的保护中性线无须绝缘。

④当从装置的任何一点起，中性线及保护线分开设置时，从该点起不应将两导线连接。在分开点，应分别设置保护线及中性线用端子或母线。

⑤在 TN－C 系统中，严禁断开 PEN 线，不得装设断开 PEN 线的任何低压电器。当需要在 PEN 线装设电器时，只能相应断开相线回路。

⑥严禁将装置外可导电部分做保护中性线（包括配线用的钢管及金属线槽）。

⑦严禁将 PEN 线穿过剩余电流动作保护器中电流互感器的磁回路。

(3) 接地装置和接地电阻

1）接地装置的一般要求。建筑物电气装置的接地装置应充分利用直接埋入地中或水中有可靠接触的金属导体作为自然接地体，当自然接地体的接地电阻不符合要求时，一般不敷设人工接地体，但变电站、发电厂除外。

①接地装置的接地体应根据设计要求和现场施工条件确定接地体方式，可采用圆钢、角钢或钢管、钢带、金属板、埋于基础内的接地体，非钢筋混凝土中的钢筋、供暖系统的金属管道严禁用作保护接地体。

②电气装置应设置总接地端子或母线，并应与接地线、保护线、等电位连接干线等连接。

③任何一种接地体的功效取决于当地的各种土壤条件，应选定适合于各种土壤条件的一种或几种接地体以及所要求的接地电阻值，且满足保护上和功能上长期有

效的要求。

④保护接地的接地装置应符合低压系统接地形式的要求。

⑤接地装置应有足够的载流能力和热稳定性。

2）接地装置的安装。接地装置制作安装应配合土建工程施工，在基础土方开挖的同时，挖好埋设接地体的沟道。钢质接地装置最好采用镀锌材料，焊接处涂沥青防腐；接地装置不应埋在有强烈腐蚀作用的土壤中或垃圾堆、灰渣堆中；接地线应尽量安装在不易受到机械损伤的地方，必要时应加钢管保护。但接地线又必须安装在明显处，以便检查。明敷接地线可以涂漆防腐。

①人工接地体安装

a. 垂直接地体应按设计要求取材，一般用圆钢、钢管或角钢制作，垂直接地体每根长度一般为2.5 m，不宜小于2.0 m。角钢、圆钢或钢管，其端部应锯成斜口，锻造成锥形或加工成尖头形状，端部加工长度宜为120 mm。

垂直接地体应在地沟内中心线上垂直打入地下，顶部距地面不宜小于0.6 m，接地体应与地面保持垂直，敲打接地体要平稳，不可摇动，以防接地体与土壤间产生间隙，增加接触电阻影响散流效果。垂直接地体不宜少于两根，间距不小于两根接地体的长度之和。当受地方限制时，可适当减少一些距离，但一般不应小于接地体的长度。

b. 水平接地体应按设计要求取材，如用扁铁应侧向敷设在地沟内，埋设深度距地面不小于0.6 m。多根水平接地体平行敷设时，水平间距应符合设计要求，当无设计规定时不宜小于5 m。

②接地体的连接。接地体的连接应包括垂直接地体与水平接地体的连接以及接地体与接地线的连接。

a. 连接装置的地下部分应采用焊接，其搭接长度，扁钢为其宽度的2倍（且至少3个棱边焊接），圆钢为其直径的6倍，圆钢与扁钢连接时，长度为圆钢直径的6倍。

b. 扁钢与钢管、扁钢与角钢焊接时为了连接的可靠，除应在其接触部位两侧进行焊接外，应焊以由钢带弯成弧形（或直角形）卡子或直接由钢带本身弯成弧形（或直角形）与钢管（或角铁）焊接。

c. 接地体之间的连接应采用焊接。当采用扁铁作水平接地体时，敷设前应将其调直，并垂直于地沟内，依次将扁钢在距垂直接地体顶端大于50 mm处与其焊接。

d. 接地线连接。接地线的地下部分应有从接地体引出地面的接线端子，地下部分应采用焊接，其搭接部位应进行防腐处理。

3）接地装置的接地电阻

①当建筑物内未做总等电位连接，且建筑物距低压系统电源接地点的距离超过50 m时，低压电缆和架空线路在引入建筑物处的保护线（PE）或保护中性线（PEN）应重复接地，接地电阻不宜超过10 Ω。

②向低压系统供电的配电变压器的高压侧工作于低电阻接地系统时，低压系统不得与电源配电变压器的保护接地共用接地装置，低压系统电源接地点应在距该配电变压器适当的地点设置专用接地装置，其接地电阻不宜超过4 Ω。

③低压系统有单独的低压电源供电时，其电源接地点接地装置的接地电阻不宜超过

4 Ω。

④接户线的绝缘子铁脚宜接地，接地电阻不宜超过 30 Ω，土壤电阻率在 200 Ω·m 及以下地区的铁横担钢筋混凝土杆线，可不另设人工接地装置。人员密集的公共场所的接户线，当混凝土杆的自然接地电阻大于 30 Ω 时，绝缘子铁脚应接地，并应设专用的接地装置。

⑤保护配电柱上断路器，负荷开关和电容组等的避雷器接地线与设备外壳连接，接地电阻应不大于 10 Ω。保护配电变压器的避雷器，其接地线应接于变压器保护接地共用接地装置。

技能训练

制作和安装接地装置

1. 训练目标

制作和安装如图 1—107 所示的接地装置。

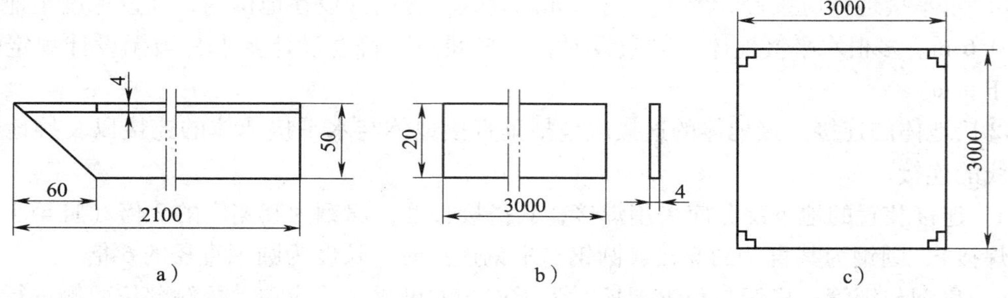

图 1—107　接地装置

a）垂直接地体　b）接地体连接干线　c）接地网平面图

2. 器材准备

准备内容见表 1—30。

表 1—30　准备内容

配件名称	材料/mm	材料来源	件数
接地体	4×50×50×2 100 角钢	备料	4
接地体连接干线	4×20×3 000 扁钢	备料	4

3. 训练内容及步骤

（1）加工接地体

1）先按图 1—107 所示尺寸要求落料。

2）角钢如有弯曲应矫正平直。

3）按图 1—107a 所示尺寸加工尖点。

（2）加工接地体连接干线，按图 1—107b 所示尺寸落料，如有弯曲应矫正平直。

（3）按图 1—107c 所示在地面画线，定好 4 支接地体的安装位置。

（4）用打桩法逐一将 4 支接地体垂直打入地面，顶端露出地面 150 mm，将四周土夯实。

（5）用接地电阻摇表和万用表逐一测量 4 支接地体的接地电阻并填入表 1—28，相互比较结果。

（6）用电焊焊接接地体与连接干线的所有连接面，组成接地网。

（7）用接地电阻摇表测量接地网的接地电阻并填入表 1—31，与万用表法比较。

（8）用万用表法测量接地网的接地电阻并填入表 1—31，与摇表比较。

表 1—31　　万用表与摇表阻值比较

测量方法	接地体接地电阻（Ω）				接地网接地电阻（Ω）
	1	2	3	4	
接地电阻摇表法					
万用表法					

4. 注意事项

（1）制作垂直接地体的角钢，如果有弯曲，一定要矫直，否则不易打入地面，且接地体与土壤之间有缝隙，增大接地电阻。

（2）用打桩法安装接地体时，扶持接地体者双手不要紧握接地体，只要把握稳，扶持平直，不要摇摆即可；否则打入地面的接地体会与土壤产生缝隙，增大接地电阻。

（3）电焊焊接接地体与接地干线的连接面时，所有焊接面要平整，焊缝均应焊透。焊接后，要敲去焊渣，检查质量，不合格处要重新焊接。

（4）安装时，要注意操作安全。

三、照明线路的接线与调试

常用的交流 220 V 户内单相照明配电线路原理如图 1—108 所示。电源进线为三根，分别为相线 L、零线 N 和保护线 PE。经过电源指示灯、刀开关 QS 后接入电度表，现在的很多配电线路，刀开关 QS 也经常使用空气断路器来代替。图 1—108 中单相电度表为直接接入，如负荷容量大时，单相电度表也可通过电流互感器接入。

经过单相电度表后，接入漏电保护开关，起到对线路和负载的漏电保护作用，再经过熔断器后，成为配电干线，按照负荷分布情况进行敷设。各用电负荷从干线上通过支线为其供电。这里选择了户内单相配电常用的典型负荷白炽灯、插座和荧光灯。图中 SA1 和 SA2 接成两地联控开关，可以分别在两个不同的地点对白炽灯负载进行开关控制。在配电过程中应注意相线和零线的区别，应按规范接到不同的位置。

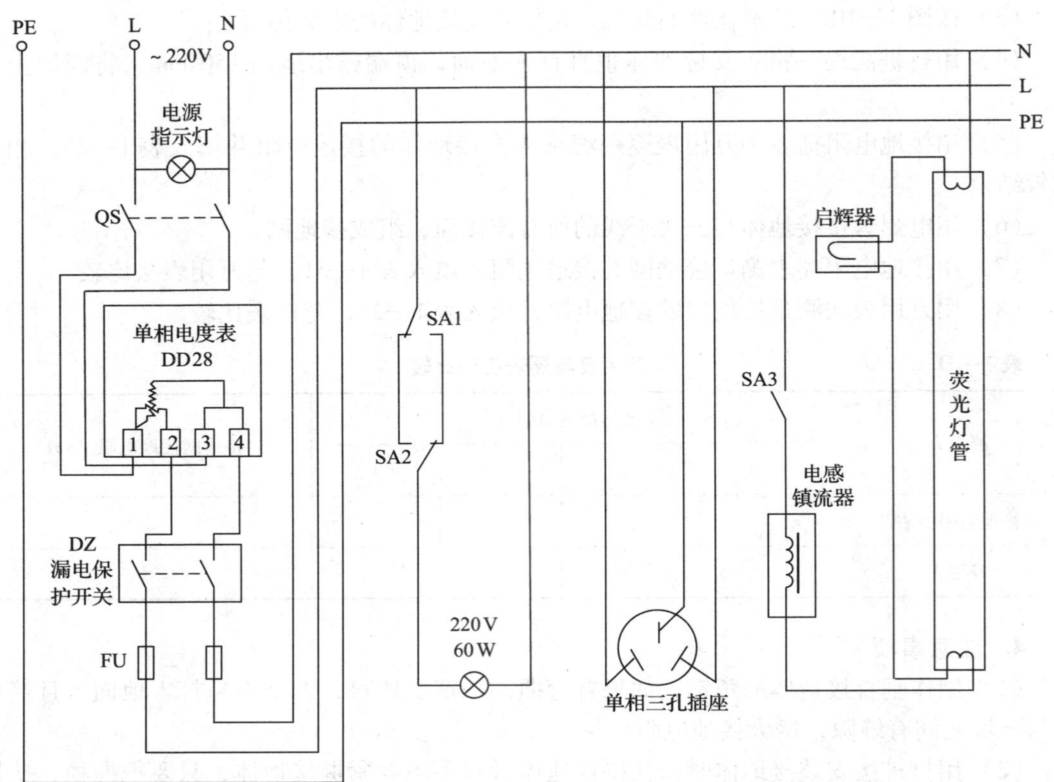

图 1—108　户内单相照明配电线路原理图

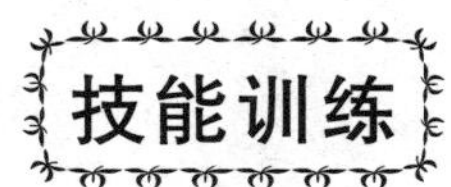

单相照明配电线路安装调试

1. 训练目标

（1）根据安装位置完成元器件的安装布局规划，要求布局合理美观。

（2）根据单联开关及双联开关的控制原理完成照明控制线路。

（3）根据荧光灯的线路原理完成荧光灯具的装配。

（4）对电能表、开关等元件进行安装木板上的安装固定。

（5）对元器件进行布线连接。

（6）对线路进行检查调试，实现线路功能。

2. 器材准备

准备内容见表 1—32。

表 1—32　　准备内容

序号	名称	规格型号	数量	备注
1	刀开关	HK2P－32/2	1 只	
2	单相电度表	DD28	1 块	
3	单联单控开关	86 型	1 只	
4	单联双控开关	86 型	2 只	
5	螺口平灯座		1 只	
6	明装接线盒	86 型明装 PVC 接线盒	3 只	
7	熔断器	RC1A－5	2 只	
8	塑料铜芯线	1.5 mm^2 单芯塑料铜芯线	若干	
9	木制配电板		1 块	
10	安装辅件（木螺钉、紧固件等）	800 mm×600 mm	若干	
11	电工常用工具		1 套	

3. 训练内容及步骤

（1）刀开关、熔断器、单联开关、双联开关、螺口平灯座、双极明插座、明装接线盒的安装

1）设计照明配电线路，并在配电板上设计布局，如图 1—109 所示。在配电板上确定元器件安装位置并画线，标出导线走线位置。当在实际施工中，若电线敷设距离较长，画线可用弹线的方式。

2）安装刀开关、熔断器、86 型明装接线盒。

3）使用塑料板槽敷设导线。按尺寸对塑料板槽进行加工。然后将板槽固定在配电板上，将导线敷设在板槽内。

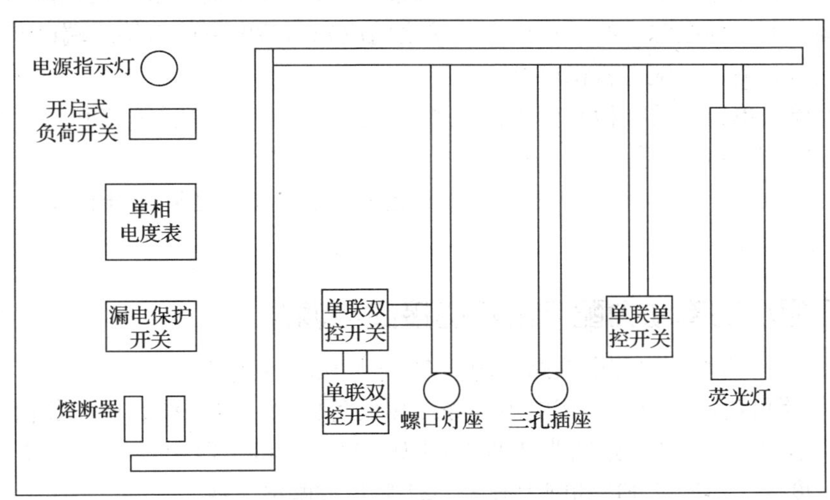

图 1—109　照明线路配电板布置及线缆敷设参考图

（2）荧光灯具的接线安装

1）检查荧光灯管、灯座、灯架、启辉器等是否完好。

2）按原理图对荧光灯具进行接线。

3）检查荧光灯管及启辉器。

（3）进线回路的线路敷设、连接

1）采用1.5 mm^2单芯塑料铜芯线连接刀开关以及熔断器之间的线路，注意遵守“左零右相”的原则。

2）截取适合长度的1.5 mm^2两根导线，作为荧光灯具及白炽灯的电源线，接在熔断器出线端上。

（4）单联开关控制荧光灯具的线路敷设、连接

1）截取适合长度的1.5 mm^2两根导线通往荧光灯具。

2）将线头穿入明装接线盒，减去多余的护套线，将接L相的线接在单联单控开关面板进线桩头。

3）使用2根1.5 mm^2导线连接单联单控开关至荧光灯具，其中N线的导线在单联单控开关明装接线盒中用压线帽连接。

4）固定单联单控开关面板至86型明装接线盒上。

（5）双联开关控制白炽灯的线路敷设、连接

1）同荧光灯具的接线方法，敷设白炽灯的导线，并将白炽灯的导线装入塑料线槽内。其中两个单联双控开关间敷设3根1.5 mm^2的导线。

2）将线头穿入明装接线盒，减去多余的导线，连接单联双控开关面板以及螺口子灯座。其中N相的导线在单联双控开关明装接线盒中用压线帽连接。

3）固定单联双控开关面板至86型明装接线盒上，再将螺口平灯座固定在配电板上，装上外壳及白炽灯。

（6）通电调试

1）检查所有元器件是否安装牢固，所有线缆是否连接正确，熔丝是否都已安装。

2）连接配电板的电源进线。注意在连接之前应先用验电笔确认接线端已断电。

3）合上刀开关，对配电板供电。

4）合上单联单控开关，检查荧光灯是否点亮，之后断开单联单控开关，荧光灯应熄灭。点亮后白炽灯不应闪烁。

5）合上任意一个单联双控开关，检查荧光灯是否点亮；之后断开任意一个单联双控开关，白炽灯应熄灭。

四、三相小功率动力配电线路的接线与调试

常用的三相小功率动力配电线路原理如图1—110所示。

该配电线路可为电动机、三相电阻炉等三相设备供电，也可作为单相负荷的三相总配电线路。电源进线为4根，分别为3根相线U、V、W和一根中性线N。经过铁壳开关QS1、三相电度表、熔断器FU和闸刀开关QS2后形成配电干线。

三相电度表的接法很多，该配电线路采用的是三相四线制电度表直接接入法。

配电干线按照负荷分布情况进行敷设，各用电负荷从干线上通过支线为其供电。这里选取了三相配电常用的典型负荷，有代表单相负荷的白炽灯和三相动力插座。在配电过程中应注意相线和中性线的区别，应按规范接到不同的位置。

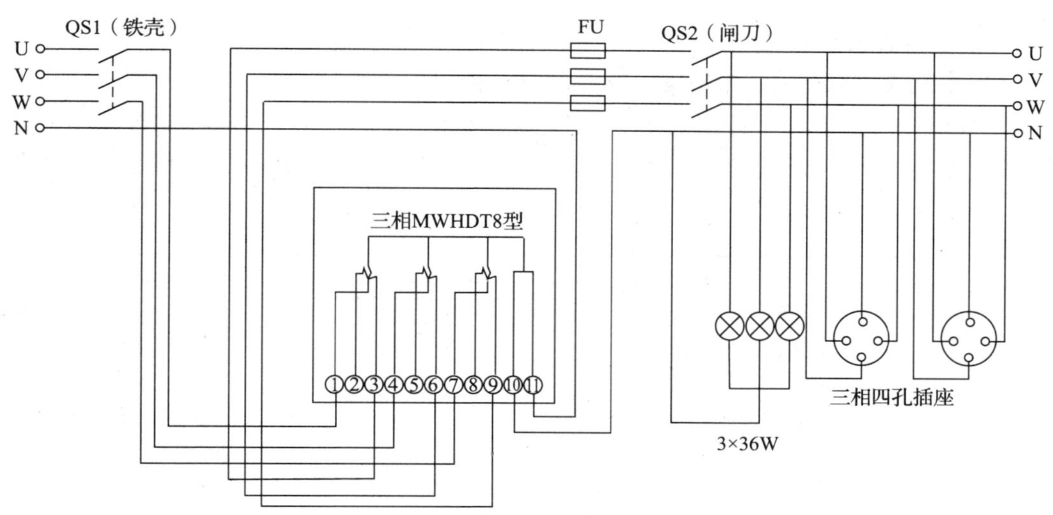

图 1—110　三相小功率动力配电线路原理图

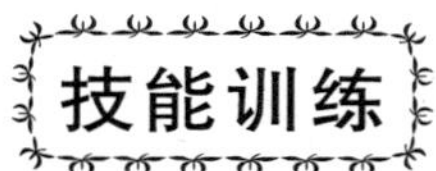

动力配电线路的接线调试

1. 训练目标

（1）根据安装板大小完成元器件的安装布局规划，要求布局合理美观。

（2）将电能表、开关等元器件固定在安装木板上。

（3）对元器件进行布线连接。

（4）对线路进行检查调试，实现线路功能。

2. 器材准备

准备内容见表 1—33。

表 1—33　　　　准备内容

序号	名称	规格型号	数量	备注
1	刀开关	HK2P－32/2	1 只	
2	三相四线制电能表	DT862－1.5（6）3×380 V	1 块	
3	断路器	DZ15－40/10 A	1 只	
4	熔断器	RC1A－5	2 只	
5	塑料铜芯线	2.5 mm^2 单芯塑料铜芯线	若干	
6	木制配电板	800 mm×600 mm	1 块	
7	安装辅件（木螺钉、紧固件等）		若干	
8	电工常用工具		1 套	

3. 训练内容及步骤

(1) 电能表、刀开关、熔断器、断路器的安装

1）设计一路三相动力配电线路的配电。配线板的布置如图 1—111 所示为三相动力配电线路，配置有三相电能表、断路器。规划电能表、刀开关、熔断器、断路器等元器件的布局，在配电板上画线。

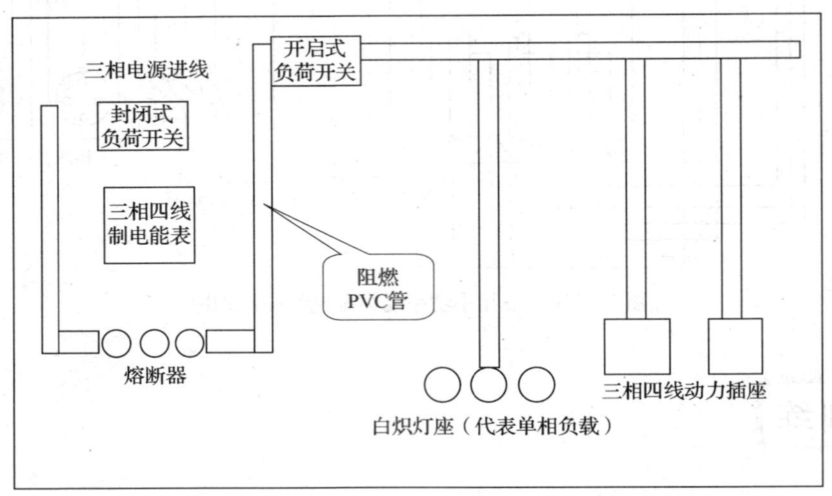

图 1—111　三相小功率动力配电线路实训线路板

2）检查电能表、刀开关、熔断器、断路器等元器件外观是否损坏，机械动作是否正常。

3）固定电能表、刀开关、熔断器、断路器等元器件。注意电能表的安装必须保持垂直。

(2) 塑料铜芯线的敷设连接

1）使用 2.5 mm^2 单芯铜导线进行三相四线制电能表的接线。如图 1—111 所示，三相四线制电能表接线桩共 11 个，从左至右按 1～11 编号，接线时 1、4、7 接线桩连接三相电源进线的相线，3、6、9 接线桩连接三相电源出线的相线，10、11 分别为电源中性线的进、出线桩。

2）线路敷设使用线管为 PVC 塑料，首先对塑料线管进行加工，注意弯管时一般会用到弹簧进行辅助。然后对线管进行安装固定，最后进行穿线操作。

3）在刀开关及熔丝盒中接上熔丝，完成配电板的安装。

(3) 对配电线路进行检查

安装完成后，应使用万用表对线路进行仔细的检查，有条件的情况下，还可通过绝缘电阻表对线路的绝缘情况进行测试。

(4) 通电调试

通电调试过程中应特别注意安全，并保证电能表在接通负载后能正常运转。

五、三相异步电动机基本控制电路的接线与调试

三相异步电动机的单向连续转动的控制电路如图 1—112 所示。

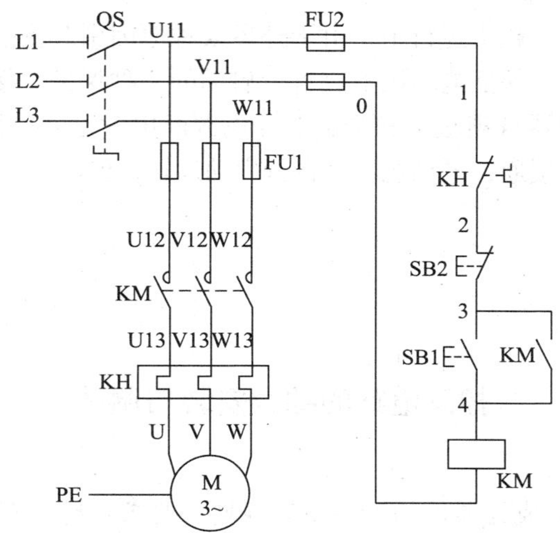

图 1—112　三相异步电动机的单向连续转动的控制电路原理

线路的工作原理如下：

先合上电源开关 QS。

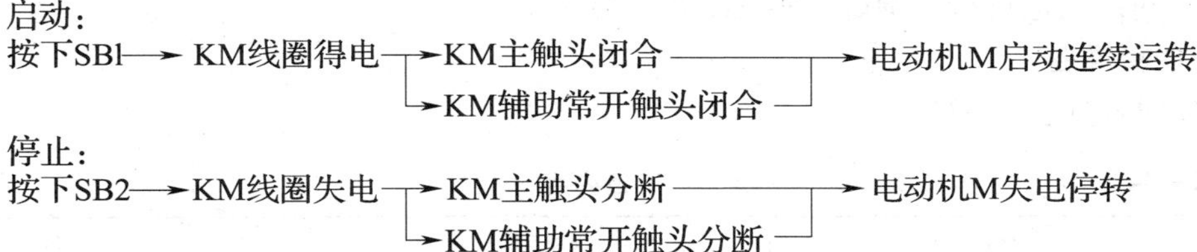

由以上分析可见，当松开启动按钮 SB1 后，SB1 的常开触头虽然恢复分断，但接触器 KM 的辅助常开触头闭合时已将 SB1 短接，使控制电路仍保持接通，接触器 KM 继续得电，电动机 M 实现了连续运转。

当启动按钮松开后，接触器通过自身的辅助常开触头使其线圈保持得电的作用叫作自锁。与启动按钮并联起自锁作用的辅助常开触头叫作自锁触头。图 1—112 所示的控制线路称为接触器自锁控制线路。

接触器自锁控制线路不但能使电动机连续运转，而且还具有欠压和失压（或零压）保护作用。

（1）欠压保护

欠压是指线路电压低于电动机应加的额定电压。欠压保护是指当线路电压下降到某一数值时，电动机能自动脱离电源停转，避免电动机在欠压下运行的一种保护。接触器自锁控制线路具有欠压保护作用。当线路电压下降到一定值（一般指低于额定电的 85%）时，接触器线圈两端的电压也同样下降到此值，使接触器线圈磁通减弱，产生的电磁吸力减小。当电磁吸力减小到小于反作用弹簧的拉力时，动铁芯被迫释放，主触头和自锁触头同时分断，自动切断主电路和控制电路，电动机失电停转，起到了欠压保护的作用。

（2）失压（或零压）保护

失压保护是指电动机在正常运行中，由于外界某种原因引起突然断电时，能自动切断电动机电源；当重新供电时，保证电动机不应自行启动的一种保护。接触器自锁控制线路也可实现失压保护作用。接触器自锁触头和主触头在电源断电时已经分断，在电源恢复供电时，控制电路和主电路都不能接通，电动机不会自行启动运转，保证了人身和设备的安全。

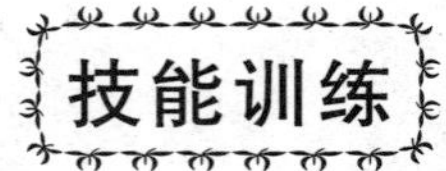

技能训练

控制电路的综合安装与调试

1．训练目标

（1）根据安装位置完成元器件的安装布局规划，要求布局合理美观。

（2）根据交流异步电动机的单向连续转动的控制原理完成对电动机的控制。

（3）根据热继保护装置的使用方法完成合理的参数设置，保护电动机的正常运行。

（4）将元器件固定在安装板上。

（5）对元器件进行布线连接。

（6）对线路进行检查调试，实现线路功能。

2．器材准备

准备内容见表 1—34。

表 1—34　　准备内容

序号	名称	规格型号	数量	备注
1	三相交流异步电动机	Y112M－4	1 台	
2	控制箱（带安装板）	500 mm×380 mm×210 mm	1 个	
3	组合开关	HZ10－25/3	1 只	
4	接触器	CJ10－20	1 只	
5	热继电器	JR61－20/3	1 只	
6	按钮	LA10－3H	2 只	红色、绿色
7	端子板	JX2－1015	1 个	
8	熔断器 1	RL14－60/25	3 个	
9	熔断器 2	RL1－15/2	2 个	
10	导线		若干	
11	安装辅件（紧固件、导轨、3045 塑料走线槽等）		若干	
12	电工常用工具		1 套	

3．训练内容及步骤

（1）布局设计

根据其控制电路图选定所需的元器件，并按元器件尺寸及控制箱尺寸进行安装布局的设计。其控制电路的布局图如图 1—113 所示。

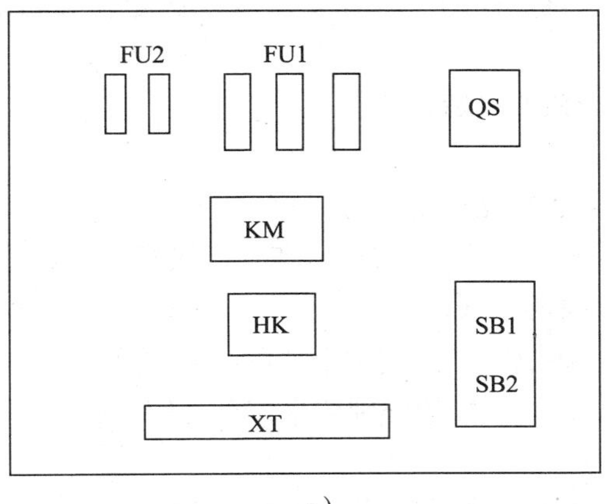

a)

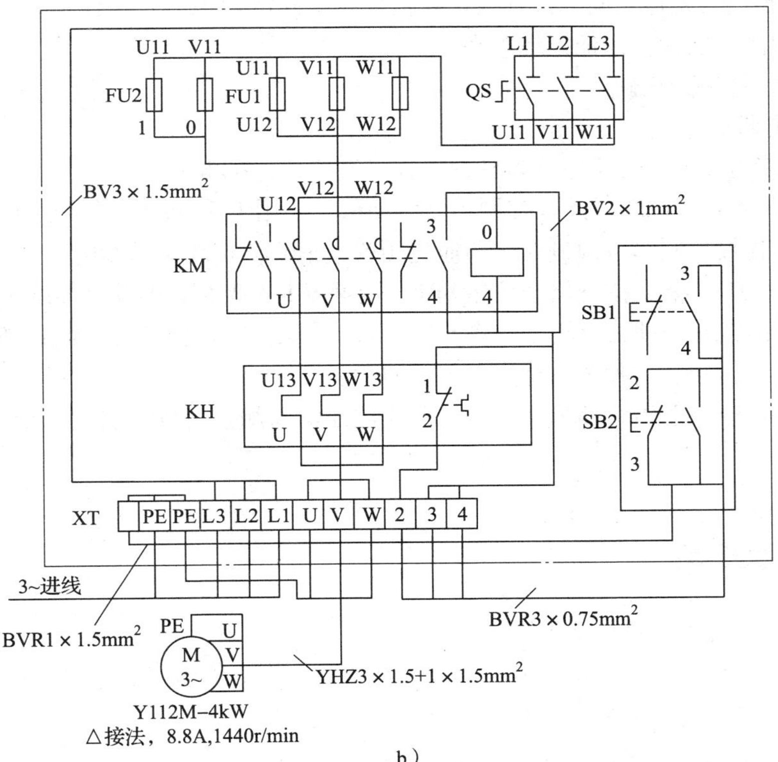

b)

图 1—113　具有过载保护的自锁正转控制线路

a）布置图　b）接线图

(2) 断路器、接触器、热继保护装置、按钮的安装

1）检查电动机绝缘是否良好，使用万用表测量电动机线圈阻值是否正常。

2）检查接触器、断路器、按钮等机械性能是否良好，触点导通性能是否正常。

3）拆下控制箱内安装板，设计柜内元器件布局，在安装板上画线，确定元器件固定位置，如图 1—113a 所示。

4）按设计尺寸切割导轨及线槽，并在安装板上固定。导轨线槽必须可靠固定，必须横平竖直。

5）设计控制箱面板按钮的安装位置。

6）安装元器件。

7）电路图上元件的编号在元件上进行标示。

8）在电路图上标示线号，并统计数量，准备好线号标示。

（3）控制回路、主电路的接线。

1）使用 1.5 mm^2 导线按电路图完成主电路的接线，注意在连接所有接线时应合理选择导线的颜色，这里 L1、L2、L3、N 相分别应采用黄、绿、红、蓝色线，接地线必须使用黄绿线。

2）使用 0.75 mm^2 导线按电路图完成控制回路的接线。

3）连接柜门与箱体之间的接地线，在连接前应先清理柜门及箱体上专用的接地螺栓，去除上面的油漆、锈渍，保证接地可靠。

4）检查接线是否正确。

（4）上电调试

1）按所用电动机的额定电流调整热继保护装置的保护电流。

2）使用 1.5 mm^2 电缆线连接控制箱与电动机，使用 1.5 mm^2 电缆线连接控制箱的电源进线。注意在连接控制箱电源进线之前应先用验电笔确认接线端已断电。

3）合上断路器 QS，按下启动按钮 SB1，接触器 KM 吸合，电动机连续运转。松开 SB1 后，由于 KM 的常开辅助触点闭合已将 SB1 短接，控制电路仍能保持接通，KM 继续吸合，电动机继续连续运转。这种电路称为自锁（自保）。

4）按下停止按钮 SB2，KM 失电，KM 的常开辅助触点分断，自锁解除，电动机停止运转。

课后练习

1. 简述日光灯电路的工作原理。
2. 电气照明装置施工中对灯具、开关、插座等的安装有哪些具体规定？
3. 进行三相电能表的安装、接线练习。
4. 电动机基本控制电路的安装步骤有哪些？

继电控制电路装调维修

课题1　低压电器及电动机的拆装维修

学习目标

1. 掌握低压电器与电动机拆装工艺。
2. 熟悉变压器的结构与原理。
3. 掌握同名端的概念及判断方法。
4. 熟悉交流电动机的结构、原理及其应用。
5. 掌握电动机绝缘检测方法。

一、低压电器的拆装维修

1. 按钮的常见故障及处理

按钮是一种最常用的主令电器，按钮的触头允许通过的电流较小，一般不超过5 A。按钮的常见故障及其处理方法见表2—1。

表2—1　　按钮的常见故障及其处理方法

故障现象	可能的故障原因	故障处理方法
安装位置偏高	主要由于安装用的紧固螺钉所受的力不均引起或因安装时螺帽没有正对螺纹，有安装偏离现象，致使螺帽斜置	对准螺纹，重新安装
按下停止按钮被控电器未断开	1. 接线错误 2. 线头搭接在一起 3. 杂物或油污在触头间形成通路 4. 胶木壳或塑料烧焦后形成短路	1. 校对改正错误线路 2. 检查按钮连接线 3. 清扫按钮开关内部 4. 更换新品
按下启动按钮被控电器不动作	1. 被控电器有故障 2. 主要由于长时间没有在使用工作状态下的产品的触头上覆着一层氧化膜，接触电阻增大引起接触不良	1. 检查被控电器 2. 清洁按钮触头或拧紧接线

续表

故障现象	可能的故障原因	故障处理方法
触摸按钮时有触电的感觉	1. 按钮开关外壳的金属部分与连接导线接触 2. 按钮帽的缝隙间有导电杂物，使其与导电部分形成通路	1. 检查连接导线 2. 更换按钮
松开按钮但触点不能自动复位	复位弹簧弹力不够或内部卡阻	更换按钮

2. 指示灯的常见故障及处理

指示灯的品种繁多，老式的指示灯用白炽灯作为发光元件，白炽灯容易损坏。当前常见的指示灯均采用 LED 作为发光元件，故障率非常低，但其还是指示灯的主要故障点，处理方法是旋下塑料灯罩后更换发光元件。

还有一类 LED 指示灯的发光体无法单独更换，须更换整个指示灯。

3. 接触器的拆装和修理

接触器是一种自动切换电器，用来实现电路的自动控制。常见故障、可能的原因和处理方法见表 2—2。

表 2—2　　接触器常见的故障及其处理方法

故障现象	可能的故障原因	故障处理方法
吸合时衔铁振动或噪声大	1. 电源电压低于线圈额定电压 2. 铁芯因动作机构卡住而不能吸合 3. 衔铁和铁芯接触面不平 4. 短路环断裂 5. 油垢、灰尘等异物黏附铁芯极面或衔铁极面生锈	1. 保证控制回路电压在线圈的标称工作电压范围内 2. 排除动作机构卡住现象 3. 更换铁芯 4. 调换铁芯或短路环 5. 清理铁芯极面或用细砂纸轻轻打磨铁芯或衔铁极面
线圈过热或烧毁	1. 电源电压过高或过低 2. 线圈通断频率过高 3. 环境温度过高 4. 运动机构卡阻 5. 交流铁芯极面不平	1. 检查电源电压 2. 降低通断频率或选用合适频繁操作的接触器 3. 采用特殊设计的线圈 4. 排除卡阻现象 5. 清除极面不平处
触点过度磨损	1. 接触器选用不当，如：（1）容量不足；（2）频繁反接制动；（3）操作频率过高 2. 三相触点不同时接触 3. 负载侧短路	1. 接触器降低容量使用或改用适于繁重任务的接触器 2. 调整至触点同时接触 3. 排除短路故障，更换触点

续表

故障现象	可能的故障原因	故障处理方法
触头熔焊	1. 操作频率过高或电流过大，断开容量不够 2. 长期过载使用 3. 触点表面有金属颗粒异物 4. 触头压力过小 5. 负载侧短路	1. 更换容量大的接触器 2. 更换接触器 3. 清理触头表面 4. 调高触头弹簧压力 5. 排除短路故障
触头不能复位	1. 复位弹簧损坏 2. 内部机械卡阻 3. 铁芯安装歪斜	1. 更换弹簧 2. 排除机械故障 3. 重新安装铁芯
不释放或释放缓慢	1. 触头熔焊 2. 触头弹簧压力过小 3. 机械可动部分被卡有生锈现象 4. 反力弹簧损坏 5. 铁芯接触面有油污或尘埃粘着 6. E 形铁芯磨损过大	1. 更换触头 2. 调整触头参数 3. 排除卡住现象，处理锈蚀 4. 更换反力弹簧 5. 清理铁芯接触面 6. 更换 E 形铁芯
吸不上或吸不足	1. 电路实际电压低于线圈额定电压，或有波动 2. 触头弹簧压力过大 3. 配线错误 4. 触头接触不良	1. 检查电源 2. 调整触头参数 3. 正确配线 4. 更换触头或清除氧化层和污垢

4. 继电器的故障及其处理方法

（1）中间继电器、电流继电器和电压继电器的常见故障及其处理方法与接触器相似，可参看表 2—2。

（2）时间继电器

时间继电器的种类很多，下面以 JS7 – A 系列空气阻尼式时间继电器为例介绍。

JS7 – A 系列空气阻尼式时间继电器的触头系统和电磁系统的故障及其处理方法可参看表 2—1 和表 2—2。其他常见故障及其处理方法见表 2—3。

表 2—3　　JS7 – A 系列空气阻尼式时间继电器常见故障及其处理方法

故障现象	可能的故障原因	故障处理方法
延时触头不动作	1. 电磁线圈断线 2. 电源电压过低 3. 传动机构卡阻或损坏	1. 更换线圈 2. 调高电源电压 3. 排除卡阻故障或更换部件
延时时间缩短	1. 气室装配不严，漏气 2. 橡皮膜损坏	1. 修理或更换气室 2. 更换橡皮膜
延时时间变长	气室内有灰尘，使气道阻塞	清除气室内灰尘，使气道畅通

(3) 速度继电器

速度继电器常见故障及其处理方法见表2—4。

表2—4　　速度继电器常见故障及其处理方法

故障现象	可能的故障原因	故障处理方法
电动机断电后不能迅速制动	1. 触头处导线松脱 2. 摆杆卡阻或损坏	1. 拧紧松脱导线 2. 排除卡阻故障或更换摆杆
电动机反向制动后继续往反方向转动	触点粘连未及时断开	修理或更换触点

(4) 热继电器

热继电器常见故障及其处理方法见表2—5。

表2—5　　热继电器常见故障及其处理方法

故障现象	可能的故障原因	故障处理方法
热元件烧断	1. 负载侧短路，电流过大 2. 操作频率过高	1. 排除短路故障，更换热继电器 2. 合理选用热继电器
热继电器动作太快	1. 整定电流值偏小 2. 电动机启动时间太长 3. 操作频率太高或点动控制 4. 环境温差太大	1. 合理调整整定电流值，相差太大则换新品 2. 选择合适的热继电器或在启动时热继电器短接 3. 改用过流继电器 4. 改善环境
主电路不通	1. 热元件烧毁 2. 接线松脱	1. 更换热继电器 2. 拧紧松脱导线的螺钉
控制电路不通	1. 触头烧毁 2. 控制电路侧导线松脱	1. 修理触头 2. 拧紧松脱导线的螺钉
热继电器不动作，电动机烧坏	1. 热继电器的额定电流值与电动机的额定电流值不符 2. 整定电流值偏大 3. 导板脱出或动作机构卡住	1. 按电动机的容量选用热继电器 2. 根据负载合理调整整定电流 3. 重新放置导板并试验动作的灵活程度或排除卡住故障

技能训练

低压电器的拆装维修实训操作

1. 训练目标

能拆装和修理按钮和接触器。

2. 器材准备

按钮、接触器、电工工具包。

3. 操作要求

(1) 按钮的拆装和修理

1) 仔细观察按钮的结构特点。

2) 按顺序逐步拆卸按钮。

3) 记录其主要零件的名称、作用。

4) 按拆卸的逆序装配按钮，并坚持恢复到未拆装前的外观和功能。

(2) 接触器的拆装和修理

1) 仔细观察接触器的结构特点。

2) 按顺序逐步拆卸接触器。

3) 记录其主要零件的名称、作用。

4) 按拆卸的逆序装配接触器，并坚持恢复到未拆装前的外观和功能。

4. 操作步骤

教师演示后由学生按下列步骤进行练习。

(1) 按钮的拆卸步骤

步骤 1 先选用合适的旋具，把旋具头部作支点往上提，使按钮头部和触点座分离。如图 2—1a 所示。

步骤 2 将两部分彻底分离。如图 2—1b 所示。

步骤 3 如要更换触点，将旋具头部插入并往上撬。如图 2—1c 所示。

步骤 4 触点和触点座分离。如图 2—1d 所示。

a)

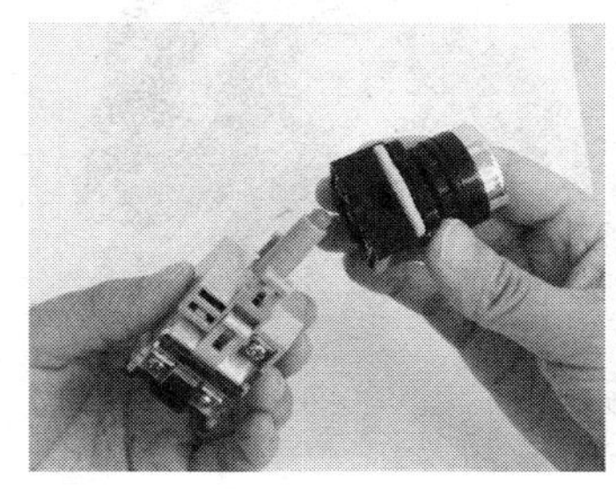

b)

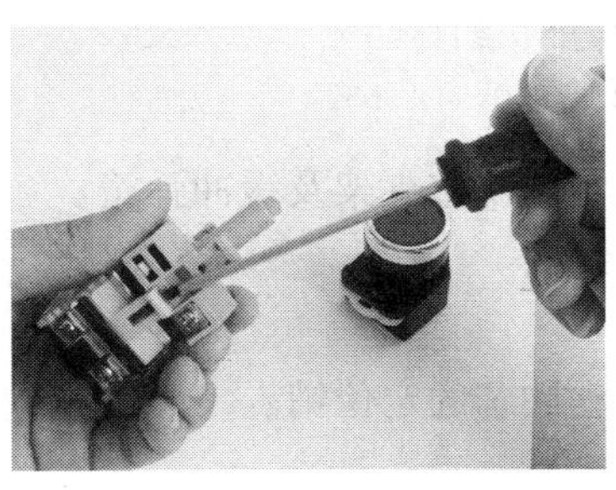

c)

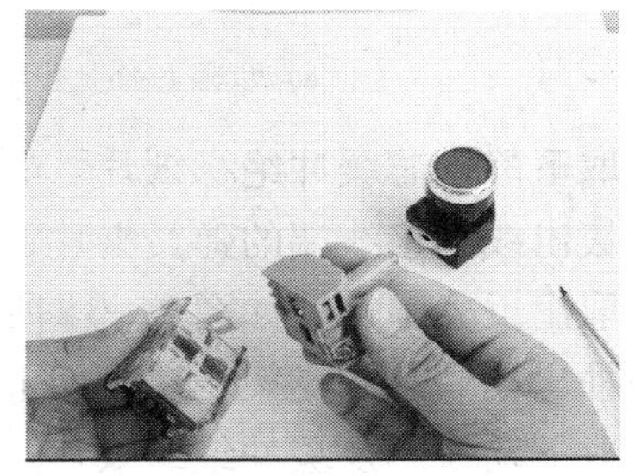

d)

图 2—1 按钮的拆卸步骤

a) 步骤 1 b) 步骤 2 c) 步骤 3 d) 步骤 4

(2) 按钮的装配步骤

按钮的装配步骤与拆卸步骤相反，注意：

1) 固定触点时，先将下部卡进座子，上部红色部分对准凹槽推到底。

2) 将红圈的三角形对准后插入。

(3) 接触器拆装步骤

步骤 1 松掉灭弧罩的紧固螺钉，取下灭弧罩。如图 2—2a 所示。

步骤 2 拉紧主触点的定位弹簧夹，取下主触点及主触点的压力弹簧片。拉出主触点时必须将主触点旋转 45°后才能取下。如图 2—2b 所示。

步骤 3 松掉辅助动合静触点的接线桩螺钉，取下动合静触点。如图 2—2c 所示。

步骤 4 松掉接触器底部的盖板螺钉，取下盖板。在松盖板螺钉时，要用手按住盖板，慢慢放松。如图 2—2d 所示。

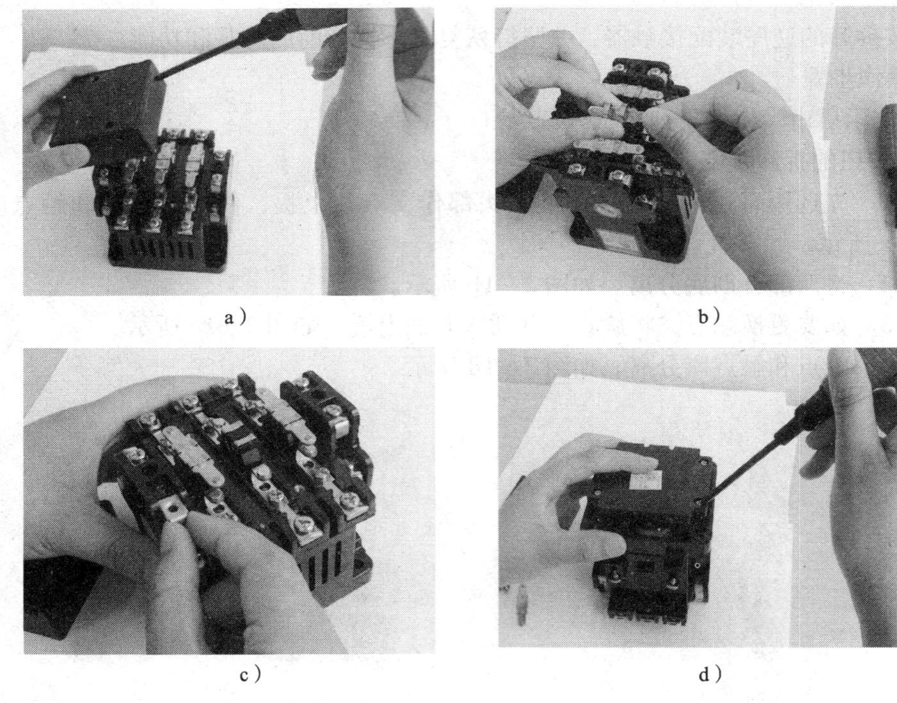

a)　　b)

c)　　d)

图 2—2 接触器的拆卸步骤（一）

a) 步骤 1 b) 步骤 2 c) 步骤 3 d) 步骤 4

步骤 5 取下静铁芯缓冲绝缘纸片、静铁芯、静铁芯支架及缓冲弹簧。

步骤 6 拔出线圈接线端的弹簧夹片，取出线圈。

步骤 7 取出反力弹簧。如图 2—3a 所示。

步骤 8 抽出动铁芯和支架。在支架上拔出动铁芯的定位销。

步骤 9 取下动铁芯及缓冲绝缘纸片。

步骤 10 拆卸完各部件，仔细观察各零部件的结构特点，并做好记录。如图 2—3b 所示。

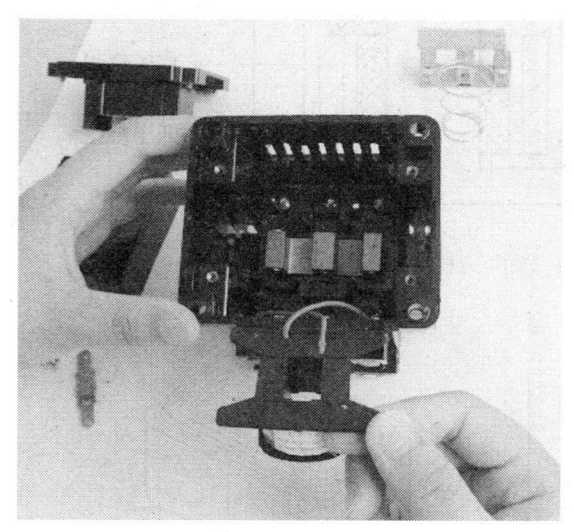

a）

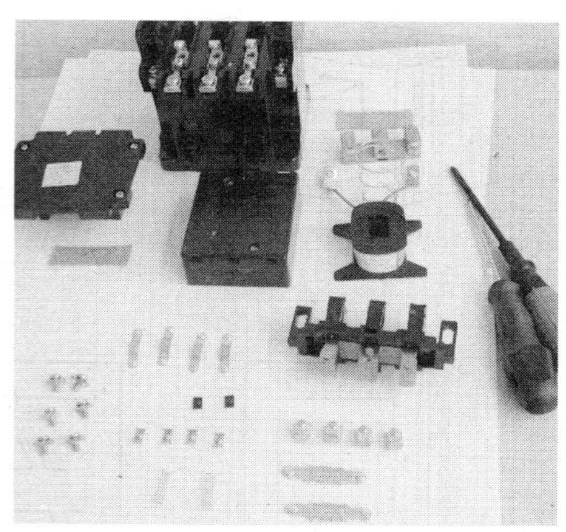

b）

图 2—3 接触器的拆卸步骤（二）
a）步骤 5、6、7 b）步骤 8、9、10

步骤 11 装配还原步骤按拆卸的逆序进行。

步骤 12 对装配好的接触器进行检查、调试和试验。

5. 接触器拆装注意事项

（1）选取典型的接触器，记录其名称、型号。

（2）查阅相关教材、手册等资料，了解接触器的结构特点和技术指标。

（3）根据接触器的结构特点，选择适当的拆装工具。

（4）从外到内将接触器的零部件一一拆卸，并按顺序观察、辨别、标识并记录。注意拆除零件时，一方面要选择合适的旋具，用力均匀，防止滑丝；另一方面还要防止弹簧、垫片、螺钉的弹跳，以免丢失。

（5）拆完后，观察每一个零部件，并记录其结构特点。

（6）按拆卸的逆序将已经拆开的零部件重新装配，装配时要注意使各个部件装配到位，动作灵活。

二、变压器的结构、原理及同名端的识别

1. 单相变压器的结构

变压器的主要部分是铁芯以及绕在铁芯上的高压绕组和低压绕组。

（1）铁芯

铁芯构成了变压器的磁路。铁芯由薄硅钢片叠成，并由铁芯柱和铁轭两部分构成。铁芯包围绕组的变压器称为壳式变压器，如图 2—4 所示，这类变压器的机械强度好，铁芯易散热。

铁芯叠片的形式根据变压器容量大小有所不同，小型变压器为了简化工艺和减小气隙，常采用 E 字形、F 字形或 C 字形硅钢片交替叠压而成，如图 2—5 所示。

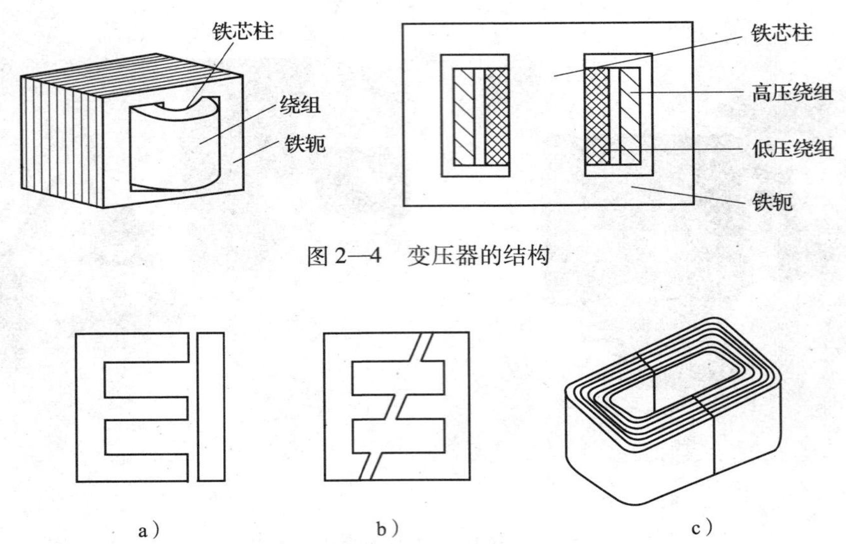

图 2—4　变压器的结构

图 2—5　小型变压器铁芯的硅钢片

a）E 字形　b）F 字形　c）C 字形

（2）绕组

绕组是变压器的电路部分，绕组由漆包线绕制而成。

2. 单相变压器的工作原理

与电源相连的绕组称为一次绕组简称为原边（匝数用 N_1 表示），与负载相连的绕组称为二次绕组简称为副边（匝数用 N_2 表示）。根据副边是否连接负载，变压器可分为空载运行和负载运行。为了分析方便，把忽略绕组直流电阻、铁芯损耗、漏磁通和磁饱和影响的变压器称为理想变压器。

（1）变压器空载运行

变压器空载运行是指变压器原边接电源，副边不接负载的状态。当原边与交流电源 u_1 接通时便有电流 i_0 流过一次绕组，在铁芯中产生主磁通 Φ_m，从而在一次绕组、二次绕组中分别产生感应电动势 e_1 和 e_2，如图 2—6 所示。u_1 与 i_0 的参考方向一致，i_0、e_1、e_2 的参考方向与 Φ_m 的参考方向之间符合右手螺旋法则。

1）空载电流 i_0

变压器空载运行时流过原边的电流称为空载电流，理想变压器的空载电流主要产生铁芯中的磁通，所以空载电流也称为空载励磁电流。

2）电压和感应电动势的关系

因为理想变压器不考虑绕组的直流电阻和铁芯的损耗，所以原边的电压平衡方程式为：

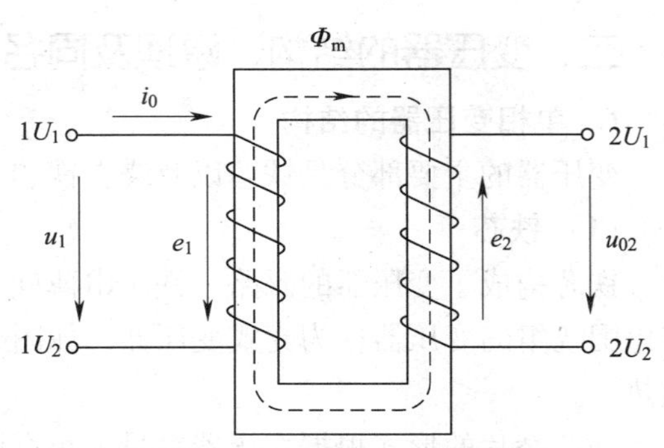

图 2—6　理想变压器空载运行

$$\dot{U}_1 = -\dot{E}_1$$

上式说明原边中的感应电动势等于电源电压大小，即 $U_1 = E_1$；在相位上，$\dot{E}_1$ 与 $\dot{U}_1$ 反相位，也称为反电动势。

二次绕组的电压为 $\dot{U}_{02}$，由于二次绕组空载时无电流输出，所以二次绕组的电压平衡方程式为：

$$\dot{U}_{02} = -\dot{E}_2$$

上式说明二次绕组输出电压大小等于感应电动势，即 $U_{02} = E_2$；并且 $\dot{E}_2$ 与 $\dot{U}_{02}$反相位。

3）感应电动势的大小

根据电磁感应定律可推导出变压器一次绕组、二次绕组中感应电动势大小分别为：

$$E_1 = 4.44 f N_1 \Phi_m$$
$$E_2 = 4.44 f N_2 \Phi_m$$

式中　E——感应电动势有效值，V；

f——磁通变化的频率，Hz；

Φ_m——主磁通的幅值，Wb。

上式表示感应电动势的大小与磁通变化的频率 f、绕组匝数 N 及铁芯中的主磁通的幅值 Φ_m成正比。

4）变压比 K

变压比的定义是变压器一次绕组电源电压与二次绕组输出电压之比。

因为 $U_1 = E_1 = 4.44 f N_1 \Phi_m$，$U_2 = E_2 = 4.44 f N_2 \Phi_m$，所以

$$K = \frac{U_1}{U_2} = \frac{N_1}{N_2}$$

上式说明绕组的电压与匝数成正比，在一次绕组匝数不变的情况下，只要改变二次绕组的匝数就能改变输出电压的数值，这就是变压器的变压原理。

（2）变压器负载运行

变压器负载运行是变压器一次绕组接电源，二次绕组接负载 Z 的工作状态，如图 2—7 所示，二次绕组电流 $\dot{I}_2$流过负载 Z，此时一次绕组电流从空载电流 $\dot{I}_0$增加到 $\dot{I}_1$。如果负载阻抗变化，则 $\dot{I}_2$变化，$\dot{I}_1$也随之变化。换句话说，变压器二次绕组所消耗的功率增加（减少）时，一次绕组从电源处取得的功率也随着增加（减少）。

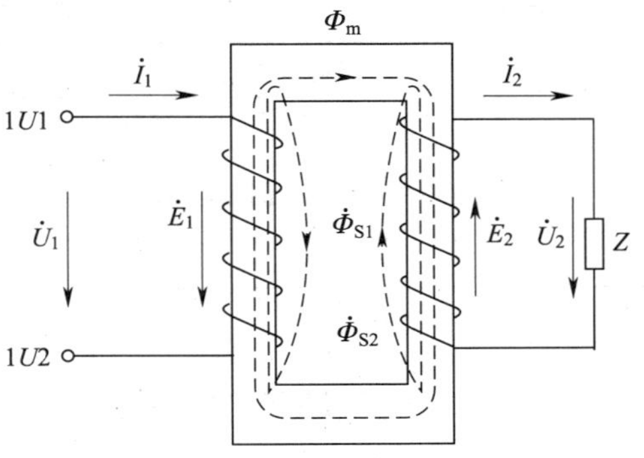

图 2—7　理想变压器负载运行

对于理想变压器来说，一次绕组与二次绕组的视在功率相等，即

$$S_1 = S_2$$
$$U_1 I_1 = U_2 I_2$$

$$\frac{I_1}{I_2}=\frac{U_2}{U_1}=\frac{N_2}{N_1}=\frac{1}{K}$$

上式说明变压器也具有改变电流作用，其一次绕组与二次绕组电流有效值之比等于变压比的倒数。在功率一定时，绕组电流与绕组电压成反比，即高压绕组电流小，低压绕组电流大。

（3）同名端

变压器同一铁芯上的不同绕组，在同一磁势作用下，产生相同极性电动势的出线端，称为变压器的同名端。

3. 单相变压器的额定值

（1）额定电压 U_{1N}/U_{2N}

U_{1N}是指变压器一次绕组的额定电压；U_{2N}是指一次侧加额定电压时，二次侧的开路电压，即 U_{02}。单位为 V。

（2）额定电流 I_{1N}/I_{2N}

I_{1N}/I_{2N}是指变压器一次、二次绕组连续运行所允许通过的电流，即在规定的环境温度和冷却条件下允许的满载电流值。单位为 A。

（3）额定容量 S_N

S_N是指变压器的视在功率，表示变压器在额定条件下的最大输出功率。单相变压器额定容量 $S_N=U_{2N}I_{2N}$，单位为 V · A。

（4）额定频率 f_N

f_N是指变压器的电源频率，我国规定额定频率为 50 Hz。

对于常用单相变压器，其一次侧电压多为 220 V（家用电器）或 380 V（工厂电器），二次侧电压多为 9 ~ 36 V，称为降压变压器。有的进口设备要求电源电压为 110 V，可使用 220 V/110 V 的降压变压器。对于降压变压器来说，其一次侧电流小，二次侧电流大，所以一次绕组线径较细，二次绕组线径较粗，可以此来分辨一次、二次绕组。

4. 单相变压器的常见故障及原因

单相变压器的常见故障及原因见表 2—6 所示。

表 2—6　　单相变压器的常见故障及原因

故障现象	故障原因
接通电源后，二次侧无电压输出	1. 电源开路 2. 一次绕组开路或引线脱焊 3. 二次绕组开路或引线脱焊
温升过高甚至冒烟	1. 绕组匝间短路 2. 硅钢片间绝缘短路 3. 铁芯叠片厚度不足或绕组匝数偏少 4. 负载过大或输出电路短路

续表

故障现象	故障原因
运行中有较大响声	1. 铁芯未插紧 2. 电源电压过高 3. 负载过大或短路引起振动
铁芯外壳带电	1. 一次或二次绕组对地短路，或一、二次绕组与静电屏蔽层间短路 2. 绕组对铁芯或外壳短路 3. 引出线裸露部分碰触铁芯或外壳 4. 绕组受潮或环境温度过高使绕组局部漏电

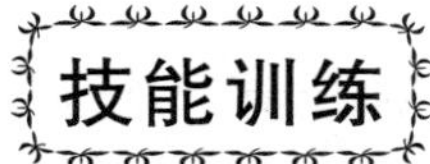

变压器同名端的辨别

1. 训练目标

（1）能用直流法分辨变压器的同名端。

（2）能用交流电压法分辨变压器的同名端。

2. 器材准备

准备内容见表 2—7。

表 2—7　　准备内容

序号	名称	规格型号	数量	备注
1	单相电源变压器	任意	1 台	
2	万用表	MF－47	1 块	
3	电池	1 号干电池	1 节	配电池盒
4	24 V 交流电源		1 台	
5	导线		若干	
6	电工工具包		1 套	

3. 操作步骤

（1）直流法

步骤 1　按图 2—8 所示连接绕组、万用表、开关和电池，将万用表挡位打在直流电压低挡位，如 5 V 以下或者直流电流的低挡位（如 5 mA）。

步骤 2 当接通 S 的瞬间，表针正向偏转，则万用表的正极、电池的正极所接的为同名端，即 1 和 3 为同名端。

步骤 3 如果表针反向偏转，则万用表的正极、电池的负极所接的为同名端，即 1 和 4 为同名端。

注意：断开 S 时，表针会摆向另一方向；S 不可长时间接通。

（2）交流电压法

步骤 1 对单相变压器的一次、二次绕组进行连线，如图 2—9 所示。

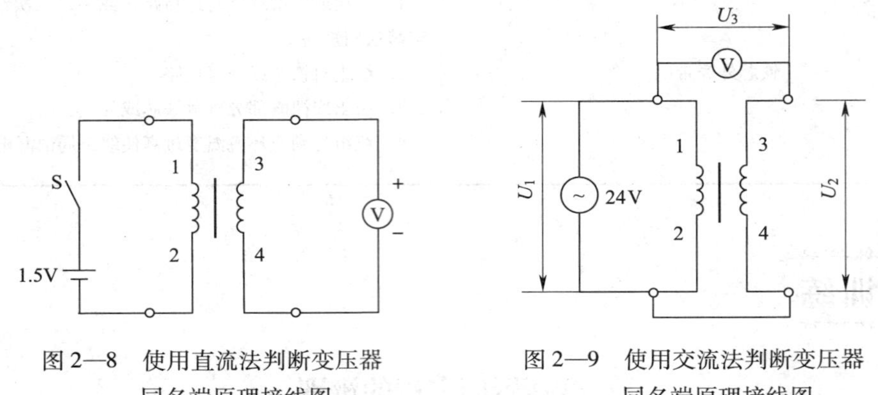

图 2—8 使用直流法判断变压器同名端原理接线图

图 2—9 使用交流法判断变压器同名端原理接线图

步骤 2 在它的一次侧加适当的交流电压，分别用电压表测量一次侧和二次侧的电压 U_1、U_2，以及 1、3 之间的电压 U_3。

步骤 3 如果 $U_3 = U_1 + U_2$，则相连的线头 2、4 为异名端，1、4 为同名端，2、3 也是同名端。如果 $U_3 = U_1 - U_2$，则相连的线头 2、4 为同名端，1、4 为异名端，1、3 也是同名端。

三、电动机的结构、原理及拆装维修

1. 三相异步电动机的基本结构

三相交流异步电动机主要由定子（固定部分）和转子（旋转部分）两大部分构成。定子和转子之间的气隙一般为 0.25 ~ 2 mm。三相交流异步电动机的构件分解如图 2—10 所示。

（1）定子

电动机的固定部分称为定子，包括机座、定子铁芯和定子绕组等部件。定子铁芯由硅钢片叠压成圆筒，片与片之间涂有绝缘漆以减少涡流损耗和磁滞损耗，定子铁芯和转子铁芯共同构成电动机的磁路。定子铁芯内圆周表面有均匀分布的槽，用于嵌放定子绕组。机座、定子铁芯与三相定子绕组如图 2—11 所示。

定子绕组的作用是通入三相交流电流，产生旋转磁场，它是定子中的电路部分。异步电动机的定子绕组通常采用高强度的漆包线绕制而成，分为三相，即 U 相、V 相和 W 相。它们分布在定子铁芯槽内，彼此相隔 120°电气角度。

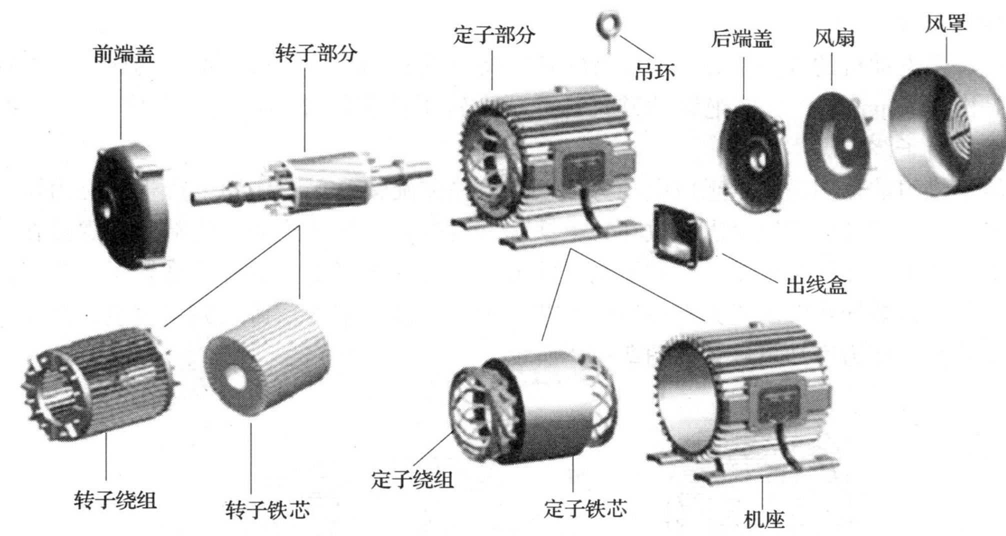

图 2—10 三相交流异步电动机构件分解图

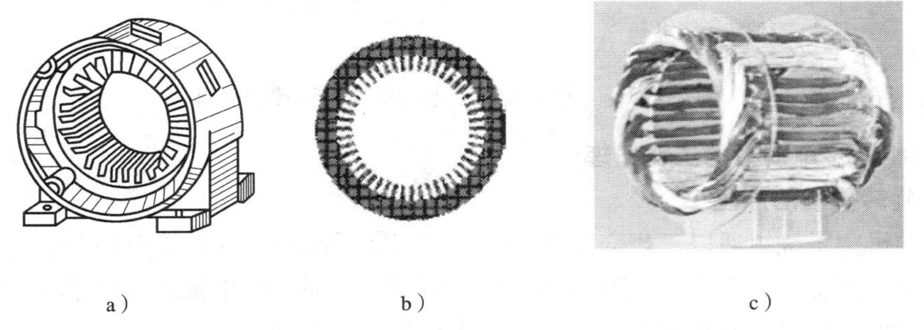

图 2—11 三相交流异步电动机定子结构
a）三相交流异步电动机的机座 b）定子铁芯 c）三相定子绕组

三相定子绕组分别引出 6 个端子接在电动机外壳的接线盒里，其中 U1、V1、W1 为三相绕组的首端，U2、V2、W2 为三相绕组的末端。三相定子绕组根据电源电压和绕组额定电压连接成Y（星）形或△（三角）形，三相绕组的首端接三相交流电源，如图 2—12 所示。

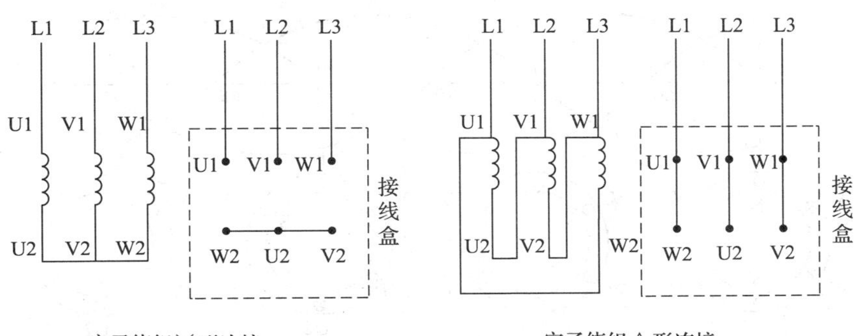

图 2—12 三相交流异步电动机的定子绕组连接方式

(2) 转子

转子是电动机的旋转部分，主要有转轴、转子铁芯和转子绕组等部件构成。转子铁芯一般是由 0. 5 mm 厚、表面绝缘的硅钢片叠成，转子铁芯的外圆周表面有均匀分布的槽，用来嵌放转子绕组。

转子绕组的作用是产生感应电动势和电流，并在旋转磁场的作用下产生电磁力矩而使转子转动。笼型转子绕组是由嵌放在转子铁芯槽内的若干铜条构成，两端分别焊接在两个短接的端环上。如果去掉铁芯，转子绕组的形状就像一个鼠笼，故称笼型转子。为了简化制造工艺，目前异步电动机大都在转子铁芯槽中直接浇铸铝液，铸成笼型绕组，并在端环上铸出叶片，作为冷却风扇，如图 2—13 所示。

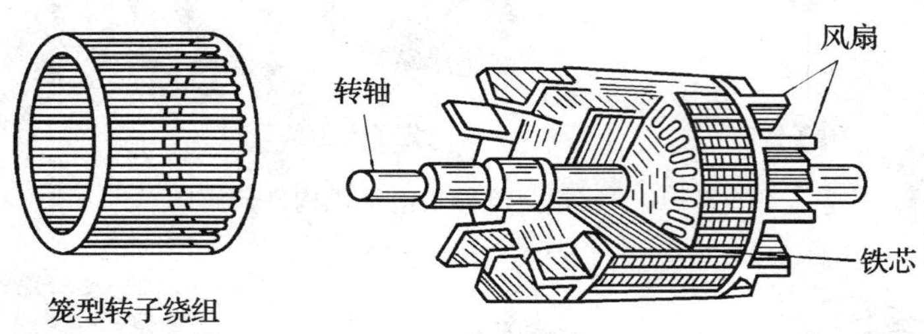

图 2—13　三相交流异步电动机的笼型转子绕组

2. 三相异步电动机的工作原理

(1) 旋转磁场的产生

当电动机定子绕组通以三相交流电流时，三相定子绕组中的电流都将产生各自的磁场。由于电流随时间变化，其产生的磁场也将随时间变化，而三相电流产生的总磁场（合成磁场）是在空间旋转的，故称旋转磁场。下面来讨论旋转磁场的产生。

U1、V1、W1 和 U2、V2、W2 分别代表三相定子绕组的首端和末端。三相定子绕组的末端接到一起，首端 U1、V1、W1 接在三相对称交流电源上，绕组内便通入三相对称交流电流 i_u、i_v、i_w，三相交流电流在转子空间产生的磁场如图 2—14 所示。

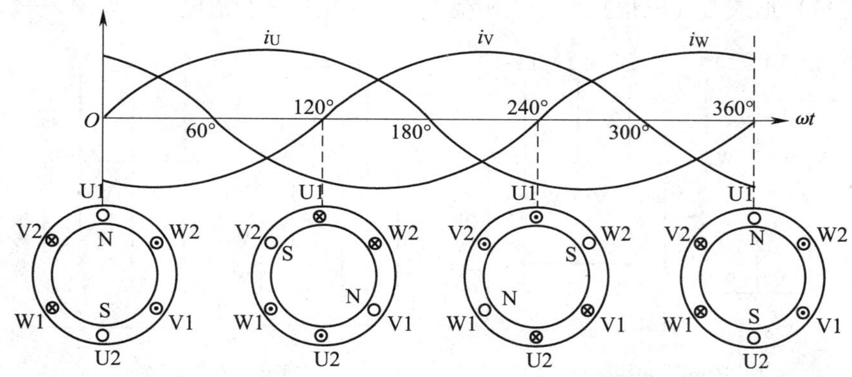

图 2—14　转子空间旋转磁场的变化

当电流从 $t=0°$ 变化到 $t=120°$ 时，磁场在空间旋转了 120°。三相交流电流变化一个周期，2 极（1 对磁极）旋转磁场旋转 360°，即正好旋转 1 圈。若电源频率 $f=50$ Hz，则旋转磁场每分钟转速 $n_s=60f=60\times50=3\ 000$ r/min。当旋转磁场具有 4 极即 2 对磁极时，其转速仅为 1 对磁极时的一半，即 $n_s=60f/2=60\times50/2=1\ 500$ r/min。所以，旋转磁场的转速与电源频率和旋转磁场的磁极对数有关。当旋转磁场具有 p 对磁极时，旋转磁场的转速为：

$$n_s=\frac{60f}{p}$$

式中　n_s——旋转磁场的转速，r/min；

f——交流电源的频率，Hz；

p——电动机定子绕组的磁极对数。

(2) 三相异步电动机的转动原理

当电动机的三相定子绕组通入三相交流电流时，产生旋转磁场 n_s，此时转子为静止状态，所以转子导体作切割磁力线的相对运动，在闭合的转子导体中产生感应电动势和感应电流，感应电流的方向可用右手定则判别：上部转子导体中感应电流方向为流出纸面，下部转子导体中感应电流方向为流入纸面，如图 2—15 所示。

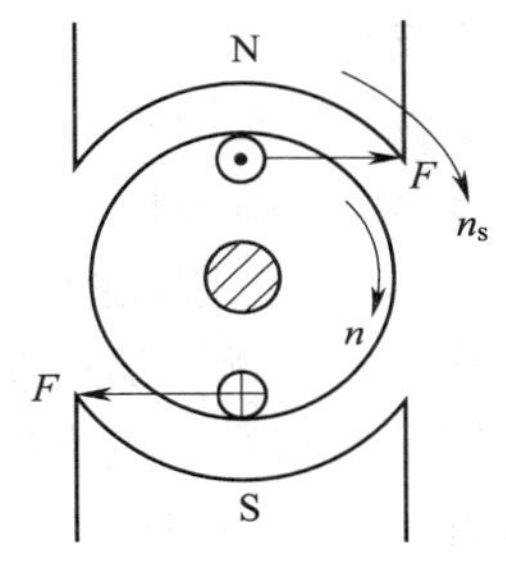

图 2—15　三相异步电动机的转动原理图

通有感应电流的转子导体在磁场中受到磁场力的作用，于是，转子在电磁力产生的电磁转矩作用下与旋转磁场同方向旋转。

(3) 转差率

转子的转速始终小于旋转磁场的转速，这就是异步电动机名称的由来。通常将旋转磁场的转速 n_s 与转子转速 n 的差和旋转磁场的转速 n_s 之比称为转差率，即

$$s=\frac{n_s-n}{n_s}$$

转差率是分析三相交流异步电动机工作特性的重要参数。电动机启动瞬间，$s=1$，转差率最大，启动过程中转差率越来越小。额定转差率很小，通常为 0.015 ~ 0.06 之间。

电动机的转速 n 与电源频率 f、磁极对数 p 和转差率 s 的关系式为：

$$n=\frac{60f}{p}(1-s)$$

(4) 三相异步电动机的反转

电动机转子的转动方向与旋转磁场的方向相同，如果需要改变电动机转子的转动方向，必须改变旋转磁场的方向。旋转磁场的方向与通入定子绕组的三相交流电流的相序有关，因此，将定子绕组接入三相交流电源的导线任意对调两根，则旋转磁场改变转向，电动机也随之反转。

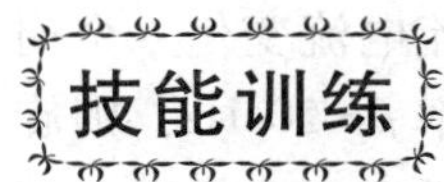

电动机的结构、原理及拆装维修实训操作

1. 训练目标

（1）能判断三相交流异步电动机绕组的头尾。

（2）能拆装和保养 10 kW 以下三相交流异步电动机。

2. 器材准备

三相异步电动机、电池、万用表、兆欧表、连接导线、电工工具包、拆卸工具等。

3. 操作内容及步骤

（1）判别三相交流异步电动机绕组的头尾

方法一

步骤 1 先用兆欧表或万用表电阻挡分别找出三相定子绕组的各相两个线头。

步骤 2 给各相绕组假设编号为 U1，U2；V1，V2；W1，W2。

步骤 3 把假设的 U1、V1、W1 接在一起，U2、V2、W2 也接在一起，用万用表（调到微安挡上）测量这两个线头。用手转动电动机转子，如万用表（微安挡）指针不动，则证明假设的编号是正确的；若指针有偏转，说明其中有一相首末端假设编号不对，应逐相对调重测，直至正确为止。如图 2—16 所示。

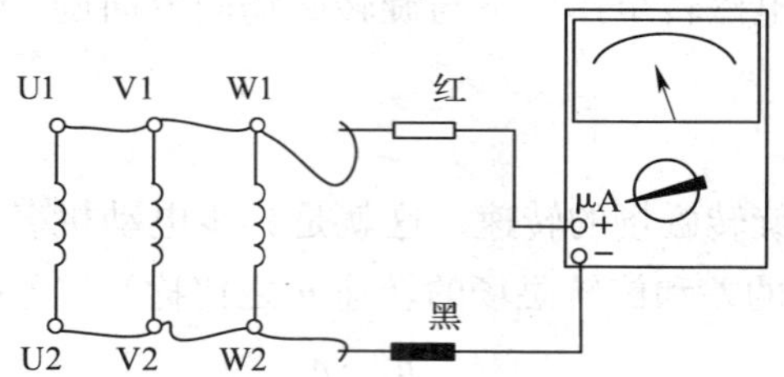

图 2—16 直流法判断绕组的头尾（方法一）

方法二

步骤 1 先分清三相绕组各相的两个线头，并进行假设编号，再把电池的正极接 U1，负极通过开关接 U2，将万用表的正极表笔接 W1，负极表笔接 W2。

步骤 2 接通瞬间，特别关注万用表（微安挡）指针摆动方向，如果指针向正方向偏转，则接电池正极的线头与万用表正极所接的线头为同名端（同为首端或末端）。如果指针向负方向偏转，则电池正极所接的线头与万用表负极所接的线头为同名端。

步骤 3 将电池接另一相两个线头进行测试，就可正确判别出各相的首末端。如图 2—17 所示。

（2）拆装 10 kW 以下三相交流异步电动机

1）三相异步电动机的拆卸

①拆卸前的准备

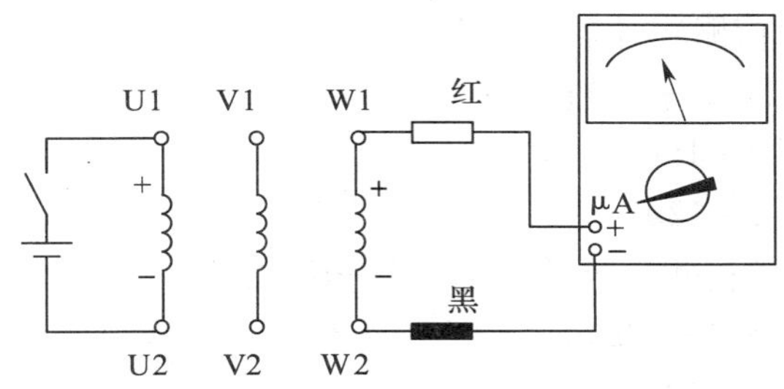

图 2—17　直流法判断绕组的头尾（方法二）

a. 准备好拆卸工具，特别是拉具、套筒等专用工具。

b. 选择和清理拆卸现场。

c. 熟悉待拆电动机结构及故障情况。

d. 做好相应记录和标记。在线头、端盖、刷握等处做好标记；记录好联轴器或带轮与端盖之间的距离。

e. 拆除电源线和保护接地线，测定并记录绕组对地绝缘电阻。

f. 把电动机拆离基础，搬至修理拆卸现场。

②拆卸步骤

中小型异步电动机的拆卸步骤如图 2—18 所示。

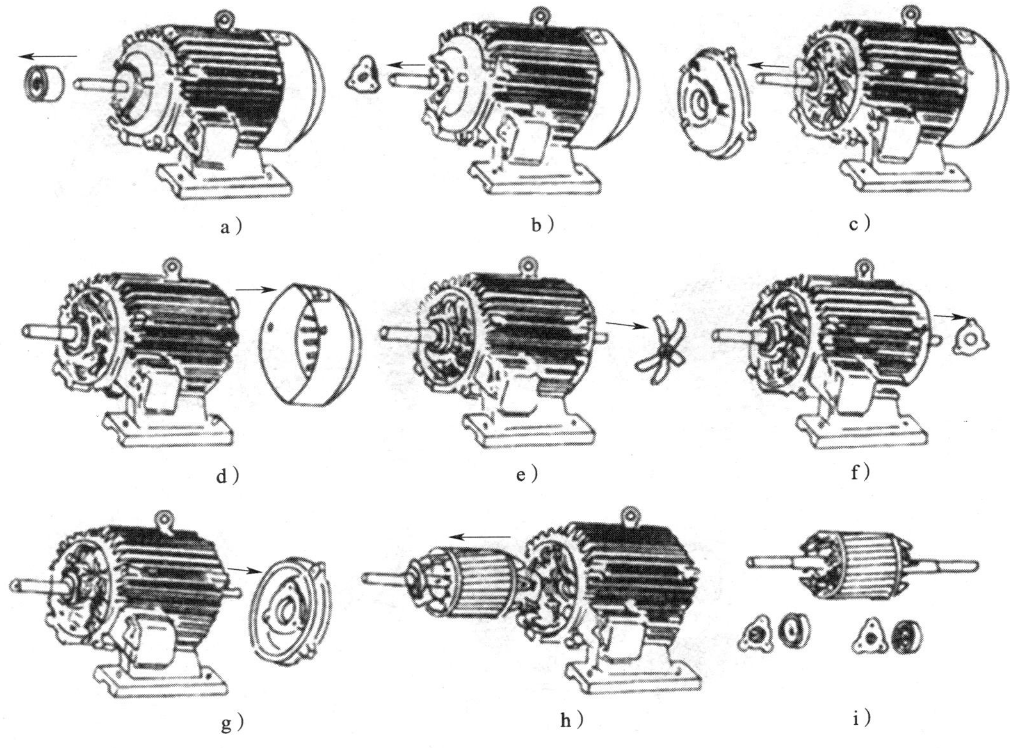

图 2—18　电动机拆卸步骤（一）

a. 从电机轴上拆下皮带轮或联轴器（见图 2—18a）；

b. 拆掉前轴承（负荷侧）外盖（见图 2—18b）；

c. 拆下前端盖（见图 2—18c）；

d. 拆下风罩（见图 2—18d）；

e. 拆下风扇（见图 2—18e）；

f. 拆下后轴承（非负荷侧）外盖（见图 2—18f）；

g. 拆下后端盖（见图 2—18g）；

h. 抽出转子（见图 2—18h）；

i. 拆下转子上前、后轴承和前、后轴承内盖（见图 2—18i）。

当电机容量很小或电动机端盖与机座配合很紧不易拆下时，可考虑用图 2—19 的步骤拆卸。

a. 拆下风扇罩（见图 2—19a）；

b. 拆掉风扇（见图 2—19b）；

c. 拆下前轴承盖上的螺钉，取下前轴承外盖。并拆下后端盖紧固螺栓（见图 2—19c）；

d. 用木榔头（或在轴的前端垫上硬木、软金属块）敲，使后端盖与机座脱离（见图 2—19d）；

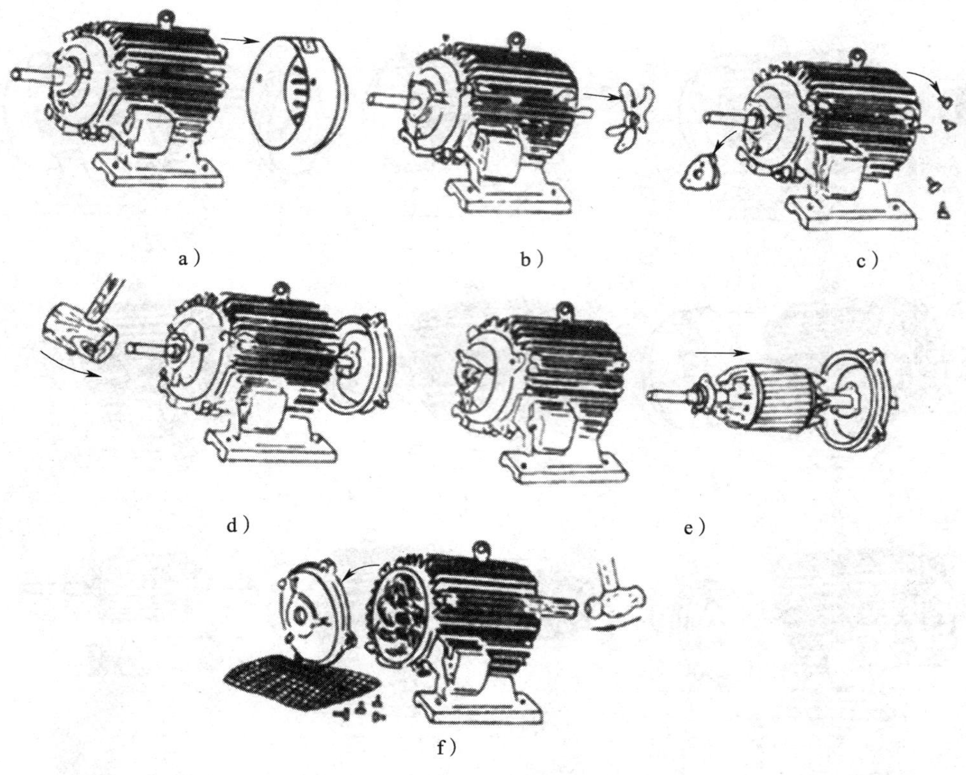

图 2—19 电动机拆卸步骤（二）

e. 把后端盖连同转子一同抽出机座（见图 2—19e）；

f. 拆下前端盖紧固螺钉，用长木方或软金属条穿过定子铁芯，顶住前端盖外沿，把前端盖敲出（见图 2—19f）。

③主要部件的拆卸方法

a. 皮带轮、联轴器的拆卸

皮带轮（联轴器）常采用专用工具——拉具来拆卸。拆卸前，标出皮带轮正、反面，记下皮带轮（联轴器）在轴上的位置，作为安装时的依据。拆掉皮带轮上固定螺钉和销子后，用拉具钩住皮带轮边缘，搬动丝杠，把它慢慢拉下，如图 2—20 所示。操作时，拉钩要钩地对称，两钩受力一致，使主螺杆与转轴中心重合，有时还用金属丝把两拉杆捆在一起，以防滑脱。旋动螺杆时，注意保持两臂平衡，均匀用力。

b. 端盖的拆卸

拆卸端盖前应先检查紧固件是否齐全，端盖是否有损伤，并在端盖与机座接合处做好对正记号，接着拧下前、后轴承盖螺丝，取下前、后轴承外盖。再卸下前、后端盖紧固螺丝。如系大、中型电动机，可用端盖上的顶丝均匀加力，将端盖从机座止口中顶出。没有顶丝孔的端盖，可用撬棍或螺丝刀在周围接缝中均匀加力，将端盖撬出止口，如图 2—21 所示。若是拆卸小型电动机，通常也按图 2—18 的方法拆卸较为稳妥。但若容量很小，双手容易搬动的，可以在前、后轴承盖和端盖螺丝全部拆掉后，双手抱住电动机，使其竖立，轴头向下，利用电动机自身重力，在垫有厚木板的地面上轻轻一触，就可松脱端盖。

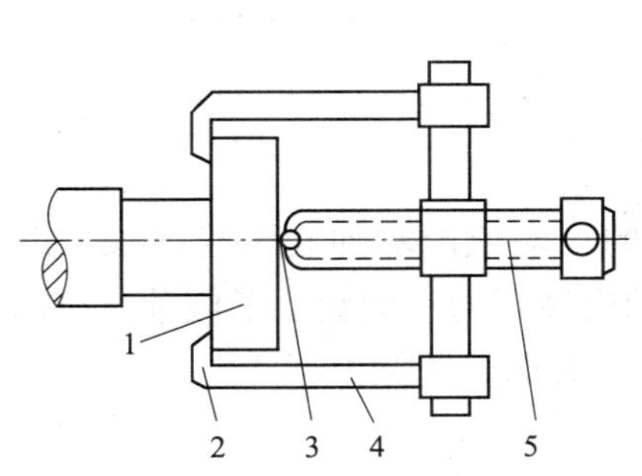

图 2—20　用拉具拆卸皮带轮

1—连接件　2—钩爪　3—钢珠

4—拉杆　5—主螺杆

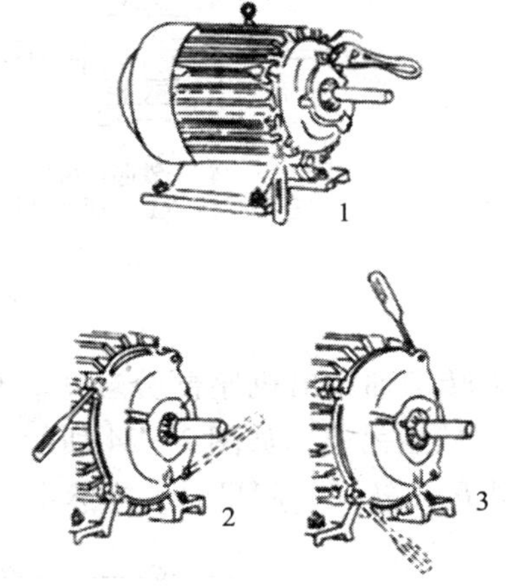

图 2—21　用螺丝刀撬开端盖

拆卸较重的端盖，在拆卸前必须用吊车或其他起重设备将端盖吊好再拆，否则容易破坏端盖或碰伤其他机件，甚至伤及操作人员。

c. 抽出转子

在抽出转子前，应在转子下面气隙和绕组端部垫上厚纸板，以免抽出转子时碰伤铁芯和绕组，对于 30 kg 以内的转子，可以直接用手抽出，如图 2—22 所示。较大的电机，如果转子轴两端伸出机座部分足够长，可像图 2—23 那样，用起重设备吊出。起吊时，应注意保护轴颈、定子绕组和转子铁芯风道。

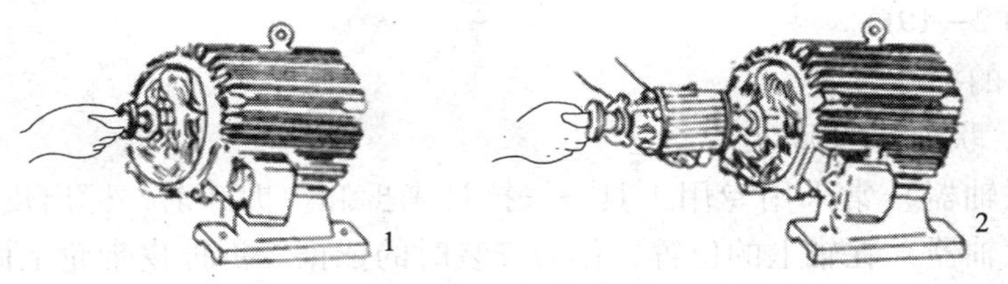

图 2—22　小型电动机转子的抽出

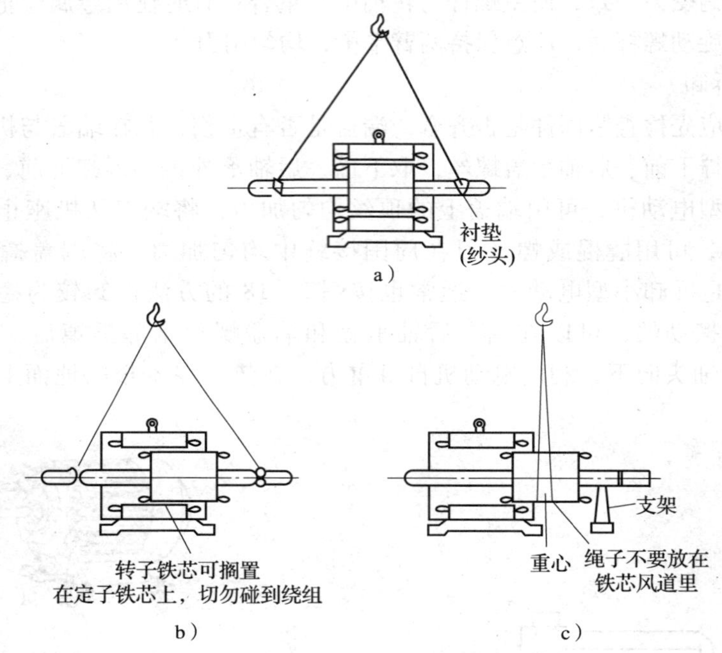

图 2—23　抽出较大转子

如果转子轴伸出机座部分较短，可在转子轴的一端或两端加套钢管接长，形成所谓“假轴”，然后吊出，如图 2—24 所示，图中在电动机转子的一侧套上了假轴。按图中的方法分两步吊出转子，起吊时，当然也要注意对电动机各部分的保护。

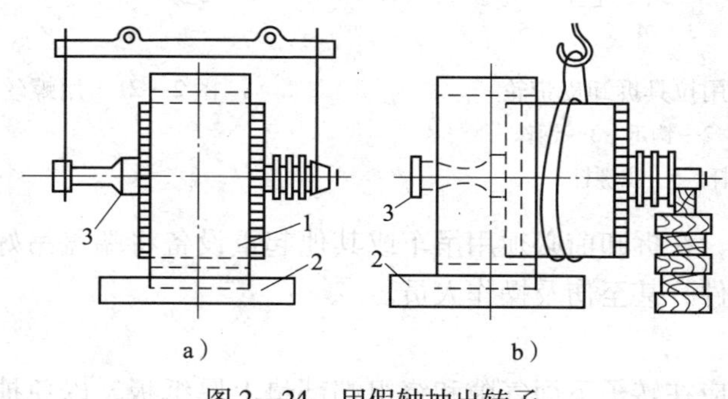

图 2—24　用假轴抽出转子

1—机座　2—地脚　3—假轴

d. 轴承的拆卸

轴承的拆卸常遇到两种情况：一种是在转轴上拆卸，另一种是在端盖内拆卸。下面分述这两种情况下的轴承拆卸工艺。如图 2—25、图 2—26 及图 2—27 所示。

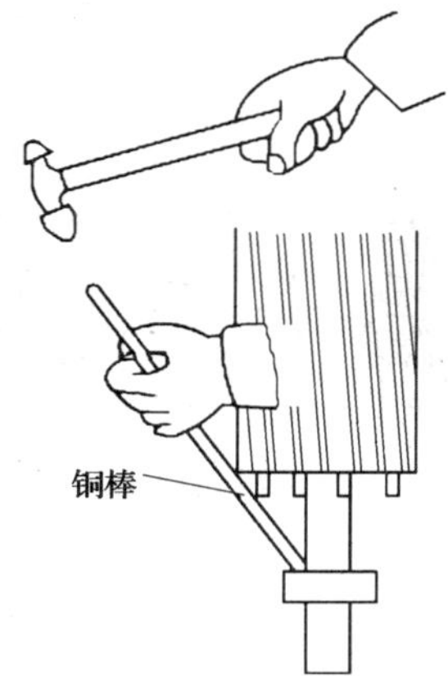

图 2—25　用铁榔头及铜棒敲打轴承示意图

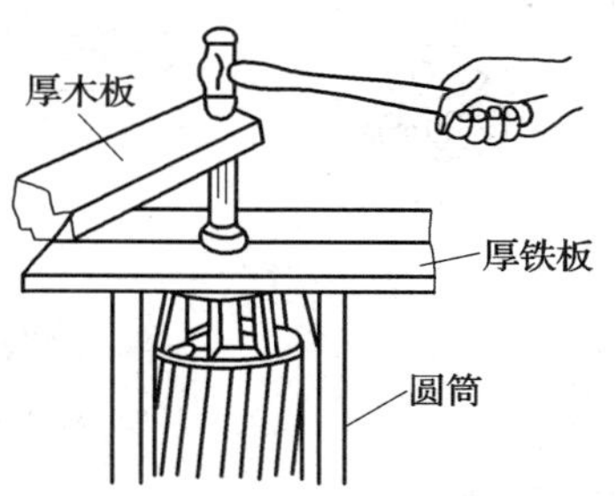

图 2—26　用铁板、圆筒支撑敲打轴端拆卸轴承示意图

2）三相异步电动机的装配

①装配前的准备

a. 认真检查装配工具是否齐备、场地是否清洁。

b. 彻底清扫定、转子内部表面的尘垢，最后用汽油沾湿的棉布擦拭（汽油不能太多，以免浸入绕组内部破坏绝缘）。

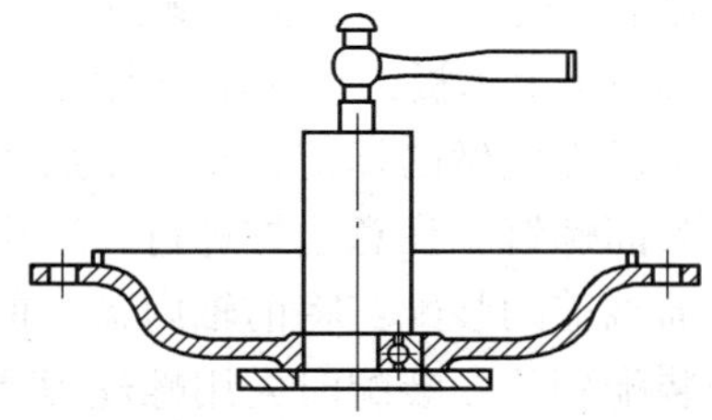

图 2—27　拆卸端盖内孔轴承

c. 用灯光检查气隙、通风沟、止口处和其他空隙有无杂物和漆瘤，如有，必须清除干净。

d. 检查槽楔、绑扎带、绝缘材料是否松动脱落，有无高出定子铁芯内表面的地方，如有，应清除干净。

e. 检查各相绕组冷态直流电阻是否基本相同，各相绕组对地绝缘电阻和相间绝缘电阻是否符合要求。

②装配步骤

原则上按拆卸的相反步骤进行。

③主要零、部件的装配方法

a. 滚动轴承的装配

装配前应检查轴承滚动件是否转动灵活而又不松旷，再检查轴承内圈与轴、外圈与端盖轴承孔之间的公差和光洁度是否符合要求。

在轴承中按其总容量的 1/3～2/3 的容积加足润滑油。注意：润滑油加得过多，会导致运转中轴承发热。

将内轴承盖加足润滑油先套入轴内，然后再装轴承。为使轴承内圈受力均匀，应用一根内径比转轴外径略大而比轴承内圈略小的套筒抵住轴承内圈，将轴承敲打到位，如图

2—28a 所示。若一时找不到套筒，可用软铁条抵住轴承内圈，在圆周上均匀敲打，使其到位，如图 2—28b 所示。若轴与轴承配合过紧，可将轴承加热到 100℃左右，趁热迅速套上轴颈。安装轴承时，标号必须向外，以便下次更换时查对轴承型号。

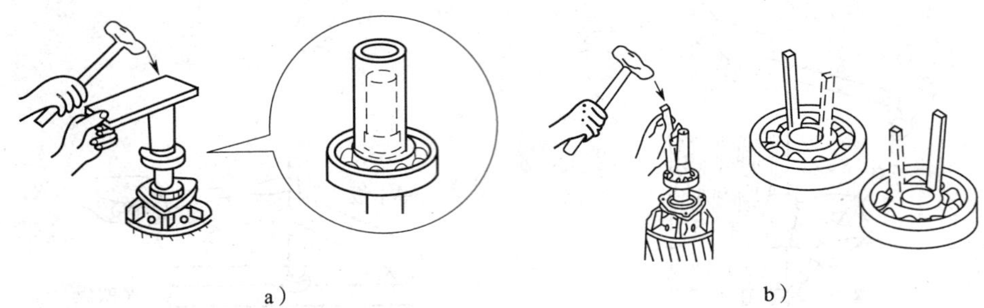

图 2—28　轴承安装
a）套管安装法　b）铁条安装法

b. 端盖的装配

后端盖的装配：按拆卸前做的记号，转轴短的一端是后端。后端盖的突耳外沿有固定风叶外罩的螺丝孔。装配时将转子竖直放置，将后端盖轴承座孔对准轴承外圈套上，然后一边使端盖沿轴转动，一边用木榔头敲打端盖的中央部分，如图 2—29 所示。如果用铁锤，被敲打面必须垫上木板，直到端盖到位为止，再套上后轴承外盖，旋紧轴承盖紧固螺钉。

按拆卸所做的标记，将转子放入定子内腔中，合上后端盖。按对角交替的顺序拧紧后端盖紧固螺钉。注意边拧螺钉，边用木榔头在端盖靠近中央部分均匀敲打，直至到位。

前端盖的装配：将前轴内盖与前轴承按规定加好润滑油，参照后端盖的装配方法将前端盖装配到位。装配时先用螺丝刀清除机座和端盖止口上的杂物，然后装入端盖，按对角顺序上紧螺栓，具体步骤如图 2—30 所示。进一步装配轴承外盖时，前轴承内盖螺孔与前端盖的孔是否对准，无法看见，影响前轴承外盖的装配。为解决这一问题，可用两种方法：一种是试探法，另一种是利用吊紧螺丝的方法，如图 2—31 所示。

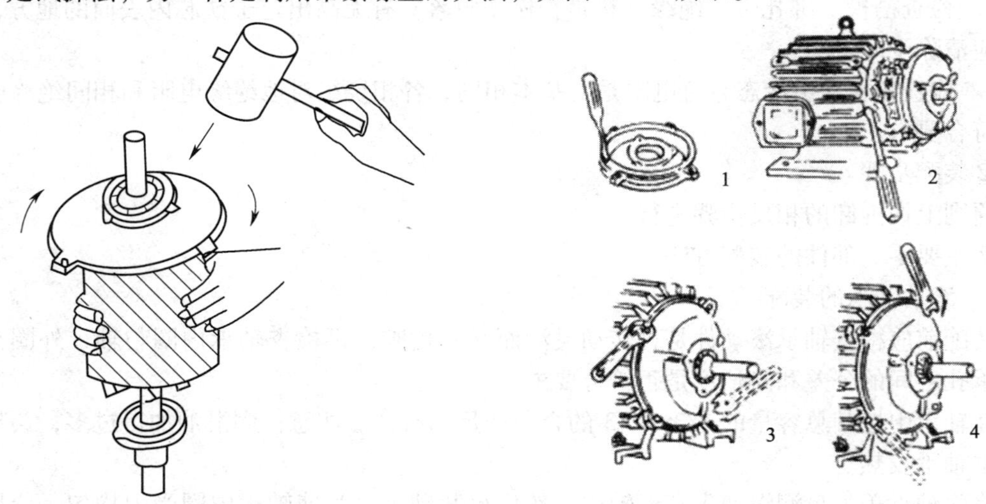

图 2—29　后端盖的装配

图 2—30　前端盖装配步骤

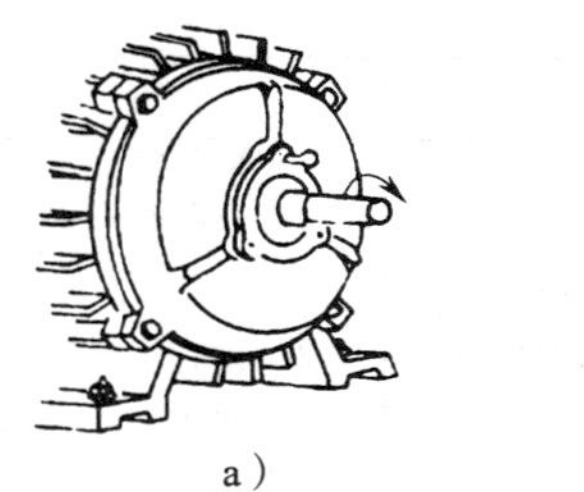
a）

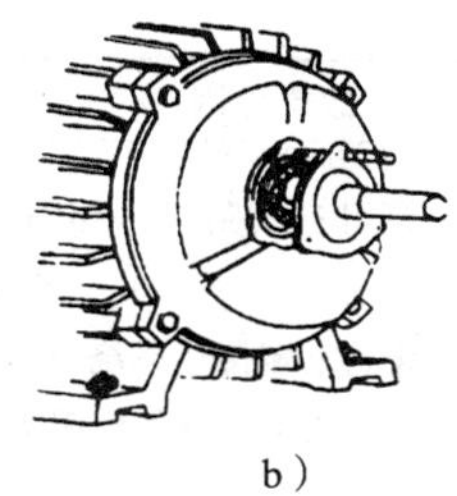
b）

图 2—31　轴承外盖的装配法

a）用试探法装配前轴承的内外盖　b）利用吊紧螺丝装配前轴承的内外盖

3）装配后的检验

①检查电动机的转子转动是否轻便灵活，如转子转动比较沉重，可用纯铜棒敲端盖，同时调整端盖紧固螺栓的松紧程度，使之转动灵活。检查绕线转子电动机的刷握位置是否正确，电刷与集电环接触是否良好，电刷在刷握内是否卡死，弹簧压力是否均匀等。

②检查电动机的绝缘电阻，摇测电动机定子绕组中相与相之间、各相对地之间的绝缘电阻。对于绕线转子异步电动机，还应检查各相转子绕组间及对地间的绝缘电阻。

③根据电动机的铭牌与电源电压正确接线，并在电动机外壳上安装好接地线，用钳形电流表分别检测三相电流是否平衡。

④用转速表测量电动机的转速。

⑤让电动机空转运行 0.5 h 后，检测机壳和轴承处的温度，观察振动和噪声。对于绕线转子电动机，在空载时，还应检查电刷有无火花及过热现象。

（3）三相异步电动机的维修

三相异步电动机在生产现场大量使用，这些电动机通过长期的运行，会发生各种故障。及时判断故障原因、进行相应处理，是防止故障扩大、保证设备正常运行的重要工作。表 2—8 中，列出了三相异步电动机的常见故障现象、故障原因和排除方法，供分析处理故障时参考。

表 2—8　　三相异步电动机常见故障和排除方法

故障现象	故障原因	排除方法
通电后电动机不能转动，但无异响，也无异味和冒烟	1. 电源未通（至少两相未通）	1. 检查电源回路开关，接线盒处是否有断点，修复
	2. 熔丝熔断（至少两相熔断）	2. 检查熔丝型号、熔断原因，换新熔丝
	3. 过流继电器调得过小	3. 调节继电器整定值与电动机配合
	4. 控制设备接线错误	4. 改正接线
通电后电动机不转，然后熔丝烧断	1. 缺一相电源，或定子线圈某相反接	1. 检查闸刀是否有一相未合好，或电源回路有一相断线；消除反接故障
	2. 定子绕组相间短路	2. 查出短路点，予以修复
	3. 定子绕组接地	3. 消除接地
	4. 定子绕组接线错误	4. 查出误接，予以更正
	5. 熔丝截面过小	5. 更换熔丝
	6. 电源线短路或接地	6. 消除接地点

续表

故障现象	故障原因	排除方法
通电后电动机不转，有嗡嗡声	1. 定、转子绕组有断路（一相断线）或电源一相失电 2. 绕组引出线始末端接错或绕组内部接反 3. 电源回路接点松动，接触电阻大 4. 电动机负载过大或转子卡住 5. 电源电压过低 6. 小型电动机装配太紧或轴承内油脂过硬 7. 轴承卡住	1. 查明断点，予以修复 2. 检查绕组极性；判断绕组首末端是否正确 3. 紧固松动的接线螺丝，用万用表判断各接头是否假接，予以修复 4. 减载或查出并消除机械故障 5. 检查是否把规定的△接法误接为丫，是否由于电源导线过细使压降过大，予以纠正 6. 重新装配使之灵活；更换合格油脂 7. 修复轴承
电动机启动困难，带额定负载时，电动机转速低于额定转速较多	1. 电源电压过低 2. △接法电机误接为丫 3. 笼型转子开焊或断裂 4. 定、转子局部线圈错接、接反 5. 修复电机绕组时增加匝数过多 6. 电机过载	1. 测量电源电压，设法改善 2. 纠正接法 3. 检查开焊和断点并修复 4. 查出误接处，予以改正 5. 恢复正确匝数 6. 减载
电动机空载电流不平衡，三相相差大	1. 重绕时，定子三相绕组匝数不相等 2. 绕组首尾端接错 3. 电源电压不平衡 4. 绕组存在匝间短路、线圈反接等故障	1. 重新绕制定子绕组 2. 检查并纠正 3. 测量电源电压，设法消除不平衡 4. 消除绕组故障
电动机空载、过载时，电流表指针不稳，摆动	1. 笼型转子导条开焊或断条 2. 绕线型转子故障（一相断路）或电刷、集电环短路装置接触不良	1. 查出断条予以修复或更换转子 2. 检查绕线转子回路并加以修复
电动机空载电流平衡，但数值大	1. 修复时，定子绕组匝数减少过多 2. 电源电压过高 3. 丫接电动机误接为△ 4. 电动机装配中，转子装反，使定子铁芯未对齐，有效长度减短 5. 气隙过大或不均匀 6. 大修拆除旧绕组时，使用热拆法不当，使铁芯烧损	1. 重绕定子绕组、恢复正确匝数 2. 检查电源，设法恢复额定电压 3. 改接为丫 4. 重新装配 5. 更换新转子或调整气隙 6. 检修铁芯或重新计算绕组，适当增加匝数
电动机运行时响声不正常，有异响	1. 转子与定子绝缘低或槽楔相擦 2. 轴承磨损或油内有砂粒等异物 3. 定、转子铁芯松动	1. 修剪绝缘，削低槽楔 2. 更换轴承或清洗轴承 3. 检修定、转子铁芯

续表

故障现象	故障原因	排除方法
电动机运行时响声不正常，有异响	4. 轴承缺油 5. 风道填塞或风扇擦风罩 6. 定、转子铁芯相擦 7. 电源电压过高或不平衡 8. 定子绕组错接或短路	4. 加油 5. 清理风道，重新安装风罩 6. 清除擦痕，必要时车小转子 7. 检查并调整电源电压 8. 消除定子绕组故障
运行中电动机振动较大	1. 磨损轴承间隙较大 2. 气隙不均匀 3. 转子不平衡 4. 转轴弯曲 5. 铁芯变形或松动 6. 联轴器（皮带轱）中心未校正 7. 风扇不平衡 8. 机壳或基础强度不够 9. 电动机地脚螺丝松动 10. 笼型转子开焊、绕线转子断路 11. 定子绕组故障	1. 检修轴承，必要时更换 2. 调整气隙，使之均匀 3. 校正转子动平衡 4. 校直转轴 5. 校正重叠铁芯 6. 重新校正，使之符合规定 7. 检修风扇，校正平衡，纠正其几何形状 8. 进行加固 9. 紧固地脚螺丝 10. 修复转子绕组 11. 修复定子绕组
轴承过热	1. 润滑脂过多或过少 2. 油质不好含有杂质 3. 轴承与轴颈或端盖配合不当（过松或过紧） 4. 轴承盖内孔偏心，与轴相擦 5. 电动机端盖或轴承盖未装平 6. 电动机与负载间联轴器未校正，或皮带轮过紧 7. 轴承间隙过小或过大 8. 电动机轴弯曲	1. 按规定加润滑脂（容积的1/3～2/3） 2. 更换清洁的润滑脂 3. 过松可用黏结剂修复，过紧应车、磨轴颈或端盖内孔，使之适合 4. 修理轴承盖，消除擦点 5. 重新装配 6. 重新校正，调整皮带张力 7. 更换新轴承 8. 校正电动机轴或更换转子
电动机过热甚至冒烟	1. 电源电压过高，使铁芯发热大大增加 2. 电源电压过低，电动机又带额定负载运行，电流过大使绕组发热 3. 修理拆除绕组时，采用热拆法不当，烧伤铁芯 4. 定、转子铁芯相擦 5. 电动机过载或频繁启动 6. 笼型转子断条 7. 电动机缺相，两相运行 8. 重绕后定子绕组浸漆不充分 9. 环境温度高，电动机表面污垢多，或通风道堵塞 10. 电动机风扇故障，通风不良 11. 定子绕组故障（相间、匝间短路；定子绕组内部连接错误）	1. 降低电源电压（如调整供电变压器分接头），若是电动机Y、△接法错误引起，则应改正接法 2. 提高电源电压或换粗供电导线 3. 检修铁芯，排除故障 4. 消除擦点（调整气隙或锉、车转子） 5. 减载；按规定次数控制启动 6. 检查并消除转子绕组故障 7. 恢复三相运行 8. 采用二次浸漆及真空浸漆工艺 9. 清洗电动机，改善环境温度，采用降温措施 10. 检查并修复风扇，必要时更换 11. 检修定子绕组，消除故障

课后练习

1. 简述变压器故障检查步骤。
2. 接通电源变压器，无电压输出有哪些原因?
3. 变压器空载电流偏大的原因是什么?
4. 哪些因素可导致变压器温升过高，甚至冒烟?
5. 小型三相异步电动机的拆装训练。
6. 判定三相异步电动机定子绕组的首末端。
7. 三相异步电动机的常项测试训练（直流电阻、绝缘电阻、空载电流等）。
8. 电容运转式（内转子、外转子结构等）单相异步电动机的拆装训练。

课题2 照明等低压线路的维修

学习目标

1. 掌握日光灯等照明器具的结构与原理。
2. 熟悉照明电路的组成及其控制原理。
3. 掌握单相、三相有功电能表的结构及原理。
4. 熟悉单相电风扇结构与原理。

一、照明电路的结构、原理及维修

1. 照明电路的结构

图2—32所示为照明电路控制电路图，正确连接电路，此时电路处于初始状态，电灯不亮。合上S，电灯亮。断开S，电灯灭。

图2—33所示为两地控制照明电路图，正确连接电路，此时电路处于初始状态，电灯未亮。合上S1，电灯亮。保持S1闭合，断开S2，电灯灭。S1、S2同时断开，电灯也亮。

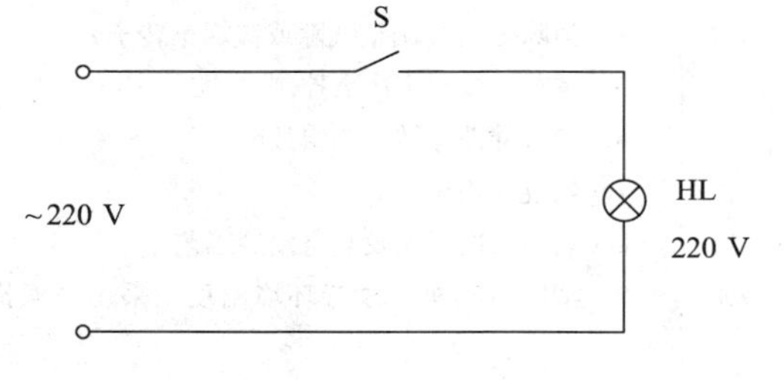

图2—32 照明电路控制电路图

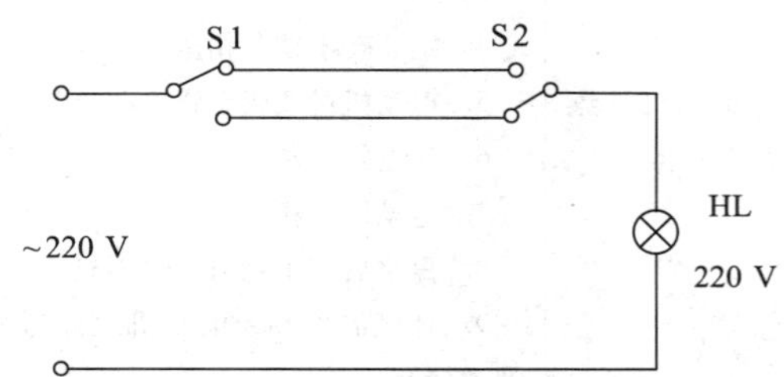

图2—33 两地控制照明电路图

2. 日光灯等照明器具的结构与工作原理

当日光灯接通电源后，电源电压经过镇流器、灯丝，加在启辉器的动触片和静触片之间，引起辉光放电。放电时产生的热量使双金属动触片膨胀并向外伸张，与静触片接触，接通电路，使灯丝预热并发射电子。与此同时，由于动触片与静触片相接触，使两片间的电压为零，而停止辉光放电，使动触片冷却并复原脱离静触片。在动触片断开瞬间，在镇流器两端会产生一个比电源电压高得多的感应电动势，这个感应电动势加在灯管两端，使灯管内惰性气体被电离而引起弧光放电。随着灯管内温度升高，液态汞就气化游离，引起汞蒸气弧光放电而发出肉眼看不见的紫外线。当紫外线激发灯管内壁的荧光粉后，发出近似日光的灯光。图 2—34 所示为日光灯照明电路图。

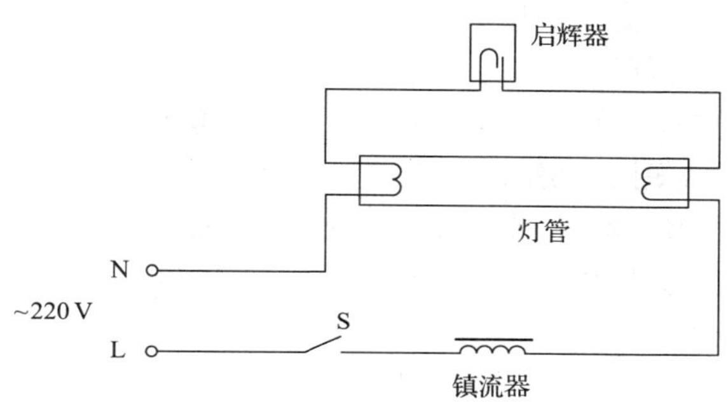

图 2—34　日光灯照明电路图

目前，电子镇流器已得到广泛应用。电子镇流器具有节电、启动电压宽、启动时间短、无噪声、无频闪现象等特点，可以在 15 ~ 60℃ 环境温度范围内正常工作，使用更加方便，故障率低。

使用电子镇流器的日光灯接线图如图 2—35 所示，电子镇流器一般有 6 根出线，其中 2 根接电源，另外 4 根分别接灯管两边灯丝。

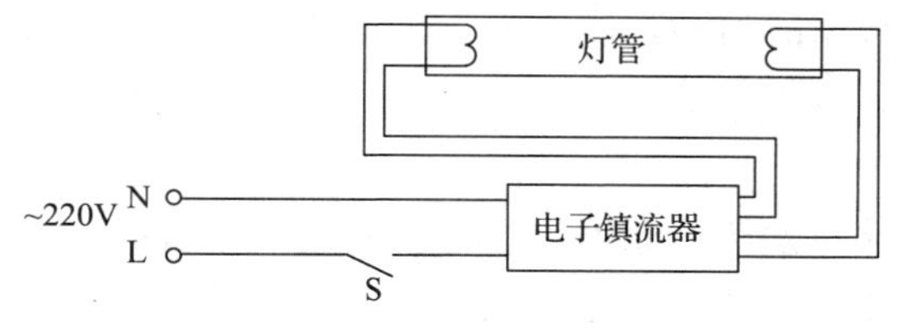

图 2—35　电子镇流器接线图

3. 照明电路的常见故障分析

家庭照明电路在使用时，免不了会出故障而导致不能正常用电，给生活带来诸多不便。因此，学会家庭照明电路检修是维修电工的基本技能之一。

(1) 家庭供电线路常见故障

1）短路故障

当发生短路故障时，电流急剧增大，若保护装置失灵，会烧毁线路和电气设备。短路可以分为相间短路和相对地短路，相对地短路又可分为相线与中性线间短路和相线与大地间短路。

采用绝缘导线的线路本身发生短路的可能性很小，主要是由于用电设备、开关和保护装置内部发生故障所致。因此，检查和排除短路故障应先使故障区域的用电设备脱离电源，如果故障依然存在，再分别检查开关和保护装置。

管线线路和护套线线路往往因为线路上存在严重过载或漏电等故障，使导线长期过载而绝缘老化，或因外界机械损伤而破坏了导线的绝缘层，都会引起线路的短路。所以，要定期检查导线绝缘层的状况，测量绝缘电阻，如果发生绝缘电阻下降或绝缘层龟裂的现象，应及时更换。

2）断路故障

线路发生断路故障通常有以下几个方面的原因：

①导线线头连接松散或脱落。

②小截面导线因受外界机械力作用而断裂或被老鼠咬断。

③导线因严重过载或短路而烧断。

④单股小截面导线因质量不佳或因安装时受到损伤而断裂。

⑤活动部分的连接线路因机械疲劳而断裂。

断路故障的排除应根据故障的具体原因，采取相应的措施。

3）漏电故障

在线路中因为部分绝缘体轻度损坏会形成不同程度的漏电，分为相间漏电和相地漏电两种情况。出现漏电故障时，耗电量会增加，随着漏电程度的增大，会导致过载和短路故障的发生。出现漏电故障的原因主要有以下几个方面：

①线路和电气设备的绝缘老化。

②线路、电气设备安装不符合技术要求。

③线路和电气设备因受潮、受热或化学腐蚀使绝缘性能下降。

④修复绝缘层不符合要求。

漏电现象的排除应根据故障的具体原因，采取相应的措施，如更换导线、纠正不符合技术规范的安装形式等。

4）发热故障

线路导线发热或连接点发热的原因主要有以下几个方面：

①导线规格不符合要求，如导线截面积过小。

②电气设备的容量增大，超过设计要求。

③线路、电气设备有漏电现象。

④单根导线穿过具有环状的磁性金属，如钢管。

⑤导线连接点松动，使接触电阻增加。

（2）检修故障的一般方法

1）检修断路

先用验电笔检查总刀开关处，如有电，再用校火灯头（一盏好的白炽灯，在灯座上引出两根线就成为校火灯头）并联在刀开关下的两个接线柱上。如该灯亮，说明进户线正常；如灯不亮，说明进户线断路，修复进户线即可。再用验电笔检查各个支路中的相线，如氖管不发光，表明这个支路中的相线断路，应修复接通。如果支路中的相线正常，则再用校火灯头分别接到各个支路中，哪个支路的灯不亮，就表明这个支路的零线断路了，需要修复。

2）检修短路

先取下干路熔断器的盒盖，将校火灯头串联接入熔断器的上下两端，如灯亮，表明电路中有短路。同样，在各个支路开关的接点用上述方法将校火灯头串联接进去，哪个支路的灯亮，就表明这个支路短路了，只要检修这条支路就能解决问题。

3）各种照明电路的常见故障及其处理方法见表2—9。

表2—9　　各种照明电路的常见故障及其处理方法

故障现象	可能的故障原因	故障处理方法
熔丝烧断	1. 灯座或吊线盒连接处两线头互碰 2. 负载过大 3. 熔丝容量太小 4. 线路短路	1. 重新接线头 2. 减轻负载或扩大线路的导线容量 3. 正确选配熔丝规格 4. 修复线路
灯泡不发光	1. 灯丝断裂 2. 灯座或开关接点接触不良 3. 熔丝烧断 4. 电路开路 5. 停电	1. 更换灯泡 2. 把接触不良的触点修复，无法修复时，更换完好的 3. 修复熔丝 4. 修复线路 5. 开启其他用电器以验明或观察邻近不是同一个进户点用户的情况
灯光忽亮忽暗或时亮时熄	1. 灯座或开关触点（或接线）松动，或表面存在氧化层 2. 电源电压波动（通常附近有大容量负载经常启动） 3. 导线连接不妥，连接处松散	1. 修复松动的触头或接线，去除氧化层后重新接线，或去除触点的氧化层 2. 更换配电变压器，增加容量 3. 重新连接导线
启辉器不工作，灯管不亮	1. 电源电压不正常 2. 熔断器的熔丝烧断（或低压断路器分断） 3. 灯座、开关接线接触不良 4. 灯丝烧断 5. 线路中有断路现象	1. 检查电源是否正常 2. 熔丝是否烧断（如果采用低压断路器，检查是否动作），如果烧断，查明原因并更换熔丝 3. 排除接触不良 4. 查看灯管的灯丝是否烧断，如果不能看清，用万用表电阻挡测量。如果灯丝烧断，更换灯管 5. 从电源处开始用验电笔检查各段电源情况，查明线路的断路处，修复

续表

故障现象	可能的故障原因	故障处理方法
灯管启辉困难	1. 电源电压过低 2. 启辉器损坏 3. 接线错误，灯管接触不良	1. 调整电源电压 2. 更换启辉器 3. 检查线路，调整灯管
灯光闪烁或灯光有滚动	1. 新灯管会出现这种现象 2. 启辉器损坏或接触不良，使用环境温度过低	1. 如果是新灯管，点灯时间长了些或多开启几次，现象可消失 2. 检查或转动启辉器，不行更换

照明电路、插座故障排除实训操作

1. 训练目标

（1）能进行照明电路的检查、故障排除。

（2）能进行插座线路的检查、故障排除。

2. 器材准备

准备内容见表 2—10。

表 2—10　准备内容

序号	名称	规格型号	数量	备注
1	白炽灯	40 W/220 V	1 套	含灯座
2	荧光灯	30 W/220 V	1 套	含灯管、镇流器、启辉器
3	插座		1 个	三孔或二孔
4	双控开关		2 套	
5	万用表	MF－47	1 台	
6	电工工具包		1 套	
7	导线		若干	

3. 操作要求

（1）利用万用表排除双控照明电路的各类故障。

（2）利用万用表排除插座电路的各类故障。

4. 操作步骤

教师演示后由学生按下列步骤进行练习。

（1）接通电源后荧光灯不亮的故障排除

这说明其内部电路没有工作。这种故障有多种原因：交流 220 V 没有进入荧光灯内部电路；灯管两端电极与灯座接触不良；启辉器电极与其插座接触不良；灯丝断路、镇流器线圈断路或荧光灯内部连接线断脱等。其排除方法与步骤如下：

步骤1 先检查启辉器是否损坏或接触不良。用一个好的启辉器更换或用一段硬导线瞬间短接一下启辉器插座内的两个电极，如灯管亮，就说明原启辉器已损坏，需更换。另一种方法是直接用万用表测量启辉器插座内两个电极上的电压值，如果所测电压为220 V左右，就说明电源电压输入、镇流器和灯管都正常，故障是启辉器损坏。

步骤2 在上述的基础上，再判断灯管是否损坏（灯丝断路）或其引脚是否接触不良。先把灯管拆下。两端对调或用细砂纸擦磨灯管两端电极，然后再插入其插座，用手向中间推灯管插座，使灯管与灯座接触良好，看灯管是否亮。如果还是不亮，大多为灯管损坏(灯丝断)。这时最好是用万用表电阻挡检查或用备用灯管替换试之。

步骤3 对灯管损坏用新的灯管换上后，接通电源，灯管两端的灯丝猛亮一下即灭，灯管灯丝又烧断，这种情况一般都是镇流器损坏造成的。镇流器损坏主要是其内部线圈严重短路，使流过灯丝的电流过大。在检查这种故障时，应先更换镇流器，再接上新的灯管试之。否则，有可能新换的灯管再次烧毁。

步骤4 在判断启辉器和灯管都正常的情况下，就应拆开荧光灯灯具的外壳，检查其镇流器或连接线是否正常。如果灯具内部各连接线正常，就说明镇流器损坏，只能换用新的镇流器或用电子镇流器改造。

（2）两地控制照明电路故障分析与排除

如图2—36所示，方法1是所有厂家推荐的正规接法，所有开关的中间接线点都为默认进线点，上下点均为控制线接点，而且在背板上都有不同的标注。这种方法安全简便，不会混淆。但在实际使用中，有很多采用方法2的接法，会存在很大隐患，更换灯管时不能保证相线不进灯头，而且万一开关出现故障或在潮湿环境中使用时，可能会发生短路现象。方法3是一个折中的方法，但从电气上来说也不严谨，一是无法和开关背板上的标注相对应，检修时容易搞混；二是理论上多一条控制线（实际布线时一般也会多布一条），用这种方法最好对线进行分色。

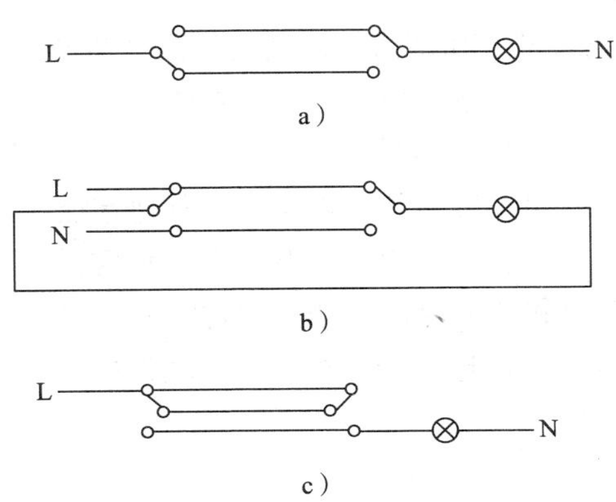

图2—36 两地控制照明电路的几种常见方式

a）方法1（正确） b）方法2（有隐患） c）方法3（不严谨）

(3) 家庭配电箱断路器经常跳闸的故障排除

1) 可能是插座电路有"软击穿"现象。判断的方法是在断电后，用500 V摇表（兆欧表）检查零线与火线之间的绝缘情况，其绝缘电阻最小不得小于0.5 MΩ。

2) 可能是"插座"回路有轻微的漏电现象，检查的办法是将插座电路的零线与火线取下，再接入配电箱内任意另外一个容量相同的开关，合闸后如果这个开关不再跳闸，那么就是插座电路有轻微的漏电现象。合闸后如果这个开关还是跳闸，那就是插座电路有"软击穿"现象。

3) 可能是插座电路的漏电保护开关有问题，可以换一个试一下。

4) 是否有负荷较大的家用电器？如果没有，可能某个地方有线路短路或漏电的情况。先把所有的插头全部拔掉，然后把配电箱里除了总刀开关以外所有的刀开关全部拉掉，顺序是：照明，关掉照明电器一个一个试，有可能是电器内部短路；然后再把没有合上的闸单独合上，当合上某一路导致跳闸就说明问题出在那里。

5) 配电箱的断路器有故障，需要更换一个。

6) 开关上、下接头松动。这可在跳闸后，立即关掉总闸（安全），检查该开关是否很热，检查接线螺钉是否拧紧，用绝缘柄的螺旋具把它拧紧。

7) 计算一下房间内的用电负荷是否与开关的额定电流相匹配，如果开关的额定电流小，应换大一些的。

8) 关闭该房间灯具开关和拔除家用电器插头后，关闭总电源，在配电箱的分线处，找到该房间分开关所控制（保护）的相线及相关的零线、接地线，用万用表的电阻挡对它们进行交叉测量，看线路是否有短路现象。看是零、相线短路，还是相、地线短路。一般来说相线与接地线短路，问题与照明线路无关，可直接检查插座电路。施工时电路是由控制箱引至房间内的每一插座接线盒的，为排除故障方便、省事，建议在检查时应该从最后的那一只接线盒开始，逐一向上检查排除。

二、电能表线路的检查与排故

1. 电能表的安全要求

(1) 电能表的选择要使其型号和结构与被测的负荷性质和供电制式相适应。它的电压额定值要与电源电压相适应，电流额定值要与负荷相适应。

(2) 要弄清电能表的接线方法，然后再接线。接线一定要细心，接好后仔细检查。如果发生接线错误，轻则造成计量不准或者电表反转，重则导致烧表，甚至危及人身安全。

(3) 配用电流互感器时，电流互感器的二次侧在任何情况下都不允许开路。二次侧的一端应做良好的接地。接在电路中的电流互感器如暂时不用时，应将二次侧短路。

(4) 对容量在250 A及以上的电能表，需加装专用的接线端子，以备校表之用。

2. 单相电能表

(1) 直接连接

测量单相交流电路的有功电能时，单相电能表的接线如图2—37所示。

单相电能表都有专门的接线盒，电压线圈和电流线圈的电源端出厂时已在接线盒中用连接片连好。接线盒内设有四个引出线端钮，如把接线端自左至右编号，为1、3端接电源，2、4 端接负载，相线由 1 进 2 出，3、4 两端实际上内部是连接在一起的，应接零线，如图 2—37 所示。由图可知，单相电能表的接线与功率表相同，即单相电能表的电流线圈与负载串联；电压线圈与负载并联，两个线圈的电源端“＊”号端钮连在一起接电源的相线。这种接法适用于低压（220 V）小电流的情况，一般家庭用的单相电能表都是采用这种接法。

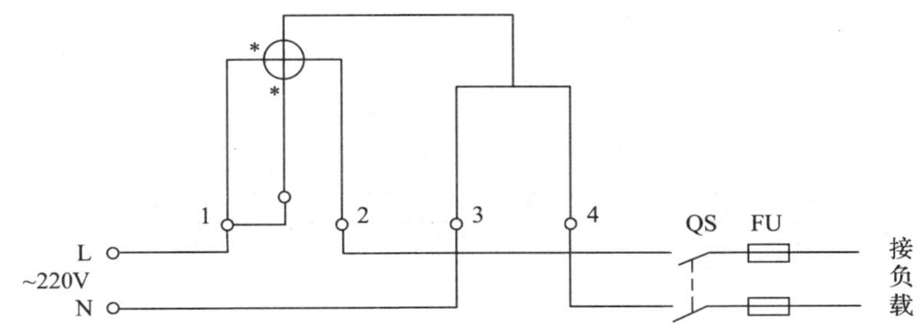

图 2—37　单相电能表的接线电路图

（2）间接连接

如果要测量 220 V 低压较大容量的单相有功电能时，负载电流将超过单相电能表的额定电流，此时应通过电流互感器再接入单相电能表。采用电流互感器的单相电能表的接线图如图 2—38 所示。

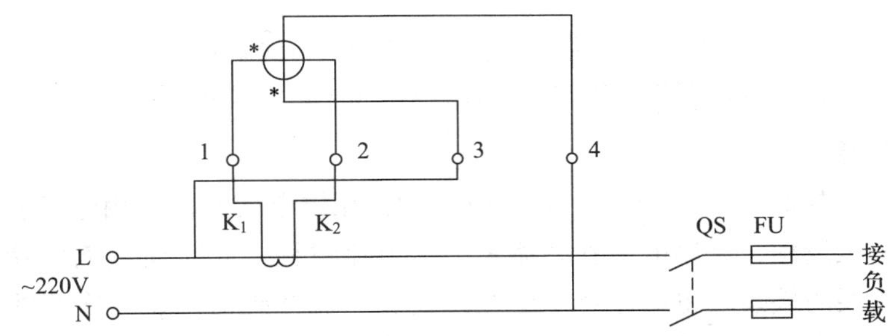

图 2—38　采用电流互感器的单相电能表的接线

电流互感器的一次侧与负载串联，电流互感器的二次侧与单相电能表的电流线圈串联。接入电流互感器时，应注意电流互感器一、二次侧的极性，要保证接入电流互感器后流过单相电能表的电流线圈的相位与单相电能表直接接入电路时一致。单相电能表配用电流互感器，扩大了单相电能表的量程，其读数也要乘以电流互感器的变比才是实际的数值。例如，电流互感器为 100/5，因而选用 5 A 的单相电能表与电流互感器配套，此时就相当于将单相电能表的量程扩大了 20 倍，因而在计算该用电回路消耗的电能时应把单相电能表直接测得的数据乘以 20 才是该用电回路消耗的电能。

3. 三相电能表

（1）直接连接

对于三相交流电路有功电能的测量，使用最多的是三相有功电能表，这样可以从刻度上直接读取三相交流电路总有功电能的数值。三相有功电能表可分为三相二元件有功电能表和三相三元件有功电能表，三相二元件有功电能表内部装有两个感应系测量机构，三相三元件有功电能表内部装有三个感应系测量机构。三相二元件有功电能表用于三相三线制电路交流有功电能的测量，三相三元件有功电能表用于三相四线制电路交流有功电能的测量。三相有功电能表接线如图 2—39 所示，图 2—39a 所示为三相二元件有功电能表，图 2—39b 所示为三相三元件有功电能表。

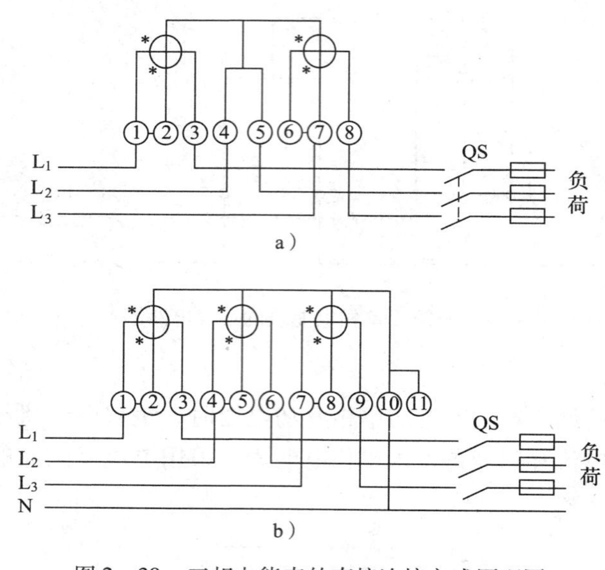

图 2—39　三相电能表的直接连接方式原理图

a）三相二元件有功电能表　b）三相三元件有功电能表

（2）间接连接

对于高电压（如 6 kV、10 kV）、容量较大的三相供电线路，三相电能表一般采用电压互感器来扩大电压量程，采用电流互感器来扩大电流量程。此时通过电压互感器、电流互感器的三相电能表的接线时也应注意电压互感器、电流互感器一、二次侧的极性，要保证接入电压互感器、电流互感器后流过三相电能表的电压、电流线圈的相位与三相电能表直接接入电路时一致。

与前述一样，与电压互感器和电流互感器配套使用的三相电能表，其读数也要乘以电压互感器与电流互感器的变比才是实际的数值，如图 2—40 所示。

4. 常见故障

以三相电能表为例，常见故障有：

（1）电能表接线端子处无电压。

（2）电流互感器的接线压线不好，二次电流回路开路。

（3）二次电流线路不通。

（4）电压回路与电流回路的接线不同相。

（5）电能表缺少中性线或中性线不通。

（6）电流互感器变比（倍率）错。

（7）电能表、电流互感器误差超出允许范围。

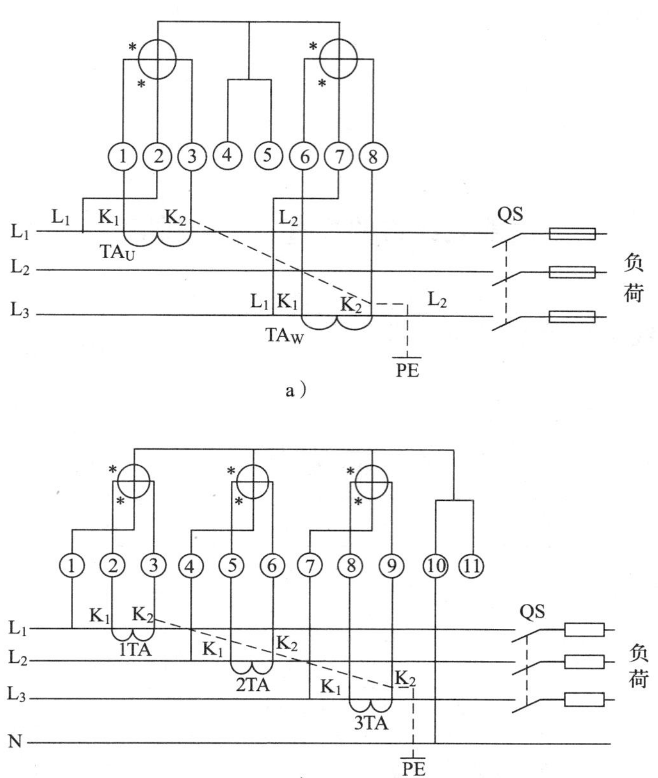

图 2—40　三相电能表的间接连接方式

a）三相二元件电能表配电流互感器接线图　b）三相三元件电能表配电流互感器接线图

（8）电能表、电流互感器本身烧坏或出现故障。

（9）配电盘接线布局不合理，二次线路紊乱，相互产生电磁感应。

（10）接线错误。

5．电能表的使用注意事项

（1）电能表的选择要合适

电能表的额定电压要与电源电压一致。通常单相交流电路的电源电压为 220 V，因而单相电能表的额定电压一般为 220 V。电能表的额定电流要大于电源电路的负载电流，但不能选得过大，否则将使电能表的误差增大。

（2）电能表的接线要正确

电能表的接线，尤其是采用互感器的电能表和三相电能表的接线比较复杂，接线较多，容易接错。因此在电能表的接线时，必须按照图样要求进行接线。接线错误可能会造成电能表的反转，如电压、电流线圈极性接反。应注意的是，电能表出现反转并不一定是接线错误，具体原因要进行分析。

（3）电能表的读数要正确

与电流互感器配套使用的电能表，其读数也要乘以电流互感器的变比才是实际的数值。与电压互感器和电流互感器配套使用的电能表，其读数也要乘以电压互感器与电流互感器的变比才是实际的数值。

技能训练

电能表线路的检查、故障排除

1. 训练目标

能进行电能表线路的检查、故障排除。

2. 器材准备

准备内容见表2—11。

表2—11　　准备内容

序号	名称	规格型号	数量	备注
1	断路器	C65	1个	
2	三相电能表	DS862—4	1套	
3	万用表	MF－47	1台	
4	电工工具包	32PC	1套	
5	导线		若干	

3. 操作要求

利用万用表排除三相电能表线路的各类故障。

4. 操作步骤

（1）电能表和互感器的检查

1）测量电能表和互感器的直流电阻值

可在停电时使用万用表的电阻挡位，倍率开关选择 $R\times10\ \Omega$ 或 $R\times1\ \Omega$ 挡位，分别测量电能表的电压线圈、电流线圈、电流互感器TA二次线圈的直流电阻值。因电能表的产品型号不同，电能表电压线圈的阻值也不相同。电流线圈和TA二次线圈的电阻值应接近于0。

2）电压互感器TV的检查

可在计量装置运行中测量电压互感器TV二次线圈接线端或电能表电压端子接线端，其电压值应为100 V（三相三线制）或 $100/\sqrt{3}$ V（三相四线制）。

（2）二次回路的检查

二次回路的检查应对电压回路和电流回路分别检查。

1）电能表接线端子的电压量值是否正常。

2）相序是否为正相序。

3）TV二次接线端与电能表的接线端的电压相位是否一致。

可用万用表分别测量电能表接线端的某相与TV二次接线端某相（低压计量为与其配

套的 TA 一次线路）的电压值，如果电压值为 0，说明它们是同相，如果测量的电压值为 100 V（低压计量为 380 V），说明电压相位错。出现差错时，一般从电能表开始到 TV 二次端子的线路分段进行查对。

4）电流回路的测量

可将电能表电流线路的接线端子拆下或将 TA 二次接线端子拆开（否则电能表或 TA 本身线圈的通路状态将影响测量结果），分别测量各相电流回路的直流电阻。

此电流回路应是通路（阻值很小，一般小于 2 Ω），如果阻值很大或不通路，可能电流二次回路有部位接触不好，或线路迂回（接线错误）；不通路时，则可能是线路断路或接线差错。对此也可在电能表处到 TA 处另外敷设导线，将电能表接线和 TA 接线拆开后逐相、逐根查对电流回路的二次线路。

此方法同样可以用于对电压回路二次线路的逐相查对。

三、单向电风扇的结构、原理及故障维修

单相电动机有两个绕组，即启动绕组和运行绕组。两个绕组在空间上相差 90°电角度。在启动绕组上串联了一个容量较大的电容器，当运行绕组和启动绕组通过单相交流电时，由于电容器作用使启动绕组中的电流在时间上比运行绕组中的电流超前 90°，先到达最大值。在时间和空间上形成两个脉冲磁场，在定子与转子之间的气隙中产生了一个旋转磁场，在旋转磁场的作用下，电动机转子中产生感应电流，电流与旋转磁场互相作用产生电磁转矩，使电动机旋转起来。

如图 2—41 所示，分相启动式是由辅助启动绕组来辅助启动的，其启动转矩不大，运转速率大致保持定值。它主要应用于电风扇、空调风扇、洗衣机等电动机。

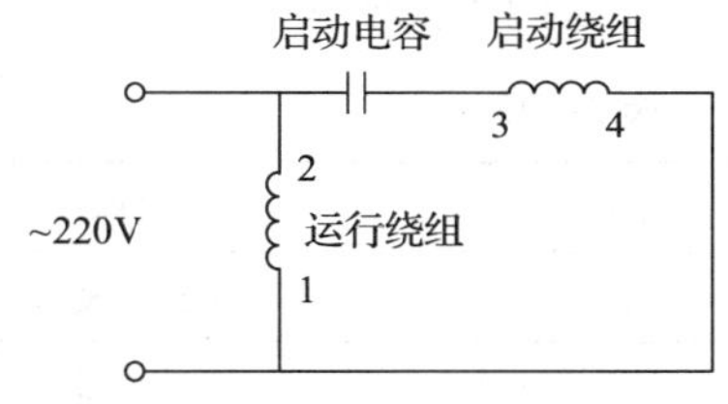

图 2—41　单相电风扇电路图

单相异步电动机常见故障现象、产生故障的可能原因见表 2—12。

表 2—12　单相异步电动机常见故障现象及原因分析

故障现象	造成故障的可能原因
无法启动	1. 电源电压不正常 2. 电动机定子绕组断路 3. 电容器损坏 4. 转子卡阻 5. 过载
启动转矩很小或启动迟缓	1. 启动绕组短路 2. 电容器开路
电动机转速低于正常转速	1. 电源电压偏低 2. 绕组匝间短路 3. 电容器损坏（击穿或容量减小） 4. 电动机负载过重

续表

故障现象	造成故障的可能原因
电动机过热	1. 工作绕组短路或接地 2. 电容启动式电动机工作绕组与启动绕组相互接错
电动机转动时噪声大或振动大	1. 绕组短路或接地 2. 轴承损坏或缺少润滑油 3. 定子与转子空隙中有杂物 4. 电风扇风叶变形、不平衡

单相吊风扇电路的检查和故障排除实训操作

1. 训练目标

能进行单相吊风扇电路的检查、故障排除。

2. 器材准备

准备内容见表 2—13。

表 2—13　准备内容

序号	名称	规格型号	数量	备注
1	单相吊风扇		1 个	
2	电容器		1 个	按风扇要求
3	调速器		1 个	按风扇要求
4	万用表	MF－47	1 个	
5	电工工具包	32PC	1 套	
6	导线		若干	

3. 操作要求

利用万用表排除单相吊风扇电路的各类故障。

4. 操作步骤

吊风扇接线图如图 2—42 所示。

(1) 拆卸吊风扇

1）切断交流电源。

2）拆下风扇叶。

3）取下吊扇。

4）拆除启动电容器、接线端子及风扇电动机以外的其他附件。此时，必须记录下启动电容器的接线方法及电源接线方法。

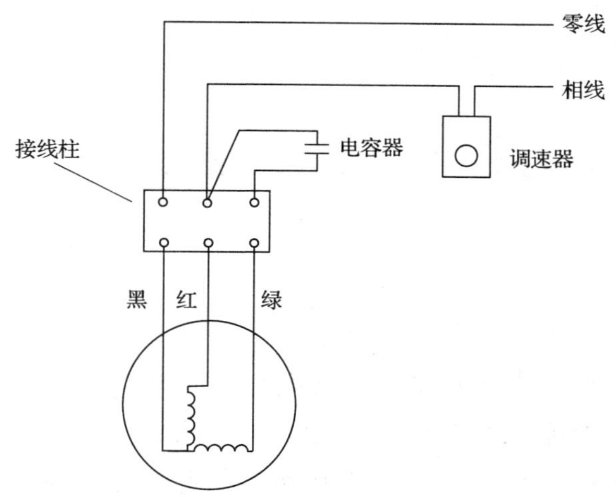

图 2—42　吊风扇接线图

(2) 风扇电动机的拆卸

1) 拆除上下端盖之间的紧固螺钉。

2) 取出上端盖。

3) 取出内定子铁芯和定子绕组组件。

4) 使外转子与下端盖脱离。

5) 取出滚动轴承。

(3) 其他元器件的检修

1) 检查启动电容器的好坏。

2) 记录定子绕组绝缘电阻的测定值。

3) 滚动轴承的清洗及加润滑油。

4) 吊风扇装配后的通电试运转。

在确认装配及接线无误后可通电试运转，观察电动机的启动情况，转向与转速。如有调速器，可将调速器接入，观察调速情况。

5. 操作要点提示

(1) 在拆除吊风扇电源线及电容器时，必须注意记录接线方法，以免出错。

(2) 拆除吊风扇时不可用力过猛，以免损伤零部件。

(3) 装配好的吊风扇在试运转时，必须密切注意风扇的启动情况，转向及转速，并应观察风扇的运转情况是否正常，如发现不正常应立即停电检查。

课后练习

1. 常用照明灯具、电器的安装、配线练习。

2. 进行单相电能表的安装、接线练习。

3. 进行三相电能表的安装、接线练习。

4. 检修照明电路断路及短路故障的一般方法。
5. 各种照明电路的常见故障及其处理方法。

课题3　动力控制电路的维修

学习目标

1. 熟悉电气原理图阅读与分析方法。
2. 掌握三相笼型异步电动机启动控制电路原理与维修。
3. 掌握三相笼型异步电动机正反转控制电路原理与维修。
4. 掌握三相笼型异步电动机多地启动控制电路原理与维修。
5. 掌握三相笼型异步电动机Y－△启动控制电路原理与维修。
6. 掌握三相笼型异步电动机电磁抱闸制动控制电路原理与维修。

电气控制线路的形式很多，复杂程度不一，其故障又常常和机械、液压等系统的故障交错在一起，难以分辨。每一条电气控制线路往往由若干电气基本控制环节组成，每个基本控制环节是由若干电气元件组成的，而每个电气元件又由若干零件组成，但故障常常只是由于某个或某几个电气元件、部件或接线有问题而造成的。

因此，只要善于学习，善于总结经验，找出规律，掌握正确的维修方法，就一定能迅速、准确地排除故障。

一、三相笼型异步电动机启动控制电路的检查、调试、故障排除

1. 动力控制电路维修步骤

(1) 精读电气原理图，熟悉安装接线图

电气控制线路是用导线将断路器、接触器、电动机、检测仪表等电气元件连接起来，并实现某种要求的电路。电气控制线路由主电路和控制电路构成，而控制电路的表示方法分为原理图和接线图。原理图是根据工作原理绘制的，接线图是按照电器的实际位置和实际接线用规定的符号画出来的。电气维修人员必须精读电气原理图和熟悉电气安装接线图才能很好地完成故障诊断任务。

电动机的控制电路是由一些电气元件按一定的控制关系连接而成的，这种控制关系反映在电气原理图上。为了顺利地安装接线，检查调试和排除线路故障，必须认真阅读原理图。要看懂线路中各电气元件之间的控制关系及连接顺序，分析电路控制动作，以便确定检查电路的步骤与方法，明确电气元件的数目、种类和规格。对于比较复杂的电路，还应看懂是由哪些基本环节组成的，分析这些环节之间的逻辑关系。

原理图是为了方便阅读和分析控制原理而用“展开法”绘制的，并不反映电气元件的结构、体积和实际的安装位置。为了具体安装接线、检查电路和排除故障，必须根据原理图查阅安装接线图。安装接线图中各电气元件的图形符号及文字符号必须与原理图核对，

在查阅中做好记录，减少工作失误。

（2）确认故障现象，划定故障范围

1）故障调查

电路出现故障后切忌盲目乱动，在检修前首先要尽可能详细地调查故障发生的情况。通常采用的故障调查法有：问、听、看、摸、闻。

一问。询问操作人员故障发生前后电路和设备的运行状况以及发生故障时的现象，如有无异响、冒烟、火花及异常振动；询问故障发生前有无频繁启动、制动、正反转、过载等现象。

二听。在电路和设备还能勉强运转而又不致扩大故障的前提下，可通电启动运行，倾听有无异响，如果有异响，应尽快判断出发出异响的部位，然后迅速停止。

三看。看的内容如下：

①电气元件外观是否整洁，外壳有无破裂，零部件是否齐全，各接线端子及紧固件有无缺损、锈蚀等现象。

②电气元件的触头有无烧蚀、熔毁、熔焊粘连变形、氧化锈蚀等现象；触头闭合、分断动作是否灵活，触头开距、超程是否符合要求；接线线头是否松动、脱落；线圈是否发热、烧焦，熔体是否熔断；脱扣器是否脱扣，压力弹簧是否正常；其他电气元件有无烧坏、发热、断线现象；导线连接螺钉是否松动；电动机的转速是否正常。

③低压电器的电磁机构和传动部件的运动是否灵活；衔铁有无卡阻，吸合位置是否正常等，使用前应清除铁芯端面的防锈油。

四摸。刚切断电源后，尽快触摸线圈、触头等容易发热的部分，看温升是否正常。

五闻。用嗅觉器官检查有无电气元件过热和烧焦产生的异味。

2）故障分析诊断

通过故障调查，结合电气设备图样初步判断发生故障的部位，分析故障原因。分析时，先从主电路入手，再依次分析各个控制电路，然后分析信号电路及其余辅助电路。通过分析可初步诊断是机械故障还是电气故障，是主电路故障还是控制电路故障。例如，用手旋转电动机传动带轮时，若感觉不正常，说明电动机的机械部分有故障，而电路部分有故障的可能性很小，这时应主要检查机械部分。检查机械部分的故障时，必要时应与机械维修人员共同进行。

3）断电检查分析

确定了故障范围或故障部位后，为了人身和设备的安全，应先在断开电源的情况下，按照一定的顺序检查。检查时，不要盲目拆卸元器件，否则往往欲速则不达，甚至故障没有找到，慌乱中又导致新的故障发生。

①检查顺序

a. 先检查容易检查的部位，后检查较难检查的部位；先用简单易行的方法检查直观、简单、常见的故障，后用复杂、精确的方法检查难度较高、没有见过和没听说过的疑难故障。

b. 先查重点怀疑的部位和元件，后查一般部位和一般元件。

c. 先检查电源，后检查负载。因电源侧故障会影响到负载，而负载侧故障未必影响到电源。

d. 先检查控制回路，后检查主回路；先检查交流回路，后检查直流回路；先检查启停电路，后检查可逆运行、调速、制动的电路。

e. 先检查电气设备的活动部分，再检查静止部分，因活动部分比静止部分发生故障的概率要高得多。

②故障分析。如果测得绕组的电阻值不正常，肯定是绕组有短路或断路现象。这时可对测得的电阻值进行分析：

a. 若电阻值为无限大，则可能是定子绕组断路或绕组连接线断开。

b. 若绕组的电阻值比正常值大，则一般是多支路并联绕组（中等容量以上的电动机）的某支路断路或绕组回路接触不良。

c. 若绕组的电阻值比额定值小，则说明绕组有短路现象。

d. 若绕组的电阻值接近于零，则一般为相绕组头尾相连或严重短路。

4）电气控制线路断电检查的内容

a. 检查熔断器的熔体是否熔断、是否合适以及接触是否良好。

b. 检查开关、刀开关、触点、接头是否接触良好。

c. 用万用表电阻挡测量有关部位的电阻，用兆欧表测量电气元件和线路对地的绝缘电阻以及相间绝缘电阻（低压电器的绝缘电阻不得小于0.5 MΩ），以判断电路是否有开路、短路和接地现象。

d. 检查已经自行更改过的线路及修理过的元件是否正常。

e. 检查热继电器是否动作，中间继电器、交流接触器是否卡阻或烧坏。

f. 检查转动部分是否灵活。

5）通电检查分析

通过直接观察无法找到故障点，断电检查仍未找到故障时，可对电气设备进行通电检查。将整个电路划分为几部分，配上合适的熔断器，选用万用表的交流电压挡、校验灯等工具，对各部分分别通电。通电时动作要迅速，尽量减少通电测量和观察的时间。

①通电检查前要先切断主电路，让电动机停转，尽量使电动机和其所传动的机械部分脱开，将控制器和转换开关置于零位，行程开关还原到正常位置。

②观察有关继电器和接触器是否按照控制顺序动作。

③检查各部分的工作情况，看是否有应该动作而没有动作的元件，是否出现接触不良、元件冒烟、熔断器熔体熔断等现象。

④测量电源电压、接触器和继电器线圈的电压以及各控制回路的电流等数据，从而将故障范围进一步缩小或查出故障。

结合通电检查进行故障分析。如果检查时发现某一接触器不吸合，则说明该接触器所在回路或相关回路有故障；再对该回路做进一步检查，便可发现故障原因和故障点。

6）机械故障的检查

在电气控制线路中，有些动作是由电信号发出指令，由机械机构执行驱动的。

如果机械部分的联锁机构、传动装置及其他动作部分发生故障，即使电路完全正常，设备也不能正常运行。在检修中，要注意机械故障的特征和表现，探索故障发生的规律，找出故障点，并排除故障。如行程开关碰触距离不合适，就应该调整行程开关的位置。检修机械故障一般由机械维修工操作，但需要电工配合。

7）综合分析检查

对于较复杂的故障，若经过通电检查仍没能查到故障点，则可结合故障调查、断电检查、通电检查的结果进行综合分析。在分析故障时，考虑电气装置中各组成部分的内在联系，应将各种故障现象联系在一起，广开思路，找到较隐蔽的故障。

（3）电气控制线路的检修方法

电气控制线路的常见故障有断路、短路、接地、接线错误和电源故障5种。针对不同的故障，可灵活运用多种方法予以检修。

1）断路故障

①断路故障产生的原因

a. 电接触材料的改变、接触压力的减小。例如，新的开关触点上一般镀有一层银，经过长时间的磨损，镀层会消失；有的还会在接触面上积有灰尘、油污、氧化物，使接触电阻增大；同时弹簧变形、压力降低都会造成接触不良。

b. 接触形式的改变。如果长期使用或修理工艺不正确，则会使接触面不平整或发生位移。比如从面接触变为点接触，也会使电接触性能变差。

c. 腐蚀。铜、铝导体直接连接引起电化学腐蚀；环境潮湿，有腐蚀性气体，又会导致或加剧电接触材料的化学腐蚀和电化学腐蚀，使接触电阻增大，有的还会破坏电接触材料的正常导电，产生断路故障。

d. 安装工艺不合格。对不同的电接触类型有不同的安装工艺要求，如导线绞接、压接、螺栓连接时不按工艺要求操作，压接不紧，也会产生接触不良。导线受力点（如导线转弯、导线穿管、导线变截面等部位）在外力的作用下也容易发生断路故障。

②验电笔检查断路故障

a. 用验电笔检查交流电路断路故障的方法。例如，在检查如图2—43所示电路时，按下控制按钮SB2，用验电笔依次测试1、2、3、4各个点，测到哪点时验电笔不亮，即表示该点为断路处。

b. 用验电笔检查主电路断路故障的方法。如图2—44所示，用验电笔测量QS的上接线柱有无电压，若无电压，则应检查供电线路；若有电压，则可把QS合上，测下接线柱。若某相无电压，则要断开电源，检查该相触点的接触情况。

用电子式感应验电笔查找控制线路的断路故障非常方便。手触感应断点检测按钮，用笔头沿着线路在绝缘层上移动，若在某一点显示窗上显示的符号消失，则该点就是断点位置。

c. 电压法检查断路故障。在图2—45所示的电路中，按下启动按钮SB2，将万用表置于500 V交流电压挡，把黑表笔作固定笔固定在相线的L2端，以醒目的红表笔作移动笔，并触及控制电路中间位置任一触点的任意一端进行测量。有电压表明该点正常，无电压则说明该点处已经断路。

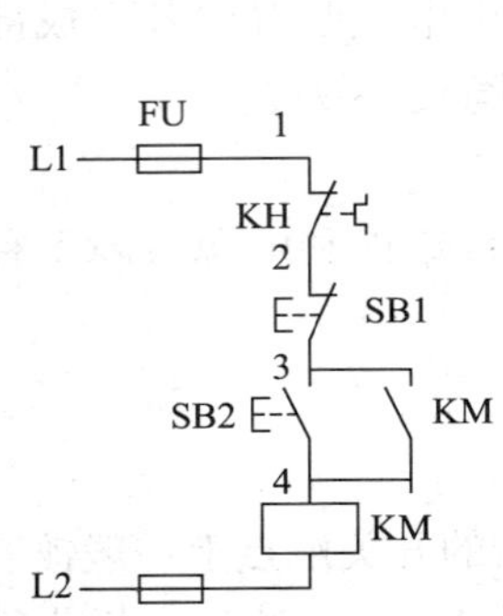

图 2—43　用验电笔检查交流电路的断路故障

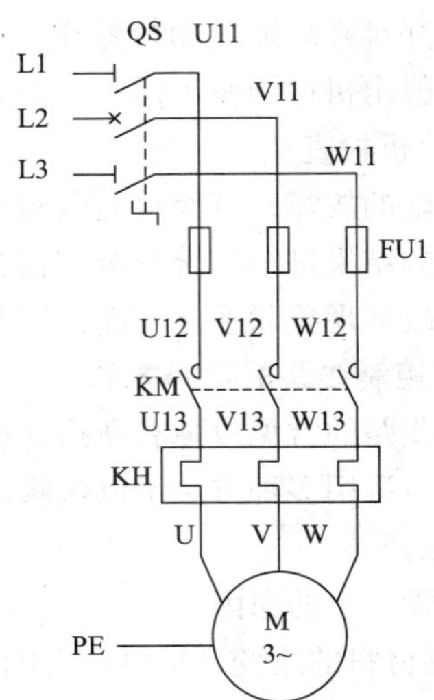

图 2—44　用验电笔检查主电路的断路故障

d. 电阻法检查断路故障。可用万用表的电阻挡测量线路的通断情况。在图 2—46 所示的电路中，按下启动按钮 SB2，接触器 KM 不吸合，说明该电气回路有断路故障。在查找故障点前，首先把控制电路两端从控制电源上断开，然后将万用表置于 $R\times100$ 挡去测量。在测量时注意：用电阻测量法检查故障时，应先断开电源；如果被测电路与其他电路并联，必须将该电路与其他电路断开，否则所测得的电阻值是不准确的；测量高电阻值的电气元件时，要选择合适的电阻挡。

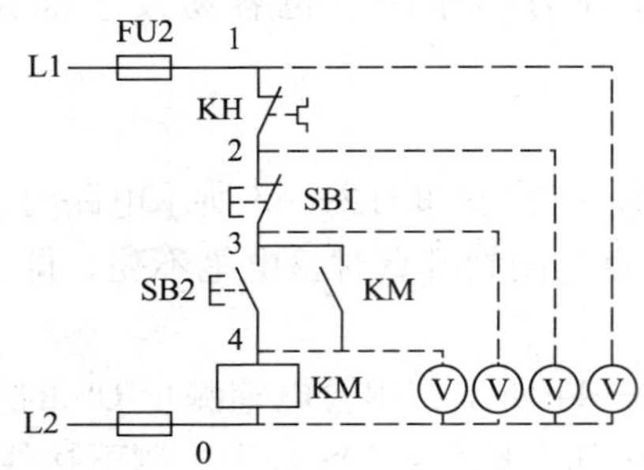

图 2—45　用电压法查找断路故障

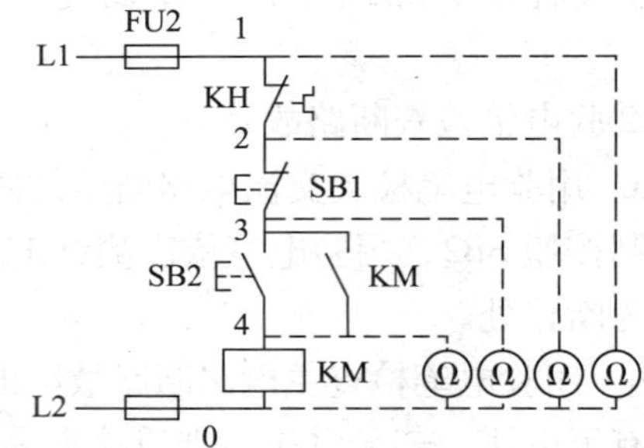

图 2—46　用电阻法查找断路故障

2）短路故障

①电源间短路。电源间短路故障一般是通过低压电器的触点或连接导线将电源短路而造成的，如图 2—47 所示。行程开关 SQ 中的 2 点与 0 点因某种原因形成连接将电源短路时，其故障现象为电源合上，熔断器 FU2 就熔断。

②低压电器触点之间短路。图 2—48 中接触器 KM1 的两个辅助触点 KM1（3 - 4）和 KM1（7 - 8）因某种原因短路，其故障现象为当合上电源时，接触器 KM2 立即吸合。

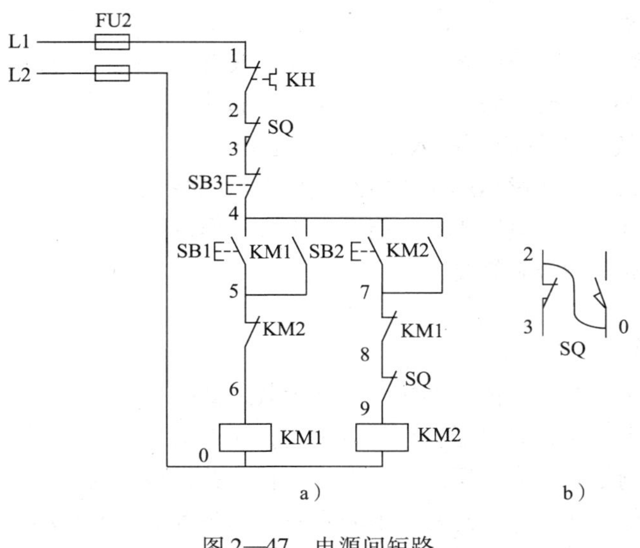

图 2—47　电源间短路

a）电路图　b）SQ 短路

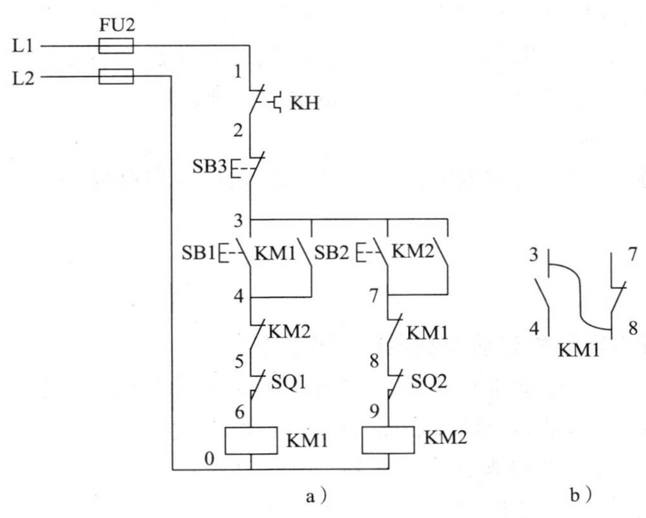

图 2—48　电器触点之间短路

a）电路图　b）KM1 触点短路

③触点本身短路。通常，回路只有接通和断开两种状态。只有当回路中所有的触点都正常工作时，电路才能正常工作。所以对于较简单的电路，通过分析回路故障时的状态即可查出故障点。图 2—49 所示的为两个按钮同时按下才能使接触器吸合、释放的控制电路。该电路触点本身短路故障的检查方法如下：

在该电路中，若按钮 SB3（或 SB4）的触点短路，则只要按下启动按钮 SB4（或 SB3），接触器 KM 就吸合。若 SB3、SB4 触点同时短路，则接通电源后，接触器 KM 就吸合。若停止按钮 SB1（或 SB2）的触点短路，则同时按下停止按钮 SB1 和 SB2，接触器 KM 也不能释放。

（4）修复故障点

把故障点通过修理恢复原状态，如果有的元件或者导线已经严重损坏不能通过修复恢复到原来的状态，那就要更换元件或导线。故障修复后，进入到下一步通电试运行，电路能进行正确的工作过程就说明已经成功排除电路的故障。如果通电试运行后电路仍然不能进行正常工作过程，则要重新进行故障检查和修复。

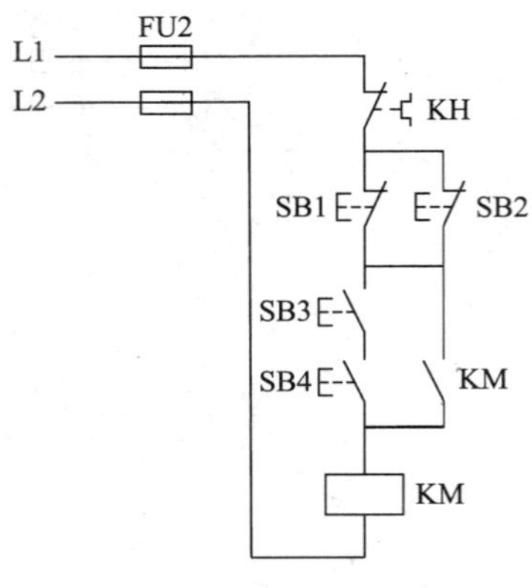

图 2—49　触点本身短路

（5）通电试运行

1）空载操作试验

装好控制电路中熔断器熔体，不接主电路负载，试验控制电路的动作是否可靠，接触器动作是否正常，检查接触器自锁、联锁控制是否可靠；用绝缘棒操作行程开关，检查其行程及限位控制是否可靠；观察各低压电器动作灵活性，注意有无卡阻现象；细听各低压电器动作时有无过大的噪声；检查线圈有无过热及异常气味。

2）带负载试运行

控制电路经过数次操作试验动作无误后，即可断开电源，接通主电路带负载试运行。电动机启动前应先做好停止准备，启动后要注意观察电动机运行是否正常。若发现电动机启动困难，发出噪声，电动机过热，电流表指示不正常，应立即停止并断开电源进行检查。

3）调试电路的控制动作

如定时运转电路的运行和间隔时间；Y－△启动控制电路的转换时间；反接制动控制电路的终止速度等。

4）试运行

试运行正常后，才能投入运行。

2. 三相笼型异步电动机启动控制电路原理分析

直接启动即启动时把电动机直接接入电网，加上额定电压，一般来说，电动机的容量不大于直接供电变压器容量的 20%～30% 时，都可以直接启动。

（1）三相笼型异步电动机点动控制电路

三相笼型异步电动机点动控制电路如图 2—50 所示。

点动控制方式的特点是：按下启动按钮，电动机运转，松开启动按钮，电动机停转；电动机转动的时间长短，取决于启动按钮被按下的时间。这种控制方法常用于电动葫芦的起重电动机控制和车床拖板箱快速移动电动机控制。

动作过程：

合上电源开关 QF。

启动：按下按钮 SB→接触器 KM 线圈得电→接触器 KM 主触头闭合→电动机 M 通电运转；

停止：松开按钮 SB→接触器 KM 线圈失电→接触器 KM 主触头分断→电动机 M 失电停转。

停止使用时，断开电源开关 QF。

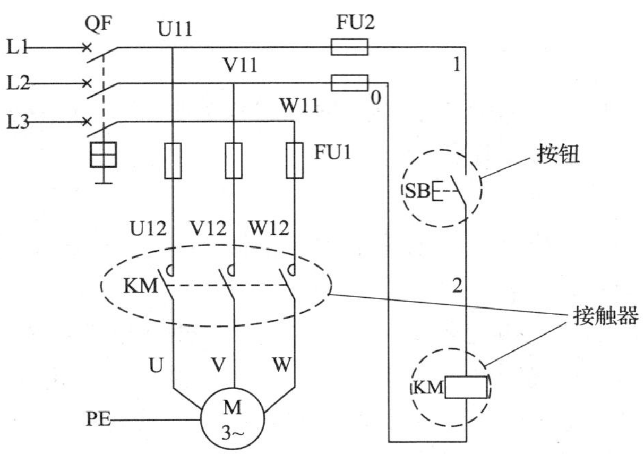

图 2—50　三相笼型异步电动机点动控制电路图

（2）三相笼型异步电动机连动控制电路

对于点动正转控制线路，启动按钮松开后电动机便停止运行，若要实现电动机的连续运行，可采用接触器自锁正转控制线路。

自锁是指松开启动按钮后，接触器利用自身辅助常开触头保持线圈得电状态的控制方式，与启动按钮相并联的常开触头则称为“自锁触头”。如图 2—51 所示。

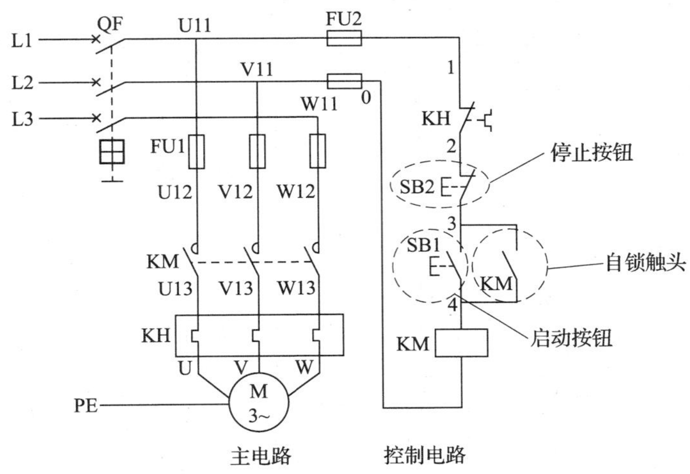

图 2—51　三相笼型异步电动机连动控制电路图

1）启动过程

合上开关 QF，按下启动按钮 SB1，接触器 KM 线圈得电，与 SB1 并联的 KM 的辅助常开触点闭合，以保证松开按钮 SB1 后 KM 线圈持续得电，串联在电动机回路中的 KM 的主触点持续闭合，电动机连续运转，从而实现连续运转控制。

2）停止过程

按下停止按钮 SB2，接触器 KM 线圈失电，与 SB1 并联的 KM 的辅助常开触点断开，以保证松开按钮 SB2 后 KM 线圈持续失电，串联在电动机回路中的 KM 的主触点断开，电动机停转。

3）自锁

与 SB1 并联的 KM 的辅助常开触点的这种作用称为自锁。图 2—51 所示的控制电路还可实现短路保护、过载保护和零压保护。

4）保护功能

①起短路保护作用的是串联在主电路中的熔断器 FU1。一旦电路发生短路故障，熔体立即熔断，电动机立即停转。

②起过载保护作用的是热继电器 KH。当过载时，热继电器的发热元件发热，将其常闭触点断开，使接触器 KM 线圈断电，串联在电动机回路中的 KM 的主触点断开，电动机停转。同时 KM 辅助触点也断开，解除自锁。故障排除后若要重新启动，需按下 KH 的复位按钮，使 KH 的常闭触点复位（闭合）。

③起零压（或欠压）保护作用的是接触器 KM 本身。当电源暂时断电或电源电压严重下降时，接触器 KM 线圈的电磁吸力不足，衔铁自行释放，使主、辅触点自行复位，切断电源，电动机停转，同时解除自锁。

（3）三相笼型异步电动机点动和连动控制电路

三相笼型异步电动机既能点动又能自锁的正转控制电路如图 2—52 所示。

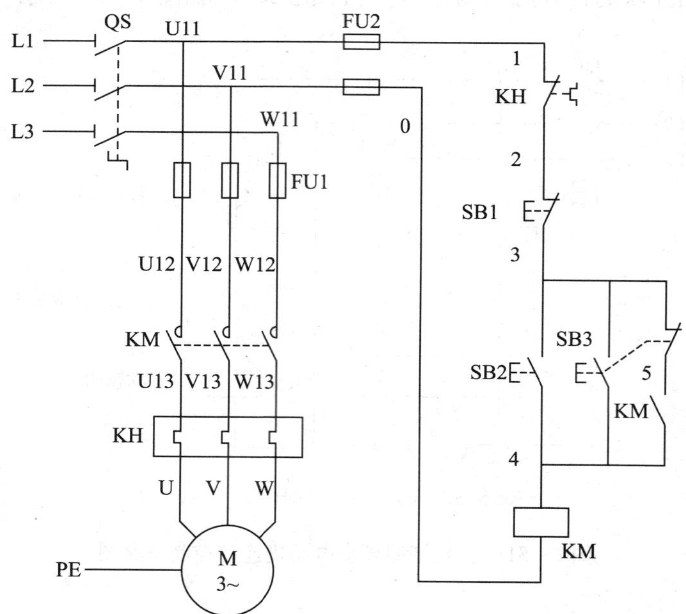

图 2—52　三相笼型异步电动机既能点动又能自锁的正转控制电路

合上 QS 之后，自锁过程与图 2—51 介绍的三相笼型异步电动机连动控制过程一致，点动过程利用复合按钮 SB3 实现，其中 SB3 的常闭触点断开自锁回路，从而实现点动控制。

(4) 常见故障及处理

三相笼型异步电动机点动、自锁的正转控制电路的常见故障及其处理方法见表2—14。

表 2—14　　常见故障及排除

故障现象	可能的故障原因	故障处理方法
电动机不转	熔断器熔体熔断	先查找熔断原因并排除，或更换熔体
	断路器没接通	更新断路器
	接触器不动作	1. 查找控制回路故障并排除 2. 检查线圈故障并排除
电动机缺相	触头接触不良	修复触头，无法修复时更新接触器
	电源缺相	排除电源故障
断路器跳闸	电动机绕组烧毁	修理或更换电动机
	线间短路	逐步排除线间短路
热继电器动作引起停车	热继电器设定值不当	重新调整设定值
	热继电器损坏	更换
	电动机过载	调整负载

(5) 三相笼型异步电动机多地控制线路

在实际生产过程中，经常需要操作人员在多个不同的地点均可对电动机进行控制，能在两地或多地控制同一台电动机的控制方式为电动机的多地控制。如图 2—53 所示。

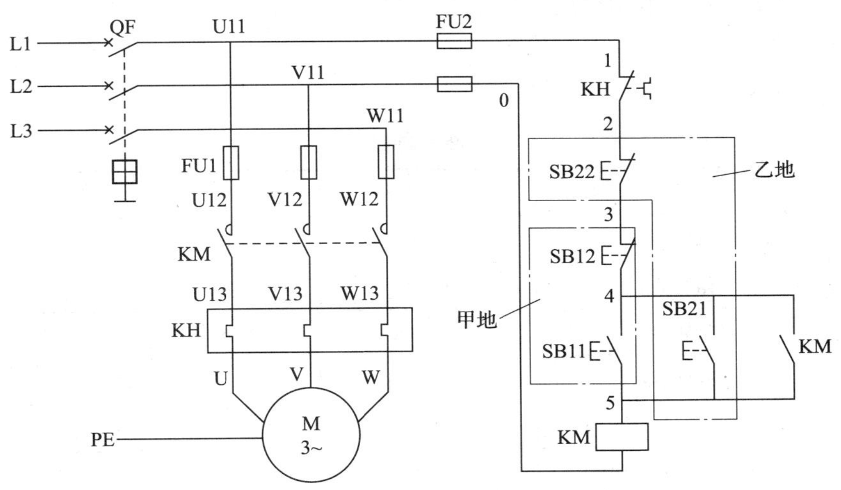

图 2—53　两地控制电路图

SB11、SB12 为安装在甲地的启动按钮和停止按钮；

SB21、SB22 为安装在乙地的启动按钮和停止按钮。

1）线路的特点是：两地的启动按钮 SB11、SB21 要并联接在一起；停止按钮 SB12、

SB22 要串联接在一起。这样就可以分别在甲、乙两地启动和停止同一台电动机，操作方便。

2）多地控制线路故障的现象、原因及检查方法见表 2—15。

表 2—15　　多地控制线路故障的现象、原因及检查方法

故障现象	原因分析	
按 SB11 能正常启动，按 SB21 不能正常启动	虚线所圈的部分，就是故障部分 可能故障点是： （1）4 号或 5 号线松脱或断线 （2）SB21 接触不良	4 SB11　SB21 5
按 SB12 能正常停止，按 SB22 不能正常停止	虚线所圈的部分，就是故障部分 可能故障是：按钮 SB22 内短路	SB22 SB12

技能训练

三相笼型异步电动机点动和连动控制电路故障排除实训操作

1. 训练目标

能进行三相笼型异步电动机启动控制电路的检查、调试、故障排除。

2. 器材准备

准备内容见表 2—16。

表 2—16　　准备内容

序号	名称	规格型号	数量	备注
1	断路器	C65	1 个	15 A
2	熔断器	RT18	1 套	
3	接触器	CJ10 – 20	1 个	
4	热继电器	JR20 – 25	1 个	
5	按钮	LA42P – 11	3 个	两开一闭
6	三相笼型异步电动机	Y112M – 4	1 个	
7	万用表	MF – 47	1 块	
8	电工工具	32PC	1 套	验电笔、旋具、尖嘴钳、斜口钳、剥线钳、电工刀等
9	导线		若干	

3. 操作要求

(1) 分析电路工作原理。

(2) 更换损坏的器件和排除线路的各类故障使电路正常工作。

(3) 原电路的安装和接线工艺不能降低。

4. 操作步骤

教师演示后由学生按下列步骤进行练习。

三相笼型异步电动机既能点动又能自锁的正转控制电路原理图如图 2—52 所示，具体操作步骤如下：

步骤 1 万用表选择欧姆挡，并连接在 L1、L2 两端。

步骤 2 闭合开关 QS，观察万用表，阻值显示应为无穷大。如果阻值显示为零，则说明电路短路，应认真检查。

步骤 3 按下按钮 SB2，观察万用表，阻值显示应为一个接触器线圈的电阻值。如果阻值显示为零，则说明控制电路短路，如果阻值显示为无穷大，则说明控制电路开路，应认真检查控制电路。

步骤 4 用旋具按下接触器使其动合触点闭合，观察万用表，阻值显示应为一个接触器线圈的电阻值。如果阻值显示为无穷大，则说明自锁回路开路，应认真检查自锁回路；如果阻值显示为零，则说明主电路短路或自锁触点接错。

步骤 5 重复上述过程，检查 L1、L3 两端和 L2、L3 两端。

二、三相笼型异步电动机正反转控制电路的检查、调试、故障排除

1. 倒顺开关正反转启动控制电路原理分析及常见故障

(1) 工作原理

倒顺开关是一种特殊类型的组合开关，可用于控制电动机的正反转，其外形如图 2—54a 所示，结构如图 2—54b 所示，符号如图 2—54c 所示。采用倒顺开关控制电动机的正反转是最常用最简单的一种方式。

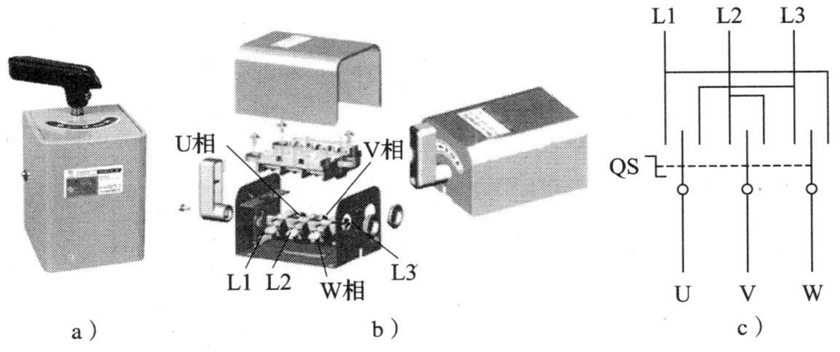

图 2—54 倒顺开关

a) 外形 b) 结构 c) 符号

如图 2—55 所示，把开关 QS 合向“左合”位置，L1 与 U 接通，L2 与 V 接通，L3 与 W 接通，电动机正转；把开关 QS 合向“断开”位置后，再合向“右合”位置，L1 与 W

接通，L2 与 V 接通，L3 与 U 接通，电动机反转。

（2）常见故障

倒顺开关正反转启动控制电路故障比较简单，主要是倒顺开关触点接触不良、机械机构损坏或接线不良等。

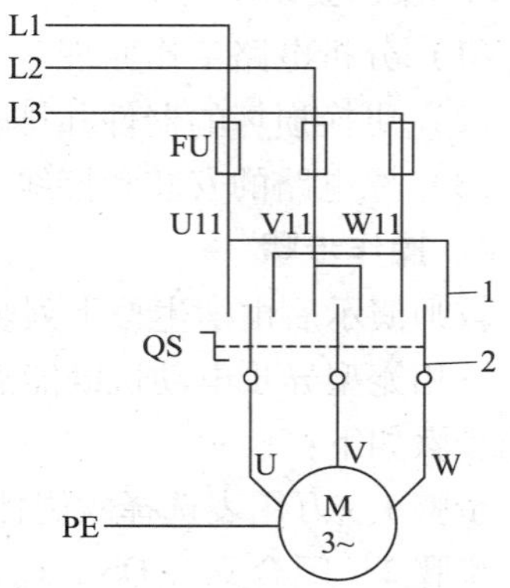

图 2—55 使用倒顺开关控制电动机正反转主电路图

1—静触点 2—动触点

2. 按钮接触器双重联锁的正反转控制电路原理分析及常见故障

（1）基本的正反转控制电路

正反转控制电路（见图 2—56）的主电路使用两个交流接触器 KM1、KM2 来改变电动机的电源相序，当 KM1 通电时，使电动机正转，而 KM2 通电时，使电源线 L1、L3 对调接入电动机定子绕组，使电动机反转。

1）正向启动过程

按下正向启动按钮 SB1，接触器 KM1 线圈得电，与 SB1 并联的 KM1 的辅助常开触点闭合，以保证 KM1 线圈持续得电，串联在电动机回路中的 KM1 的主触点持续闭合，电动机连续正向运转。

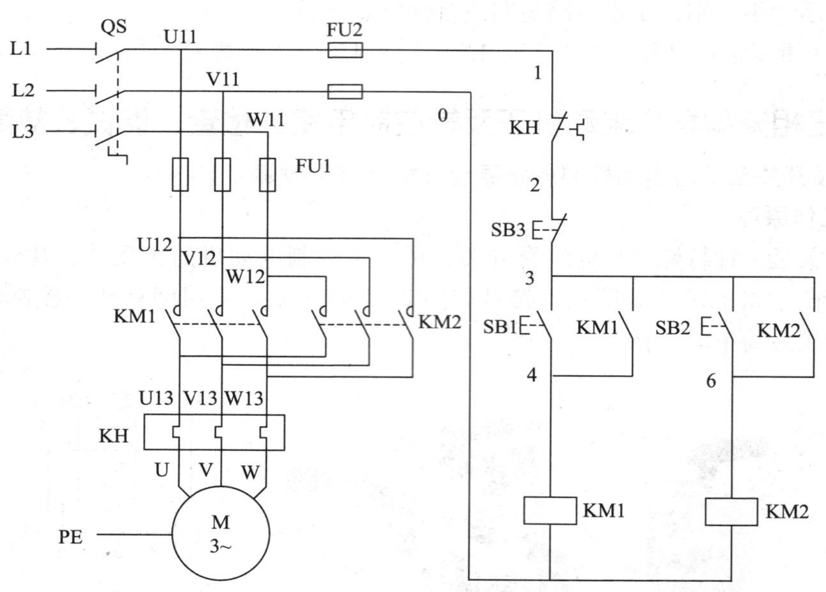

图 2—56 电动机正反转控制电路图

2）停止过程

按下停止按钮 SB3，接触器 KM1 线圈失电，与 SB1 并联的 KM1 的辅助触点断开，以保证 KM1 线圈持续失电，串联在电动机回路中的 KM1 的主触点断开，切断电动机定子电源，电动机停转。

3）反向启动过程

按下反向启动按钮 SB2，接触器 KM2 线圈得电，与 SB2 并联的 KM2 的辅助常开触点闭合，以保证 KM2 线圈持续得电，串联在电动机回路中的 KM2 的主触点持续闭合，电动机连续反向运转。

缺点：KM1 和 KM2 线圈不能同时得电，因此不能同时按下 SB1 和 SB2，也不能在电动机正转时按下反转启动按钮，或在电动机反转时按下正转启动按钮。如果操作错误，将引起主回路电源相间短路。

（2）按钮联锁正反转控制电路

在图 2—57 所示的控制电路中，正反向启动按钮 SB1、SB2 都具有常开、常闭两对触点的复合式按钮，每个按钮的常闭触点都串联在相反转向的接触器线圈回路中。当操作任意一个启动按钮时，其常闭触点先断开，使其相反转向的接触器失电释放，因而防止两个接触器同时得电动作造成相间短路。每个按钮中起这种作用的触点叫“联锁触点”，而两端的接线叫“联锁线”。其他元件的作用和单向启动控制电路相同。在正反转控制电路按钮联锁线路中，要特别注意联锁和联锁触点的接线。

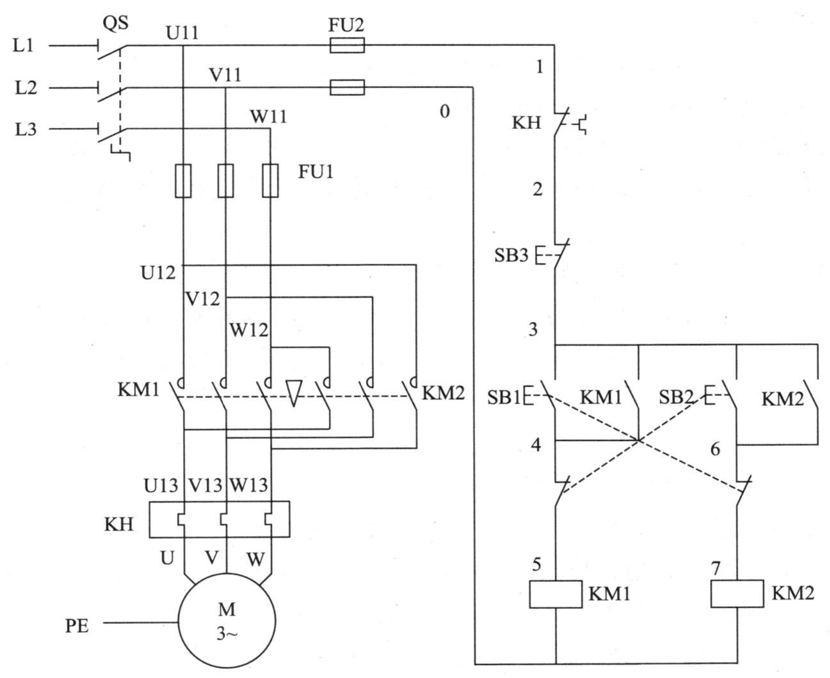

图 2—57　按钮联锁电动机正反转控制电路图

1）工作状态分析

合上电源开关 QS，接通电源。

①正向启动过程：

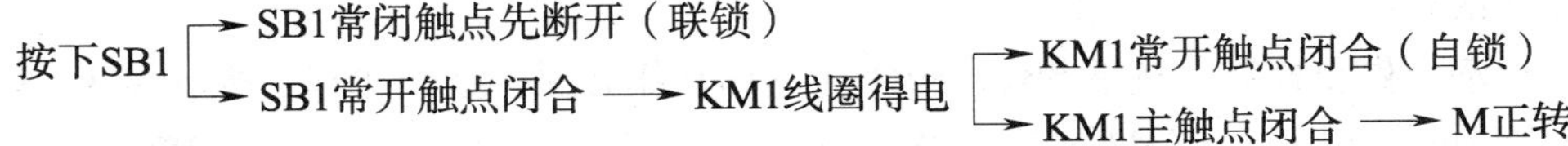

②反向启动过程：

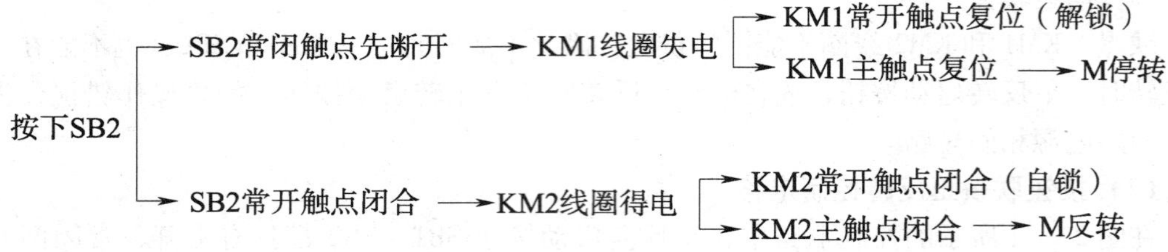

③停止过程：

按下SB3 → KM1、KM2线圈失电 → KM1、KM2主触头复位 → M停转

按下SB3 → KM1、KM2线圈失电 → KM1、KM2常开触头复位（解锁）

2）电路检查

用万用表检查，将万用表置于 $R\times100$ 电阻挡进行以下测量：

①测量主电路

a. 分别按下接触器 KM1、KM2，将两支表笔分别接在 U11 与 V11、V11 与 W11、W11 与 U11 端子上，测得电动机绕组之间的电阻。

b. 检查电源换相，将两支表笔分别接在 U 与 U11 的接线端子上，按下 KM1 动触头，测得电阻值 $R=0\ \Omega$；按下 KM2 动触头，测得的电阻值为电动机两相绕组间的电阻值。同样方法测量 W 与 W11 之间的通路。

②测量控制电路将万用表表笔分别接到 U11 与 V11 端子上进行以下的测量：

a. 测量启动、停止控制，分别按下 SB1、SB2，应测得 KM1、KM2 线圈电阻值；在按下 KM1 或 KM2 动触头的同时，再按 SB3 时，万用表应显示电路由通而断，这说明启动、停止控制线路良好。

b. 测量自锁电路，分别按下 KM1、KM2 动触头测线圈的电阻值。若不正常时应检查按钮盒内的接线和接触器自保持触点接线。

c. 测量按钮联锁电路，将万用表两支表笔分别接到 V11、W11 端子上，按下 KM1 动触头应测得 KM1 线圈电阻值，再按下 SB2 时，使其常闭触点分断，万用表显示由通而断；同时按下 SB1 和 SB2 时，KM1 或 KM2 的触点无论是闭合还是断开，万用表显示均为断开。以上测量正常，说明按钮联锁无误，若有异常应检查按钮盒内的 SB1、SB2、SB3 之间的接线是否正确。

d. 检查过载保护环节。

3）试运行

经过上述检查测试均正常时，测量三相电源，但必须在有人监护的情况下试运行。

①空载操作试验。首先断开电源，拆掉电动机接线端子的引线 U、V、W，合上开关 QS 做以下试验：

a. 启动、停止控制。按下 SB1，KM1 应立即动作并保持吸合状态。按下 SB3，KM1 应立即释放，再按下 SB2，KM2 立即动作并保持吸台状态，再轻按 SB1，KM2 应释放。若 SB1 按到底，KM1 又得电动作，重复操作几次检查联锁线路的可靠性。

b. 正反向联锁控制。按下 SB1 使 KM1 得电动作，然后轻按 SB2，KM1 应释放，继续按 SB2 到底，KM2 应得电动作，再轻按 SB1，KM2 应释放，继续将 SB1 按到底，KM1 又得电动作，重复操作几次检查联锁控制的可靠性。

②带负载试运行

a. 首先断开电源，接上电动机的引线 U、V、W，合上开关 QS。

b. 正反向控制。按下 SB1 使电动机正向启动，注意电动机运行有无异常声音。按下 SB3，使 KM1 失电释放，电动机断电，待电动机停止转动后，再按下 SB2 使电动机反向运转，并注意电动机的转向与上次的转向相反。按下 SB3，KM2 线圈失电释放，电动机断电停止运行。

c. 联锁控制。按下 SB1 使电动机正向运行，待电动机到达正常转速后再按下 SB2 使电动机反向启动运行，当电动机达到正常转速后再按下 SB1，查看电动机和控制电路的动作可靠性，但不能频繁操作。

d. 如果同时按下 SB1、SB2，KM1、KM2 都不会得电动作。

（3）接触器联锁方式控制电路

在正反向控制电路中，当有一个接触器出现故障触点不能释放时，再操作反转时，此时另一个接触器得电动作会造成电源相间短路，很不安全。使用接触器辅助触点联锁的正反向控制电路就可以防止这类故障的发生，因此它得到了广泛应用。

如图 2—58 所示，接触器联锁的正反向控制电路，其主要电路与按钮联锁控制电路完全一样。控制电路中的 SB1、SB2 只使用常开触点进行启动控制，而每个接触器除使用一个常开触点进行自保持外，还将一个常闭触点串联在反向的接触器线圈回路中，以进行联锁，防止电源相间短路。

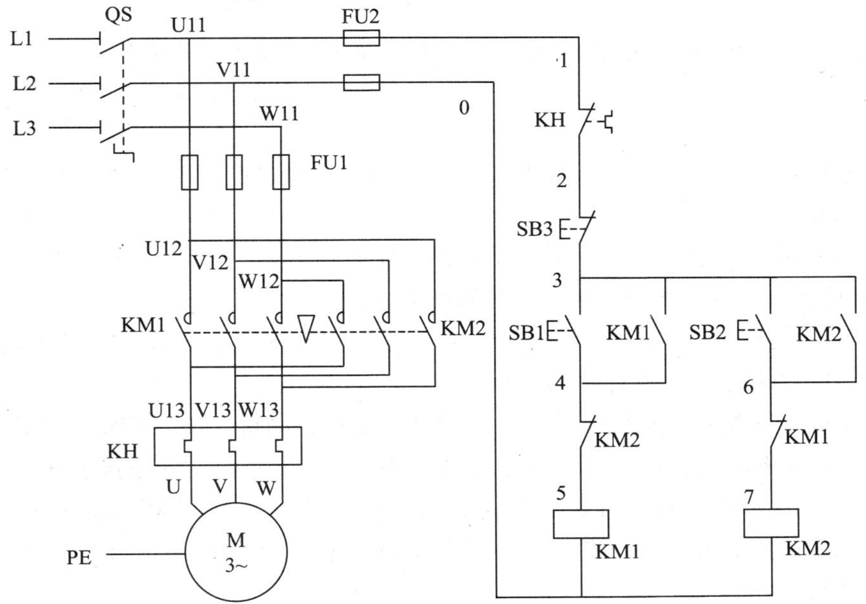

图 2—58 接触器联锁电动机正反转控制电路图

将接触器 KM1 的辅助常闭触点串入 KM2 的线圈回路中，从而保证在 KM1 线圈得电时 KM2 线圈回路总是断开的；将接触器 KM2 的辅助常闭触点串入 KM1 的线圈回路中，从而保证在 KM2 线圈得电时 KM1 线圈回路总是断开的。这样接触器的辅助常闭触点 KM1 和 KM2 保证了两个接触器线圈不能同时得电，这种控制方式称为互锁或者联锁，这两个辅助常闭触点称为互锁或者联锁触点。

缺点：电路在具体操作时，若电动机处于正转状态要反转时，必须先按停止按钮 SB3，使互锁触点 KM1 闭合后按下反转启动按钮 SB2 才能使电动机反转；若电动机处于反转状态要正转时，必须先按停止按钮 SB3，使互锁触点 KM2 闭合后按下正转启动按钮 SB1 才能使电动机正转。

1）工作过程分析

合上开关 QS、接通电源。

①正向启动过程：

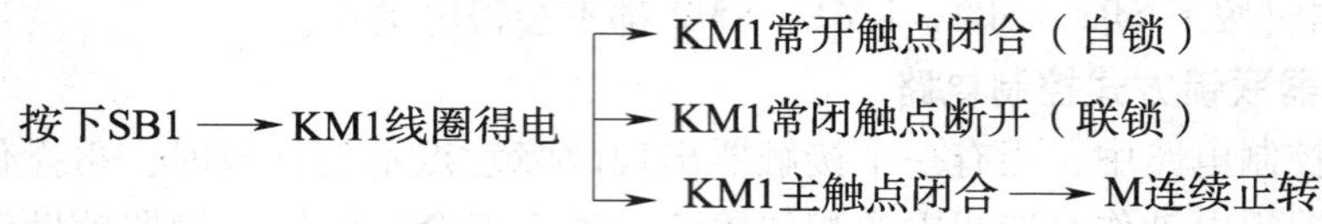

②停止过程：

按下SB3 → KM1线圈失电
→ KM1常开触点复位
→ KM1常闭触点复位
→ KM1主触点断开 → M停转

③反向启动过程：

按下SB2 → KM2线圈得电
→ KM2常开触点闭合（自锁）
→ KM2常闭触点断开（联锁）
→ KM2主触点闭合 → M连续反转

2）检查电路

①对照电路图、接线图中主电路两个接触器的换相线、控制电路的自锁、联锁线，严防接线错误和漏接。

②检查接线端子的接线是否良好，防止虚接现象。

③用万用表测量以下线路（万用表拨置在 $R\times1$ 挡）

a. 正向启动及停止控制：分别按下 SB1、SB2，测得 KM1，KM2 线圈的电阻值。若同时再按下 SB3，万用表显示线路由通而断。

b. 自锁电路的测量，分别按下 KM1，KM2 动触头，测得 KM1，KM2 的线圈电阻值。

c. 联锁电路的测量，按下 KM1 触点测得 KM1 线圈电阻值，同时按下 KM2 触点，使其常闭触点分断，万用表显示由通而断。用同样方法测量 KM1 对 KM2 的联锁作用。

d. 过载保护环节的测量，按上一学习单元过载保护环节的检测方法进行。

3）试运行

经过上述全面检查测量，确定全部正常后，必须在有人监护的情况下进行试运行。

a. 空操作试验，首先断开电源，拆掉电动机连接线 U、V、W。合上电源开关 QS。

b. 正反转启动、停止试验。按下 SB1 使 KM1 立即动作并能保持吸合状态，再按下 SB3 使 KM1 释放，按下 SB2 使 KM2 立即动作并能保持吸合状态，再按下 SB3 使 KM2 释放。

c. 联锁作用试验。按下 SB1 使 KM1 得电动作并保持吸合状态，再按下 SB2，KM1 不释放，KM2 不动作，再按下 SB3 使 KM1 释放；再按 SB2，使 KM2 吸合，按下 SB1，KM2 不释放，KM1 不动作；再按 SB3，KM2 释放后，按 SB1，KM1 动作吸合。应重复操作几次，检查联锁作用的可靠性。

（4）具有双重联锁功能的正反转控制电路

具有双重联锁功能的正反转控制电路如图 2—59 所示。

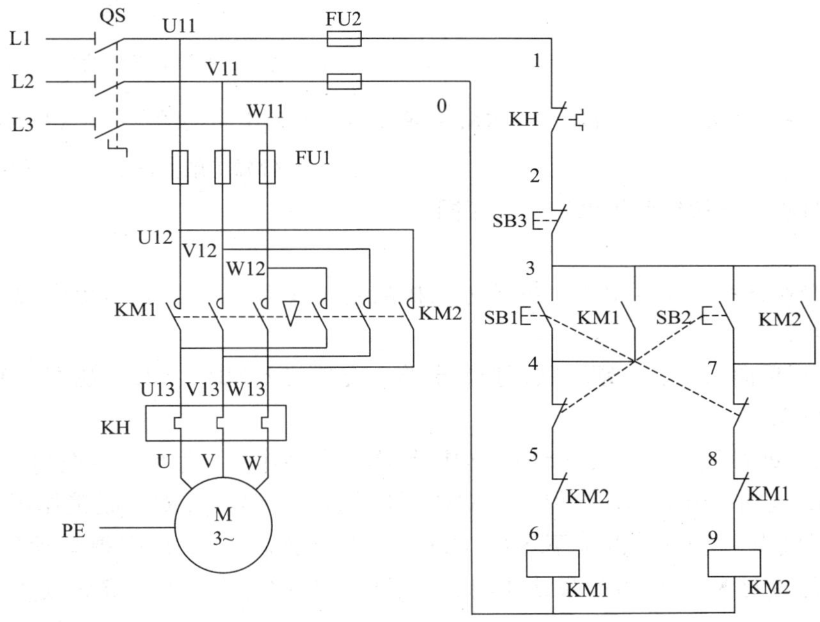

图 2—59　具有双重联锁功能的电动机正反转控制电路图

利用按钮的常闭触点实现联锁的正反向控制电路的控制，操作方便，但容易造成电源相间短路故障。而接触器联锁的正反向控制电路，虽然可以避免接触器故障造成的短路，但是操作不方便，在改变电动机的转向时，必须首先按下停止按钮，不能直接按下按钮改变电动机的转向。双重联锁控制线路，能在不操作停止按钮时可以改变电动机的转向，只需要按一下相反转向的按钮，即可完成按钮和辅助触点联锁功能，既方便又安全，是电动机可两个方向运行的理想电路。

1）双重联锁电路工作原理

双重联锁的正反向控制电路，它的主回路与按钮或辅助触头联锁控制电路完全一样，控制电路中，每个按钮的常闭触点和每个接触器的常闭触头都串联在相反转向的接触器线圈回路里。当任意操作一个按钮时，其常闭触点先打开，而接触器得电动作时，先分断常闭辅助触点，起着双重联锁作用，使相反方向的接触器失电释放。

2）工作过程分析

合上电源开关 QS。

①正向启动过程：

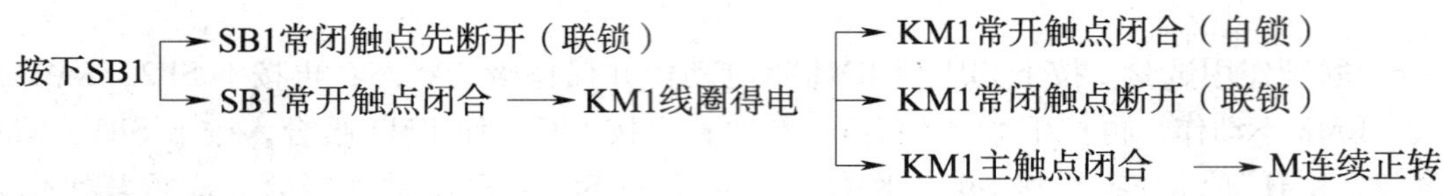

②反向启动过程：

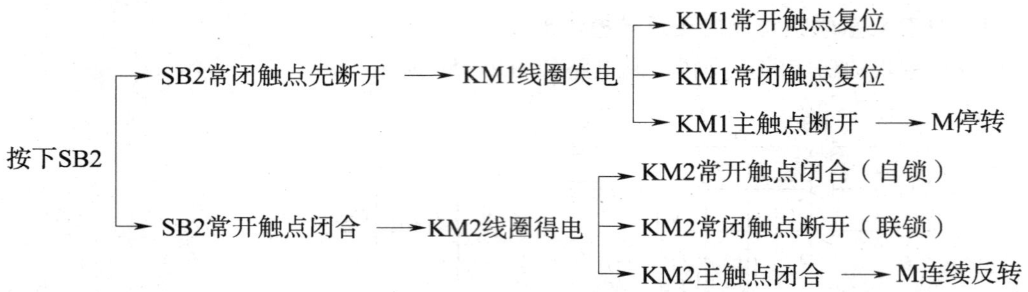

③停止过程：与按钮联锁电路动作相同。

3）试运行

①空载操作试验。断开电源，拆掉电动机的连接线 U、V、W。合上电源开关 QS 后，做以下试验：

a. 检查正反向启动、自锁、联锁控制电路，交替按下 SB1、SB2，观察 KM1 的控制动作情况是否可靠。

b. 检查辅助触头联锁，按下 SB1，KM1 线圈得电动作并自保持，再按 SB2，KM1 立即释放后，KM2 线圈得电动作并自保持，KM1 常闭触点对 KM2 线圈有联锁作用。同样按下 SB2，KM2 线圈得电动作，再按下 SB1，KM2 动作释放后 KM1 线圈得电动作并自保持，KM2 的常闭触点对 KM1 线圈有联锁作用。反复操作几次，重点检查联锁线路工作的可靠性。

②带负载试运行。断开电源 QS 开关，恢复电动机的接线，将 U、V、W 接好，再合上 QS 电源开关试运行。先按下 SB1，电动机正向启动运行，待电动机达到正常转速后，再按下 SB2，使 KM1 释放，KM2 动作，电动机反向启动运行。交替操作 SB1、SB2 使电动机正反向运行，但操作次数不可过于频繁，防止电动机过载发热。

技能训练

电动机接触器联锁正反转控制电路故障排除实训操作

1. 训练目标

能进行电动机接触器联锁正反转控制电路的检查、调试、故障排除。

2. 器材准备

（1）工具。电工常用工具。

（2）仪表。万用表、兆欧表。

3. 操作要求

（1）分析电路工作原理。

（2）更换损坏的器件和排除线路的各类故障使电路正常工作。

（3）原电路的安装和接线工艺不能降低。

4. 操作内容及步骤

（1）故障检修步骤和方法

1）用试验法来观察故障现象。主要注意观察电动机的运行情况、接触器的动作情况和线路的工作情况等，如发现有异常情况，应马上断电检查。

2）用逻辑分析法缩小故障范围，并在电路图上用虚线标出故障部位的最小范围。

3）用测量法准确、迅速地找出故障点。

4）根据故障点的不同情况，采取正确的修复方法，迅速排除故障。

5）排除故障后通电试车。

（2）常见故障及处理方法

无论是哪一种接线方式，在按下启动按钮时，电动机应做出相应的动作。如果电动机不动作（确定电动机没有损坏，主电源接通），说明接触器没有动作，然后检查接触器线圈两端是否有电压。如果无电压，说明进入接触器线圈回路的接点可能不通；如果接点、连线没有问题，则检查控制电路熔丝是否熔断，如此以电动机动作为前提，提出上一级元件动作的条件，检查条件是否满足，对照接线图逐个元件、逐级进行分析后即可找出故障点。

在电动机正反转控制电路中（图 2—58），KM1 接触器用来接通电动机正转电路，其电动机正转控制回路为：L1 相电源——熔断器 FU2——热继电器 KH——停止按钮 SB3——正转启动按钮 SB1，辅助触头 KM1 闭合自锁——常闭辅助触头 KM2——正转接触器 KM1 线圈——熔断器 FU2——L2 相电源。

图 2—58 中 KM2 接触器用来接通电动机反转电路，其控制回路为：L1 相电源——熔断器 FU2——热继电器 KH——停止按钮 SB3——反转启动按钮 SB2，辅助触头 KM2 闭合自锁——常闭辅助触头 KM1——反转接触器 KM2 线圈——熔断器 FU2——L2 相电源。

电动机正反转控制电路的常见故障及其处理方法见表 2—17。

表 2—17　　电动机正反转控制电路的常见故障及处理方法

故障现象	可能的故障原因	处理方法
按正反转按钮电动机均不能启动	主回路无电或控制电路熔丝断	1. 检查电源是否正常，恢复供电 2. 如熔丝烧毁应更换熔丝
	控制按钮内触点接触不良	修复触点
	正反向控制接触器线圈均损坏	更换接触器或接触器线圈
	电动机损坏	修理或更换电动机

续表

故障现象	可能的故障原因	处理方法
正反转按钮中有一只按钮能控制电动机启动，另一只不能控制	1. 正反转控制按钮中有一只按钮触点接触不良 2. 正反转控制按钮中有一只互锁常开触点接触不良 3. 正反转控制按钮中有一只互锁常闭触点接触不良	修复触点
	正反转控制按钮中有一只启动按钮与停止按钮间的连线断	接好连线
	正反转控制按钮中有一只接触器线圈已损坏	更换接触器线圈
热继电器动作引起停车	热继电器设定值不当	重新调整设定值
	热继电器损坏	更换
	电动机过载	调整负载

（3）学生观摩检修。在线路上人为设置自然故障点，由教师示范检修，边分析边检查，直至故障排除。

（4）教师在线路中设置两处人为的自然故障点，由学生按照检查步骤和检修方法进行检修。

三、三相笼型异步电动机Y－△降压启动控制电路的检查、调试、故障排除

1. 按钮控制Y－△降压启动控制电路

按钮控制Y－△启动电路常用于轻载或无载启动的电动机的降压启动控制。由于采用按钮操作，用接触器接通电源改换电动机绕组的接法，因而使用方便，如图2—60所示为按钮控制Y－△启动控制电路原理图。

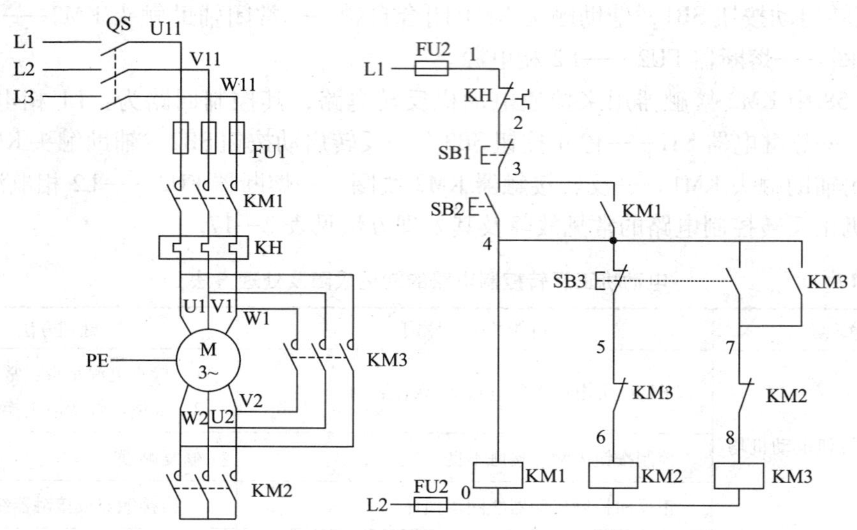

图2—60 电动机按钮控制Y－△启动控制电路图

主电路中 KM1 是电源接触器，它的主触头将三相电源接到电动机 U1、V1、W1 端子上。KM2 是星形接触器，它的主触头上端子分别接到电动机 U2、V2、W2 端子，而下端子用导线短接在一起，启动时电动机绕组接成星形，KM3 是三角形接触器，它的主触点将电动机绕组接成三角形。严禁 KM2、KM3 同时得电，否则将造成电源相间短路故障。

控制电路中使用三个按钮：SB1 控制停车，SB2 控制星形启动，SB3 控制三角形运行。按下 SB2 时 KM1、KM2 线圈同时得电动作，按下 SB3 时先断开 KM2 线圈回路，后接通 KM3 线圈回路，防止 KM3 在 KM2 主触头断开前得电动作。在 KM2、KM3 之间设有辅助触点联锁，防止电源相间短路。控制电路还可以防止误操作引起电动机启动顺序错误。如果未按下 SB2，而直接按下 SB3 进行三角形启动，自锁触点未闭合，控制电路不会接通。

(1) 工作过程分析

合上电源开关 QS，接通电源。

星形启动时：

按下SB2
- → KM1线圈得电
  - → KM1常开辅助触点闭合 → 实现自锁
  - → KM1主触点闭合 ↓
- → KM2线圈得电
  - → KM2主触点闭合 → 电动机绕组星形启动
  - → KM2常闭辅助触点断开 → 实现联锁

三角形启动时：

按下SB3
- → SB3常闭触点断开 → KM2线圈失电
  - → KM2主触点复位 → 电动机星形绕组断开
  - → KM2常闭辅助触点复位 → 解除联锁
- → SB3常开触点闭合 → KM3线圈得电
  - → KM3主触点闭合 → 电动机绕组三角形运行
  - → KM3常闭辅助触点断开 → 实现联锁

停止时：

按下SB1 → 控制线路失电 → 各接触器释放 → 电动机停转

(2) 检查和测试电路

1) 按照原理图进行接线，并对线路进行核对，重点检查主电路各接触器之间的关系，星形联结的封闭接线，三角形联结的连接接线及控制电路的自锁线、联锁线，防止错接、漏接等现象。

2) 检查各端子接线是否牢固。

3) 用万用表的 $R\times1$ 挡进行测量检查

①检查主电路时，取下 FU2 熔断器，断开控制电路。

a. 检查 KM1 控制作用，将万用表的两支表笔分别接到 QS 的下端子 U11 和电动机上的 U1 端子，测量为断路，按下 KM1 触点时测量为通路，再用同样的方法测量 V11 和 V1，W11 和 W1 端子为断路，按下 KM1 触头时测量为通路。

b. 检查星形接线启动，将万用表表笔接到 QS 下端子 U11、V11 端，同时按下 KM1、KM2 的触点，测量电动机两相相间绕组的电阻值，同样方法测量 V11、W11 和 W11、U11 端子间的其他两相相间电动机绕组的电阻值。

c. 三角形运行线的检查，将万用表表笔接到 QS 下端子 U11、V11 端，同时按下 KM1、KM3 触点，测量电动机两相绕组串联后再与第三相绕组并联的电阻值。

②检查控制电路时，首先装好 FU2 熔断器，将万用表表笔接到 QS 下端子 U11、V11 端进行测量（万用表置于 $R\times100$ 电阻挡）。

a. 测量星形启动控制时，按下 KM1、KM2 触点，测出两个线圈的并联电阻值，松开后两个接触器触点 KM1、KM2 复位后，再按下 KM1 触点，测出结果与按下两个接触器触头相同，则说明启动线路正常。

b. Y－△控制电路的检查，同时按下 KM1、KM2 触点，测出两个线圈并联电阻值后，再按下 SB3 使其常闭触点分断，使万用表显示电阻值增大（为 KM1 线圈电阻值），再将 KM2 触头松开，同时按下 KM1、KM3 触点，测出 KM1 和 KM3 两个线圈的并联电阻值。

c. KM2、KM3 联锁电路的检查，先拆开 KM1 线圈上端子接线，按下 SB2 测出 KM2 线圈电阻值，再同时按下 KM3 触点，使其常闭触点分开，万用表显示由通而断，同时按下 SB2、SB3 测出 KM3 线圈的电阻值，同时轻按下 KM2 触点，使其常闭触点分开，万用表显示电路由通而断。

d. KM3 自锁电路的检查，先拆开线圈上端子接线，按下 SB2，测出 KM2 线圈电阻值，最后恢复 KM1 上端子的接线。

（3）试运行

1）空载操作试验

首先拆掉电动机的连接线 U1、V1、W1。合上电源开关 QS 接通电源，按下 SB2，KM1、KM2 同时动作并保持吸合状态。轻按下 SB3 使其常闭触点分开，KM2 断开释放而 KM1 保持吸合状态。若 SB3 按到底，KM3 通电动作保持吸合状态，按下 SB1 各接触器均释放。重复操作几次检查电路动作的可靠性。

2）带负载试运行

断开电源开关 QS，恢复电动机的接线，将 U1、V1、W1 接线接牢。并做好立即停车的准备。合上电源开关 QS，按下 SB2，KM1、KM2 同时吸合，电动机星形启动运行。按下 SB3，KM1、KM3 吸合，电动机三角形全压运行。按下 SB1，各接触器释放，电动机断电停止运行。反复操作几次，检查控制电路动作的可靠性。

2. 时间继电器控制Y－△降压启动控制电路

（1）时间继电器控制Y－△启动控制电路原理分析

时间继电器控制Y－△启动控制电路与按钮控制电路基本相同，其主电路完全相同，仅在控制电路中增设一个时间继电器 KT，用来控制电动机绕组星形启动的时间和三角形运行状态的转换，而取消运行控制按钮 SB3，电路可以自动从星形启动转换成三角形运行状态，以防止操作人员忘记进行转换，避免电动机长时间低压运行造成过载。

如图 2—61 所示为电动机时间继电器控制Y－△启动控制电路原理图，按下启动按钮 SB1，时间继电器 KT 和接触器 KM2 同时通电吸合，KM2 的常开触点闭合，把定子绕组连接成星形，其常开辅助触点闭合，接通接触器 KM1。

KM1 的常开主触点闭合，将定子接入电源，电动机在星形连接下启动。KM1 的一对常开辅助触点闭合，进行自锁。经一定延时，KT 的常闭触点断开，KM2 断电复位，接触器

KM3 通电吸合。KM3 的常开主触点将定子绕组接成三角形，使电动机在额定电压下正常运行。与按钮 SB1 串联的 KM3 的常闭辅助触点的作用是：当电动机正常运行时，该常闭触点断开，切断了 KT、KM2 的通路，即使误按 SB1，KT 和 KM2 也不会通电，以免影响电路正常运行。若要停车，则按下停止按钮 SB2，接触器 KM1、KM3 同时断电释放，电动机脱离电源停止转动。

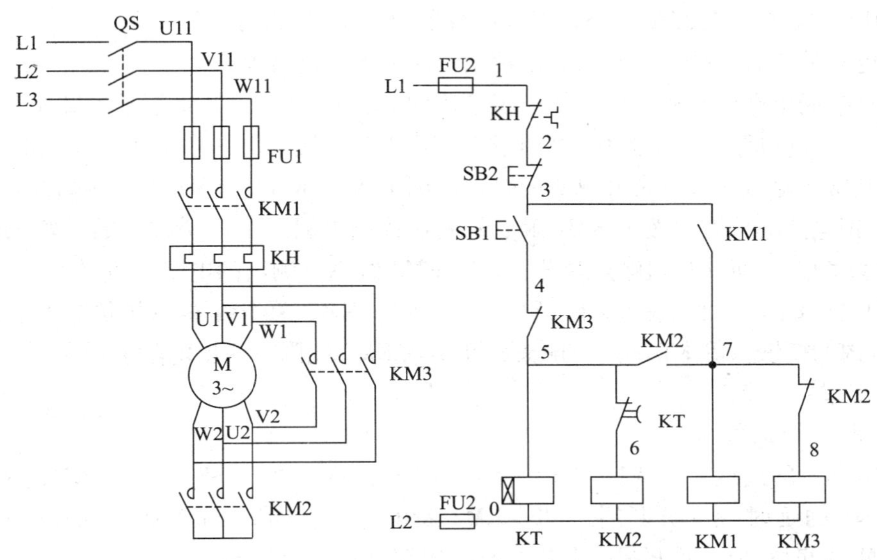

图 2—61　电动机时间继电器控制 Y －△启动控制线路

线路中由接触器 KM2 的常开辅助触头接通电源接触器 KM1 的线圈回路，使 KM2 主触点先短接后，再使 KM1 接通电源，而 KM2 主触点不操作启动电路，使其电流的容量可以适当减小。在 KM2 与 KM3 之间有辅助触点联锁，防止同时动作造成短路。

（2）工作过程分析

合上电源开关 QS：

启动时：

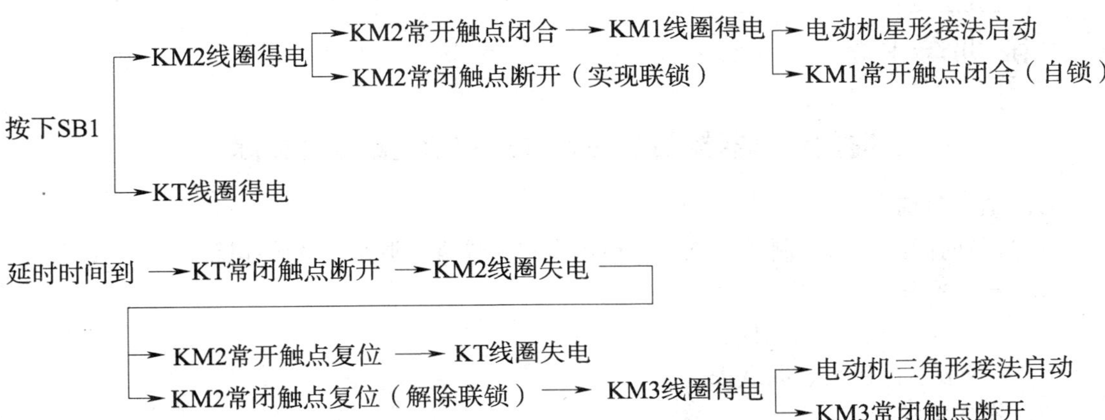

停止时：

按下SB2 ⟶ 控制线路失电 ⟶ 各接触器释放 ⟶ 电动机停转

（3）电路的检查和测量

1）按照原理图、接线图认真核对电路。

2）检查各导线压接是否牢固。

3）用万用表检查与测量电路，将万用表拨到 $R\times1$ 挡进行检查。

①主电路的检查，按按钮转换启动控制电路的方法进行检查。

②启动控制电路的检查，将万用表表笔接到 QS 下端 U11、V11 端子上做如下测试：

a. 启动控制电路，按下 SB1，测出 KT、KM2 两个线圈的并联电阻值；同时按下 KM2 触头，使其常闭触点分开，常开触头闭合，应测出 KT、KM2、KM1 三个线圈并联电阻值。

b. 连锁电路的检查，按下 KM1 触点，测出控制电路 3 个电磁线圈的并联电阻值，再轻按下 KM2 触点，使其常闭触点分开，切除 KM3 线圈，测出的电阻值应增大。

c. KT 控制作用的检查。按下 SB1，测出 KT、KM2 两个线圈的并联电阻值，再按住 KT 电磁机构的衔铁。等 KT 的延时触头分断切除 KM2 线圈，测出电阻值增大。

（4）试车

1）空载操作试车

拆掉电动机的连线 U1、V1、W1。合上电源开关 QS。按下 SB1，KT、KM2 应同时通电动作，待 KT 的延时触头分断后，KT、KM2 断电释放，同时 KM3 通电动作，按下 SB2，KM1 和 KM3 同时释放，重复操作几次，检查电路动作的可靠性。

2）带负载试车

首先断开电源，拉下 QS 开关，恢复电动机连接线，将 U1、V1、W1 导线接牢，并做好停车准备，合上 QS，接通电源按下 SB1，电动机通电启动，注意电动机运转的声音，待几秒后线路转换，电动机全压运行，转速达到额定值。若Y－△转换时间不合适时，可调整 KT 的指针，使延时时间更准确。如电动机发生异常现象，应立即停车，通过认真检查，处理故障后，再投入运行。

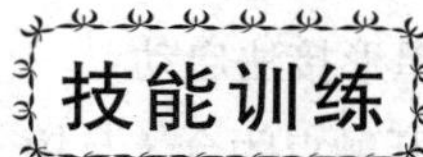

技能训练

时间继电器控制Y－△降压启动电路故障排除

1. 训练目标

能进行时间继电器控制Y－△降压启动电路的检查、调试、故障排除。

2. 器材准备

（1）工具。电工常用工具。

（2）仪表。万用表、兆欧表。

3. 操作要求

（1）分析电路工作原理。

（2）更换损坏的器件和排除线路的各类故障使电路正常工作。

（3）原电路的安装和接线工艺不能降低。

4．操作内容及步骤

（1）以时间继电器控制Y－△降压启动电路为例。其具体故障排除方法见表2—18。

表2—18　　常见故障及处理方法

故障现象	可能的故障原因	故障处理方法
电动机不能启动	主回路无电或控制线路熔丝断	1．检查电源是否正常，恢复供电 2．如熔丝烧毁更换熔丝
	控制按钮内触点接触不良	修复触点
	接触器线圈损坏	更换接触器或接触器线圈
	电动机损坏	修理或更换电动机
转换时发生短路或跳闸	Y－△转换时，星形接触器主触头断开还没有完全熄弧时，三角形接触器就合上	采用Y－△启动专用型时间继电器，其动作时，常闭触点断开到常开触点闭合间有固定的100 ms左右的时间
	KM2、KM3的线圈接线松动，然后震动造成KM2、KM3动作并造成短路	检查并紧固线圈
	星形接触器（KM2）控制三角形接触器（KM3）的常闭点接触不良	更换接触器或触点
热继电器动作引起停车	热继电器设定值不当	重新调整设定值
	热继电器损坏	更换
	电动机过载	调整负载

（2）学生观摩检修。在线路上人为设置自然故障点，由教师示范检修，边分析边检查，直至故障排除。

（3）教师在线路中设置两处人为的自然故障点，由学生按照检查步骤和检修方法进行检修。

四、三相笼型异步电动机电磁抱闸制动电路的检查、调试、故障排除

1．三相笼型异步电动机电磁抱闸制动控制电路原理分析

由于电动机转子惯性的原因，异步电动机从切除电源到停车有一个过程，需要一段时间。为了缩短停车时间、提高生产效率，许多机床（如万能铣床、卧式镗床、组合机床等）都要求能迅速停车和精确定位。这就要求对电动机进行制动，强迫其立即停车。

机床上制动停车的方式有两大类：机械制动和电气制动。机械制动是利用机械或液压制动装置来实现制动的。电气制动是由电动机产生一个与原来旋转方向相反的力矩来实现

制动的。机床中常用的电气制动方式有能耗制动和反接制动。

能耗制动的原理是：在切除异步电动机的三相电源之后，立即在定子绕组中接入直流电源，转子切割恒定磁场产生的感应电流与恒定磁场作用产生制动力矩，使电动机高速旋转的动能消耗在转子电路中。当转速降为零时，切除直流电源，制动过程完毕。能耗制动的优点是：制动准确、平稳、能量消耗小。其缺点是：制动力较小（低速时尤为突出），需要直流电源。能耗制动适用于要求制动准确、平稳的场合，如磨床、龙门刨床及组合机床的主轴定位等。

反接制动是利用改变异步电动机定子绕组上三相电源的相序，使定子产生反向旋转磁场作用于转子而产生强力制动力矩。反接制动时，旋转磁场的相对速度很大，定子电流也很大，因此制动迅速。但在制动过程中有较大冲击，对传动机构有害，能量消耗也较大。此外，在速度继电器动作不可靠时，反接制动还会引起反向再启动。因此反接制动方式常用于不频繁启动、制动时对停车位置无精确要求而传动机构能承受较大冲击的设备中，如铣床、镗床、中型车床主轴的制动。

2. 机械制动控制电路

利用机械装置使电动机断开电源后迅速停转的方法称为机械制动。机械制动分为通电制动型和断电制动型两种。

电磁抱闸制动装置由电磁操作机构和弹簧力机械抱闸机构组成，图 2—62 所示为断电制动型电磁抱闸的结构及其控制电路。

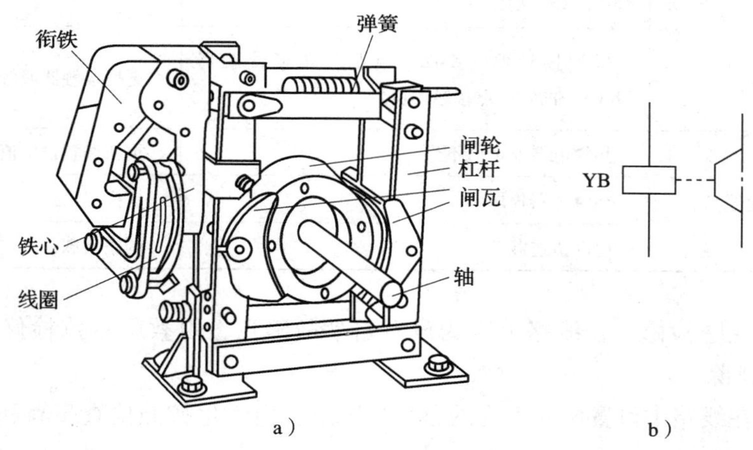

图 2—62 断电制动型电磁抱闸制动器

a）结构 b）符号

1—线圈 2—衔铁 3—铁芯 4—弹簧 5—闸轮 6—杠杆 7—闸瓦 8—轴

断电制动型电磁抱闸制动控制电路如图 2—63 所示，电路工作原理如下：

工作时，合上电源开关 QF，按下启动按钮 SB1 后，接触器 KM 线圈得电自锁，主触点闭合，电磁铁线圈 YB 通电，衔铁吸合，使制动器的闸瓦和闸轮分开，电动机 M 启动运转。停车时，按下停止按钮 SB2 后，接触器 KM 线圈断电，自锁触点和主触点分断，使电动机和电磁铁线圈 YB 同时断电，衔铁与铁芯分开，在弹簧拉力的作用下闸瓦紧紧抱住闸轮，电动机迅速停车。

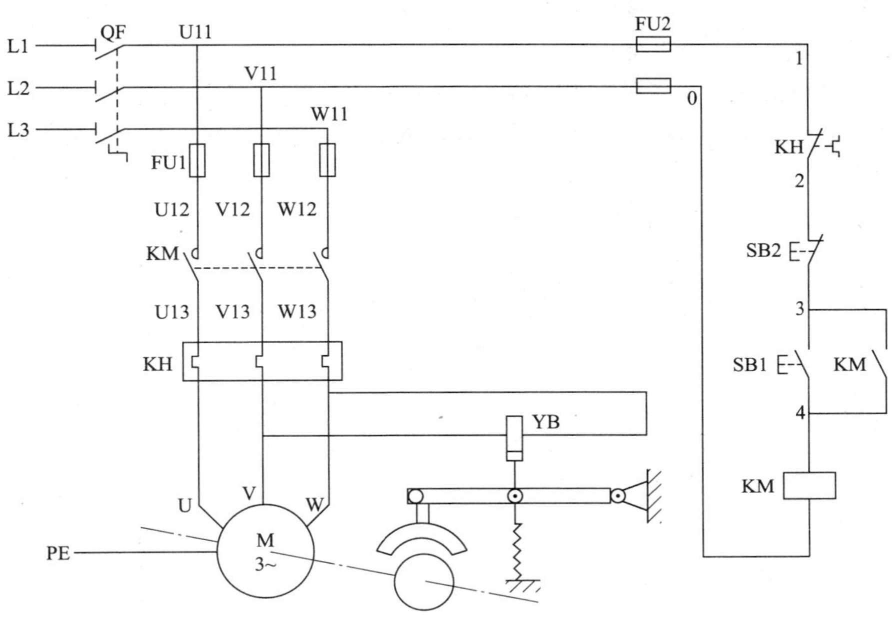

图 2—63　断电制动型电磁抱闸制动控制电路图

3. 常见故障及处理

以三相笼型异步电动机电磁抱闸制动控制电路为例，具体故障排除方法见表 2—19。

表 2—19　　　**常见故障及排除**

序号	故障现象	故障分析	故障处理
1	电动机不能启动	同表 2—18 分析	同表 2—18 分析
2	热继电器动作引起停车	同表 2—18 分析	同表 2—18 分析
3	电动机有电，抱闸不能打开	YB 连接导线开路	排除电路上的问题
		电磁铁线圈损坏	更换电磁铁线圈
4	抱闸不紧或太紧	机械间隙太大或太小	调整机械间隙

课后练习

1. 拆装 CJ20－10、CJ20－20 型号的交流接触器并通电试验。
2. 改装 JS7－A 型号的时间继电器（由通电延时改为断电延时或相反操作）。
3. 什么叫自锁，在线路中如何判断？
4. 什么叫联锁，在线路中如何判断？
5. 在电动机的控制线路中，短路保护和过载保护各由什么电器来实现，它们能否互相代替使用？为什么？

6. 简述电动机基本控制线路故障检修的步骤和方法。
7. 如何实现电动机的正反转？
8. 什么叫降压启动？常见的降压启动方法有哪几种？
9. 分析电动机Y－△降压启动运行的瞬间造成主电路烧毁熔断器故障的原因。

模块三 基本电子电路装调维修

课题1　电子元件的识别

学习目标

1. 熟悉常用电子元件的图形符号、文字符号和参数。
2. 掌握电阻器、电容器、电感器的选型原则。
3. 掌握二极管、三极管的选型方法。

一、电阻器、电容器、电感器的识别

1. 电阻器

电阻器是电路元件中应用最广泛的一种电路元件，在电子设备中占元件总数的30%以上，其质量的好坏对电路工作的稳定性有极大影响。它的主要用途是稳定和调节电路中的电流和电压，其次还作为分流器、分压器和负载使用。

(1) 电阻器的型号

电阻器通常称为电阻，它分为固定式电阻器和可变式电阻器（电位器），如图3—1所示。它在电路中起分压、分流和限流等作用，是一种应用非常广泛的电子元件。电阻器按组成材料不同可分为碳膜、金属膜、合成膜和线绕等电阻器；按用途不同可分为通用型、精密型等电阻器；按工作性能及电路功能不同可分为固定式电阻器、可变式电阻器和敏感电阻器三大类。

常用电阻器的命名一般由四部分组成，各部分的含义见表3—1。

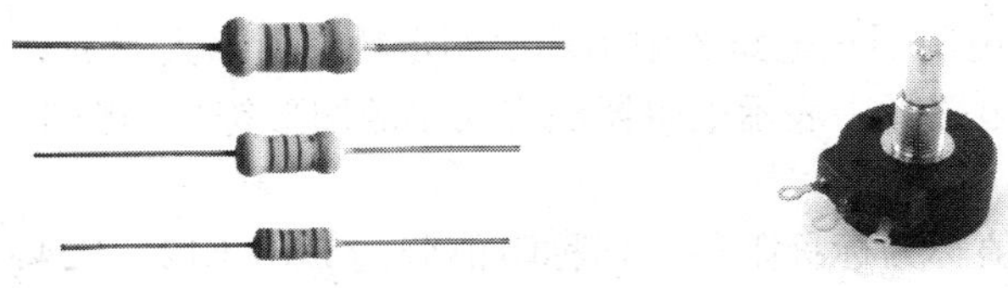

图3—1　电阻器实物图

表 3—1　　电阻器的型号命名法

第一部分：主称		第二部分：材料		第三部分：特征分类			第四部分：序号
符号	意义	符号	意义	符号	意义		
					电阻器	电位器	
R	电阻器	T	碳膜	1	普通	普通	对主称、材料相同，仅性能指标、尺寸大小有差别，但基本不影响互换使用的产品，给予同一序号；若性能指标、尺寸大小明显影响互换时，则在序号后面用大写字母作为区别代号
W	电位器	H	合成膜	2	普通	普通	
		S	有机实心	3	超高频		
		N	无机实心	4	高阻		
		J	金属膜	5	高温		
		Y	氧化膜	6			
		C	沉积膜	7	精密	精密	
		I	玻璃釉膜	8	高压	特殊函数	
		P	硼碳膜	9	特殊	特殊	
		U	硅碳膜	G	高功率		
		X	线绕	T	可调		
		M	压敏	W		微调	
		G	光敏	D		多圈	
		R	热敏	B	温度补偿用		
				C	温度测量用		
				P	旁热式		
				W	稳压式		
				Z	正温度系数		

如：RJ71 型的命名含义：R 电阻器；J 金属膜；7 精密；1 序号。

（2）电阻器的主要参数

1）额定功率

在规定的环境温度和湿度下，假定周围空气不流通，在长期连续负载而不损坏或基本不改变性能的情况下，电阻器上允许消耗的最大功率称为额定功率。为保证安全使用，一般选其额定功率比它在电路中消耗的功率高 1 ~2 倍。电阻器的额定功率采用标准化的额定功率系列值。其中线绕电阻器的额定功率系列为 3 W、4 W、8 W、10 W、16 W、25 W、40 W、50 W、75 W、100 W、150 W、250 W、500 W。非线绕电阻器的额定功率系列为：1/8 W、1/4 W、1/2 W、1 W、2 W、5 W 等。

通常小于 1 W 的电阻器在电路图中不标出额定功率值。大于 1 W 的电阻器用数字加单位直接表示出来。在电路图中表示电阻器额定功率的图形符号如图 3—2 所示。

2）标称阻值

产品上标示的阻值称为标称阻值。标称阻值分为 E6、E12、E24、E48、E96、E192 六个系列，分别适用于允许偏差为 ±20%、±10%、±5%、±2%、±1%、±0.5% 的电阻器。表 3—2 列出了部分系列的标称阻值，标称阻值都应符合下表所列数值，其单位为欧（Ω）、千欧（kΩ）、兆欧（MΩ）。

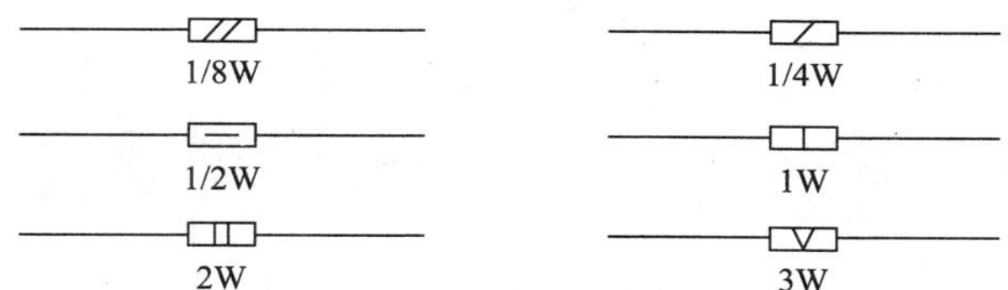

图 3—2 电阻器额定功率符号

表 3—2 **标称阻值系列**

允许误差	系列代号	标称阻值系列
5%	E24	1.0 1.1 1.2 1.3 1.5 1.6 1.8 2.0 2.2 2.4 2.7 3.0 3.3 3.6 3.9 4.3 4.7 5.1 5.6 6.2 6.8 7.5 8.2 9.1
10%	E12	1.0 1.2 1.5 1.8 2.2 2.7 3.3 3.9 4.7 5.6 6.8 8.2
20%	E6	1.0 1.5 2.2 3.3 4.7 6.8

电阻器的标称电阻值和偏差一般都标在电阻体上，其标法有 4 种：直标法、文字符号法、数码法和色标法。目前常用的是色标法，标法如下：

小功率碳膜和金属膜电阻器一般都用色环表示电阻器阻值的大小。色环电阻器分为四色环和五色环，颜色的环代表阻值大小，每种颜色代表不同的数字，见表 3—3。

表 3—3 **色环颜色所代表的数字或意义**

颜色	第一色环 第一位数字	第二色环 第二位数字	第三色环 应乘的数	第四色环 误差值（%）
黑	0	0	10^0	—
棕	1	1	10^1	±1
红	2	2	10^2	±2
橙	3	3	10^3	—
黄	4	4	10^4	—
绿	5	5	10^5	±0.5
蓝	6	6	10^6	±0.25
紫	7	7	10^7	±0.1
灰	8	8	10^8	—
白	9	9	10^9	—
金			10^{-1}	±5%
银			10^{-2}	±10%
无色				±20%

电阻器的色标是由左向右排列的，示例电阻为 51 kΩ ±0.5%，其四环电阻如图 3—3 所示。精密度电阻器的色环标志用五个色环表示。第一至第三色环表示电阻的有效数字，第四色环表示应乘的数，第五色环表示允许偏差，示例电阻为 512 kΩ ±1%，其五环电阻如图 3—4 所示。

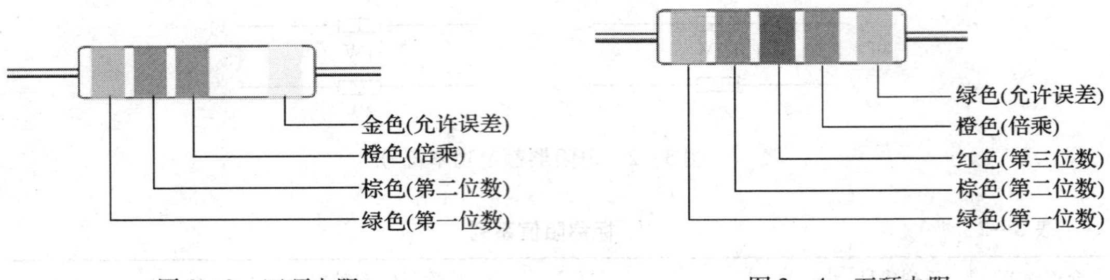

图 3—3　四环电阻　　　　图 3—4　五环电阻

3）最高工作电压

最高工作电压是指电阻器长期工作不发生过热或电击穿损坏时的电压。如果电压超过规定值，电阻器内部产生火花，引起噪声，甚至损坏。表 3—4 是碳膜电阻的最高工作电压。

表 3—4　　碳膜电阻的最高工作电压

额定功率（W）	1/16	1/8	1/4	1/2	1	2
最高工作电压（V）	100	150	350	500	750	1 000

(3) 电阻器的选用

根据电阻体材料的不同，电阻器可以分为薄膜型、合金型和合成型。

1）薄膜电阻器的选用

①金属膜电阻器（RJ）。金属膜电阻器的导电膜层为金属或合金材料，性能优良，工作环境温度范围较宽，功率体积比大，有利于设备的小型化。适用于直流、交流和脉冲电路中，额定环境温度为 70℃。

②金属氧化膜电阻器（RY）。金属氧化膜电阻器的导电膜层为金属氧化物，因此，其特点有：耐热性能好，阻值稳定，不易被氧化，故稳定性高。但由于金属氧化物在潮湿环境中，在直流电压的作用下容易还原，所以金属氧化膜电阻器应尽量不用于直流电路中。金属氧化膜电阻器的额定环境温度为 70℃。

③碳膜电阻器（RT）。碳膜电阻器是在真空中利用热分解的方法制造而成的，所以有较高的化学稳定性和较大的电阻率。碳膜电阻器的阻值范围最宽，温度系数为负值，受电压和频率的影响较小，并且价格便宜，所以适用于各种电路。缺点是功率体积比小，因此体积较大。碳膜电阻器的额定环境温度较低，为 40℃。

2）合金电阻器的选用

合金电阻器包括线绕电阻器、合金箔电阻器和块金属电阻器，内部没有接触电阻，因此不存在非线性和电流噪声，温度系数最低，长期稳定性好，可用做精密电阻器和大功率电阻器。

3）合成电阻器的选用

合成电阻器的电性能指标没有薄膜电阻器好，但其可靠性却优于薄膜电阻器，所以合成电阻器可用于高可靠性要求的设备中。

(4) 电阻器阻值的测量

电阻器可以用万用表进行阻值测量。电阻器的测量如图 3—5 所示。

1）固定电阻器的测量

将万用表两表笔（不分正负）分别与电阻的两端引脚相接即可测出实际电阻值。为了提高测量精度，应根据被测电阻标称值的大小来选择量程。由于欧姆挡刻度的非线性关系，它的中间一段分度较为精细，因此应使指针指示值尽可能落到刻度的中段位置，即全刻度起始的 20% ~80% 弧度范围内，以使测量更准确。根据电阻误差等级不同。读数与标称阻值之间分别允许有 ±5% 、±10% 或 ±20% 的误差。如不相符，超出误差范围，则说明该电阻值有变化。

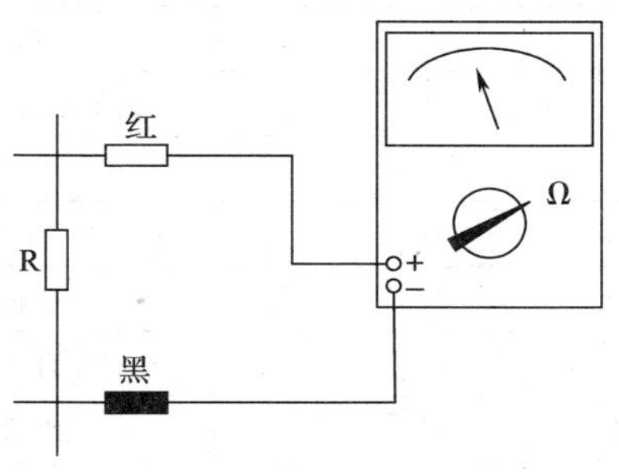

图 3—5　电阻器的测量

万用表测量几十千欧以上阻值的电阻时，手不要触及表笔和电阻的导电部分；被测量的电阻从电路中焊下来，至少要焊开一个头，以免电路中的其他元件对测试产生影响，造成测量误差。

2）电位器的测量

用万用表测试时，先根据被测电位器阻值的大小，选择好万用表的合适电阻挡位，然后进行检测。用万用表的欧姆挡测“1”“2”（或“2”“3”）两端，将电位器的转轴按逆时针方向旋至接近“关”的位置，这时电阻值逐渐减至最小。再顺时针慢慢旋转轴柄，电阻值应逐渐增大，表头中的指针应平稳移动。当轴柄旋至极端位置“3”时，阻值应接近电位器的标称值。

2. 电容器

电容器是一种储能元件，在电路中用于调谐、滤波、耦合、旁路、能量转换和延时。电容器通常叫作电容。按其结构可分为固定电容器、半可变电容器、可变电容器三种。

(1) 电容器的型号

国产电容器的型号一般由四个部分组成，如图 3—6 所示。各部分的含义见表 3—5、表 3—6。

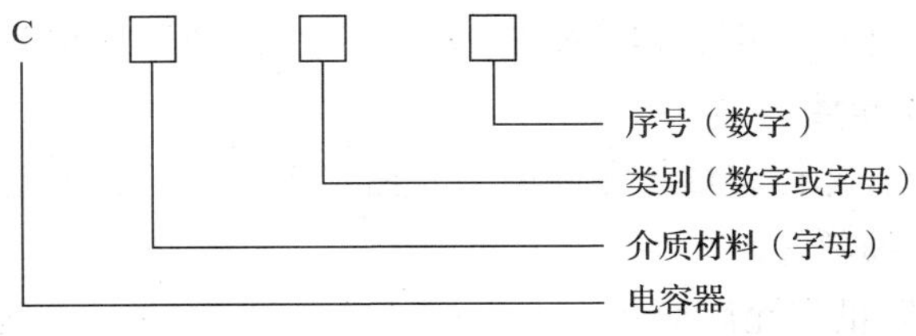

图 3—6　电容器的型号

表 3—5　　电容器的介质材料

字母	电容器介质材料	字母	电容器介质材料
A	钽电解	L	聚酯等极性有机膜
B	聚苯乙烯等非极性膜	N	铌电解
C	高频陶瓷	O	玻璃膜
D	铝电解	Q	漆膜
E	其他材料电解	ST	低频陶瓷
G	合金电解	V	云母纸
H	纸膜复合	Y	云母
I	玻璃釉	Z	纸
J	金属化纸		

表 3—6　　电容器的类别

数字	瓷介电容器	云母电容器	有机电容器	电解电容器
1	圆形	非密封	非密封（金属箔）	箔式
2	管形（圆柱）	非密封	非密封（金属化）	箔式
3	叠片	密封	密封（金属箔）	烧结粉、非固体
4	多层（独石）	密封	密封（金属化）	烧结粉、固体
5	穿心		穿心	
6	支柱式		交流	交流
7	交流	标准	片式	无极性
8	高压	高压	高压	
9			特殊	特殊
G	高功率			

例如：CL21 表示序号为 1 的聚酯（涤纶）膜管形电容器；CD11 表示序号为 1 的铝电解圆形电容器。

（2）电容器的标号

电容器的标称容量、允许误差（精度等级）可用数字、字母或色码在电容器上标明，标注方法与电阻器相同。通常电容器的电容量小于 10 000 pF 时，用 pF 做单位，大于 10 000 pF 时，用 μF 做单位。电容器的额定工作电压（耐压）一般直接标注在电容器上。

（3）电容器的主要参数

电容器的主要参数有标称容量与允许偏差、额定工作电压、温度系数、漏电流、绝缘电阻、频率特性和介质损耗等。

1）电容器的标称容量与允许偏差

标示在电容器上的电容量称作标称容量。电容器的实际容量与标称容量存在一定的偏差，电容器的标称容量与实际容量的允许最大偏差范围称作电容器的允许偏差。电容器的标称容量与实际容量的误差反映了电容器的精度。精度等级与允许偏差的对应关系见表3—7。一般电容器常用Ⅰ、Ⅱ、Ⅲ级，电解电容器用Ⅳ、Ⅴ、Ⅵ级。

表3—7　　电容器的精度等级与允许偏差的对应关系

精度等级	00	0	Ⅰ	Ⅱ	Ⅲ	Ⅳ	Ⅴ	Ⅵ
允许偏差（%）	±1	±2	±5	±10	±20	+20 -10	+50 -20	+50 -30

2）电容器的额定工作电压

额定工作电压是指电容器在规定的温度范围内，能够连续可靠工作的最高电压，有时又分为额定直流工作电压和额定交流工作电压。额定工作电压的大小与电容器所用介质和环境温度有关。环境温度不同，电容器能承受的最高工作电压也不同。选用电容器时，要根据其工作电压的大小，选择额定工作电压大于实际工作电压的电容器，以保证电容器不被击穿。常用的固定电容器工作电压有6.3 V、10 V、16 V、25 V、50 V、63 V、100 V、400 V、500 V、630 V、1 000 V、2 500 V。耐压值一般直接标示在电容器上。

（4）电容器的选用

常用的电容器按其介质材料可分为电解电容器、瓷介电容器和玻璃釉电容器等。

1）电解电容器

电解电容器又分为铝电解电容器和钽电解电容器等。图3—7所示为电解电容器外形图。

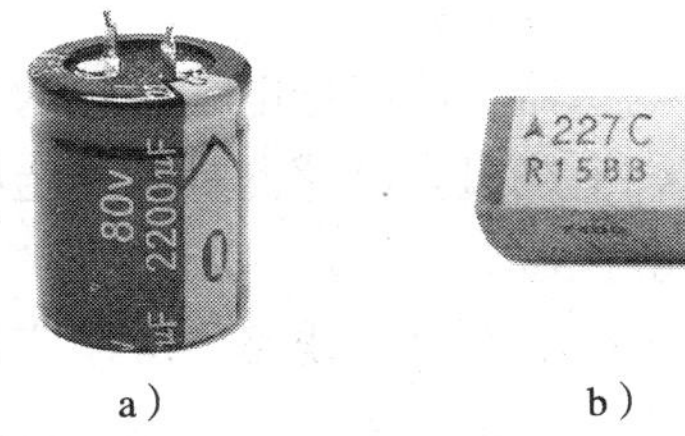

a）　　b）

图3—7　电解电容器外形图
a）铝电解电容器　b）钽电解电容器

铝电解电容器是由铝圆筒作负极，里面装有液体电解质，插入一片弯曲的铝带作正极制成的，还需要经过直流电压处理，使正极片上形成一层氧化膜作介质。其特点是容量大、漏电流大、精度低、稳定性差。常用于交流旁路电路和滤波电路，也可用于要求不高的信号耦合电路。铝电解电容器有正、负极之分，使用时不能接反。

钽电解电容器是由金属钽作正极，用稀硫酸等配液作负极，用钽表面生成的氧化膜作介质制成的。它的特点是体积小、容量大、性能稳定、寿命长、绝缘电阻大、温度特性好。常用在要求较高的设备中。

2）瓷介电容器

瓷介电容器是用陶瓷做介质，在陶瓷基体两面喷涂银层，然后烧成银质薄膜做极板制成的。它的特点是体积小、耐热性好、损耗小、绝缘电阻高，但容量小，常用于要求电容量稳定和温度补偿电路中，适宜用于高频电路。瓷介电容器外形图如图3—8所示。

3）玻璃釉电容器

玻璃釉电容器以玻璃釉作介质，具有瓷介电容器的优点，且体积更小，耐高温。玻璃釉电容器外形图如图3—9所示。

（5）电容器性能和好坏的判别

电容器的质量好坏主要表现在电容量和漏电电阻。可用万用表对电容器进行定性检测。

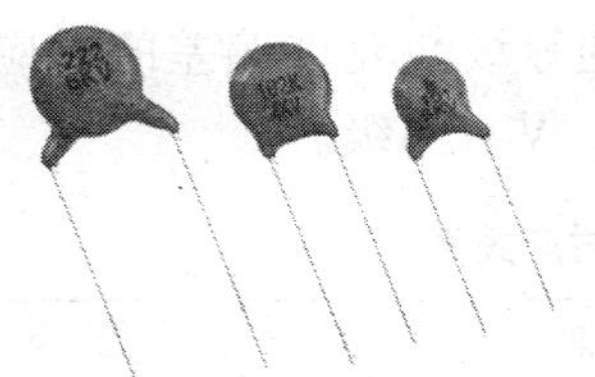
图 3—8　瓷介电容器外形图

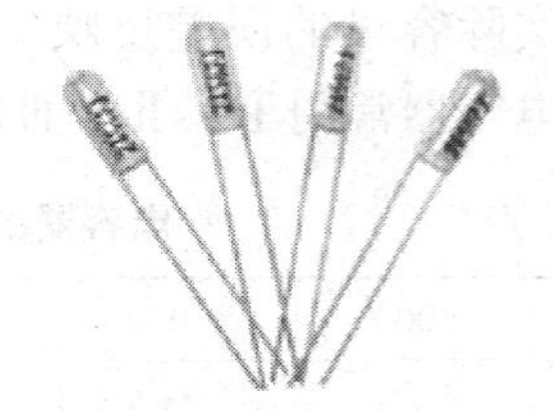
图 3—9　玻璃釉电容器外形图

1）检测电容量的大小

根据电容器的充放电原理，可用万用表 $R\times1$ k 或 $R\times10$ k 挡（视电容器的容量而定）测量。测量时，将两表笔分别接触电容器（容量大于 0.01 μF）的两引线，此时，表针会迅速地向顺时针方向跳动或偏转，然后再按逆时针方向逐渐退回到“∞”处。只要电容量足够大，表针就能向右摆过一个明显的幅度，容量越大时，指针摆动幅度也越大，由此可以定性比较出电容量的大小。

2）漏电电阻及故障的检测

电容器充好电时，表针稳定后所指的读数就是该电容器的漏电电阻值。一般电容器的漏电电阻很大，约几百到几千兆欧。漏电电阻越大，则电容器的绝缘性能越好。若阻值比上述数据小得多，则说明电容器严重漏电，不能使用；若表针稳定后靠近“0”处，说明电容器内部短路；若表针毫无反应，始终停在“∞”处，说明电容器内部开路。

3. 电感器

电感器是能够把电能转化为磁能而存储起来的元件。电感器的结构类似于变压器，但只有一个绕组。电感器具有一定的电感，能阻止电流的变化。电感器又称扼流器、电抗器、动态电抗器。

电感器在电子线路中应用广泛，是实现振荡、调谐、耦合、滤波、延迟、偏转的主要元件之一。为了增加电感量、提高品质因数并缩小体积，常在线圈中插入磁芯。在高频电子设备中，印制电路板上一段特殊形状的铜皮也可以构成一个电感器，通常把这种电感器称为印制电感或微带线。在电子设备中，经常可以看到有许多磁环与连接电缆构成一个电感器（电缆中的导线在磁环上绕几圈作为电感线圈），它是电子电路中常用的抗干扰元件，对于高频噪声有很好的屏蔽作用，故称为吸收磁环。由于通常使用铁氧体材料制成，所以又称铁氧体磁环（简称磁环），如图 3—10 所示。

（1）电感器的型号

电感器的型号命名由三部分组成，如图 3—11 所示。电感器型号各部分含义见表 3—8。

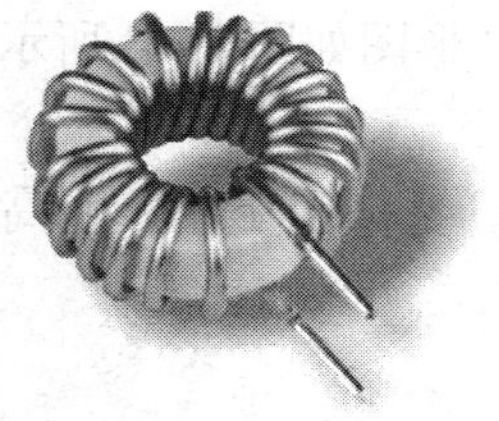
图 3—10　电感器外形图

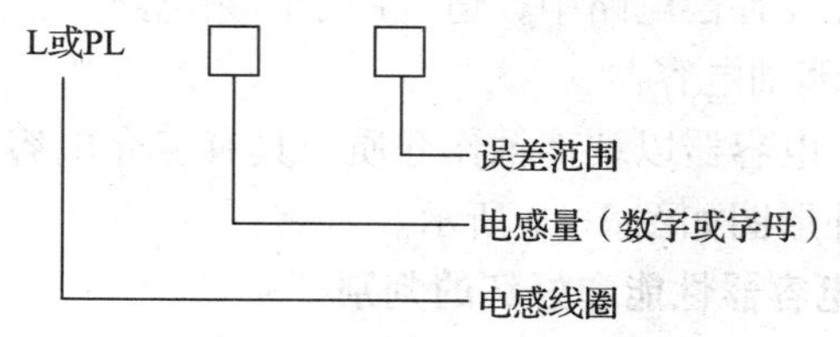

图 3—11　电感器的型号

表 3—8 电感器型号各部分含义

第一部分：主称		第二部分：电感量			第三部分：误差范围	
字母	含义	数字与字母	数字	含义	字母	含义
L 或 PL	电感线圈	2R2	2.2	2.2 μH	J	±5%
		100	10	10 μH	K	±10%
		101	100	100 μH		
		102	1 000	1 mH	M	±20%
		103	10 000	10 mH		

（2）电感器的主要参数

电感器的主要参数有电感量、允许偏差、品质因数、分布电容及额定电流等。

1）电感量

电感量也称自感系数，是表示电感器产生自感应能力的一个物理量。

电感器电感量的大小，主要取决于线圈的圈数（匝数）、绕制方式、有无磁芯及磁芯的材料等。通常，线圈圈数越多、绕制的线圈越密集，电感量就越大。有磁芯的线圈比无磁芯的线圈电感量大；磁芯磁导率越大的线圈，电感量也越大。

电感量的基本单位是亨利（简称亨），用字母“H”表示。常用的单位还有毫亨（mH）和微亨（μH），它们之间的关系是：

$$1\ \text{H} = 1\ 000\ \text{mH}$$

$$1\ \text{mH} = 1\ 000\ \mu\text{H}$$

2）允许偏差

允许偏差是指电感器上标称的电感量与实际电感的允许误差值。一般用于振荡或滤波等电路中的电感器要求精度较高，允许偏差为 ±0.2% ~ ±0.5%；而用于耦合、高频阻流等线圈的精度要求不高，允许偏差为 ±10% ~ ±15%。

3）品质因数

品质因数也称 q 值或优值，是衡量电感器质量的主要参数。它是指电感器在某一频率的交流电压下工作时，所呈现的感抗与其等效损耗电阻之比。电感器的值越高，其损耗越小，效率越高。

电感器品质因数的高低与线圈导线的直流电阻、线圈骨架的介质损耗及铁芯、屏蔽罩等引起的损耗等有关。

4）分布电容

分布电容是指线圈的匝与匝之间、线圈与磁芯之间存在的电容。电感器的分布电容越小，其稳定性越好。

5）额定电流

额定电流是指电感器正常工作时所允许通过的最大电流值。若工作电流超过额定电流，则电感器就会因发热而使性能参数发生改变，甚至还会因过流而烧毁。

（3）电感器的选用

选用电感器时应注意其性能、工作频率是否符合电路要求，并应注意正确使用，防止接线错误和损坏。对于有现成产品可以选用的电感器，应检查其电感量是否与允许范围相符。大部分电感线圈要根据电路要求进行制作，对于电感量过大或过小的线圈，可以通过减小或增大匝数来达到要求值；对于品质因数达不到要求的电感线圈，应从减小损耗的角度出发，用加粗导线等方法去提高其品质因数。在要求损耗小的高频电路中，应选用高频损耗小的高频瓷作骨架；在要求较低的场合，可用塑料、胶木等材料作骨架，虽然损耗大些，但价格低、重量轻、制作方便。电感线圈在使用中应注意防潮绝缘处理。

（4）电感器的判断

1）标注方法

①直标法。在电感线圈的外壳上直接用数字和文字标出电感线圈的电感量、允许误差及最大工作电流等主要参数，如图 3—12 所示。

②色标法。即用色环表示电感量，单位为 mH，第一、二位表示有效数字，第三位表示倍率，第四位为误差，如图 3—13 所示。电感器色环颜色所代表的数字或意义见表 3—9。

图 3—12　电感器外壳直标图

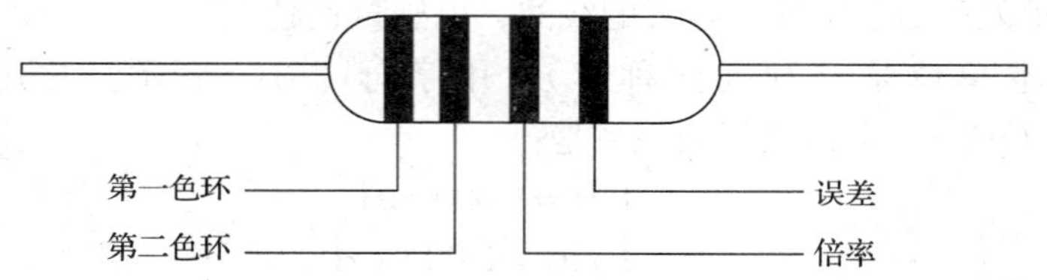

图 3—13　电感器外壳色标图

表 3—9　　电感器色环颜色所代表的数字或意义

色标	标称电感量		倍率	误差
	第一色环	第二色环		
黑	0		1	±20%
棕	1		10	
红	2		100	
橙	3		1 000	
黄	4			
绿	5			
蓝	6			
紫	7			
灰	8			
白	9			
金			0. 1	5%
银			0. 01	10%

2）好坏判断

用万用表电阻挡测量电感器阻值的大小。若被测电感器的阻值为零，说明电感器内部绕组有短路故障。注意操作时一定要将万用表调零，反复测试几次。若被测电感器阻值为无穷大，说明电感器的绕组或引出脚与绕组接点处发生了断路故障。对于电感线圈匝数较多、线径较细的线圈读数会达到几十甚至几百欧姆，通常情况下线圈的直流电阻只有几欧姆。损坏表现为发烫或电感磁环明显损坏，若电感线圈不是严重损坏，而又无法确定时，可用电感表测量其电感量或用替换法来判断。

二、半导体二极管、三极管的识别

1. 二极管

导电能力介于导体和绝缘体之间的物质称为半导体，用于制造半导体器件的材料主要是硅（Si）和锗（Ge）等元素，其中硅元素用得较为广泛。

半导体器件具有体积小、重量轻、效率高、寿命长等优点，在电子技术中得到了广泛的应用。常用的半导体器件有晶体二极管、晶体管、晶闸管等。

（1）PN 结的形成及单向导电性

采用特殊制造工艺，在同一块半导体基片的两部分分别形成 N 型和 P 型半导体，由于两种半导体界面两侧载流子浓度不同，载流子从高浓度区向低浓度区做扩散运动，这种运动建立了方向由 N 区指向 P 区的电场（简称内电场），在内电场的作用下，多数载流子的扩散运动得到抑制并产生少数载流子的漂移运动。当外部条件一定时，扩散运动和漂移运动达到平衡，扩散电流和漂移电流相等，内电场为定值，这个内电场就是所谓的 PN 结。如图 3—14 所示。PN 结电场的电位称为内建电位差，其数值一般较小，室温时，硅材料 PN 结的内建电位差为 0.5 ~ 0.7 V，锗材料 PN 结的内建电位差为 0.2 ~ 0.3 V。

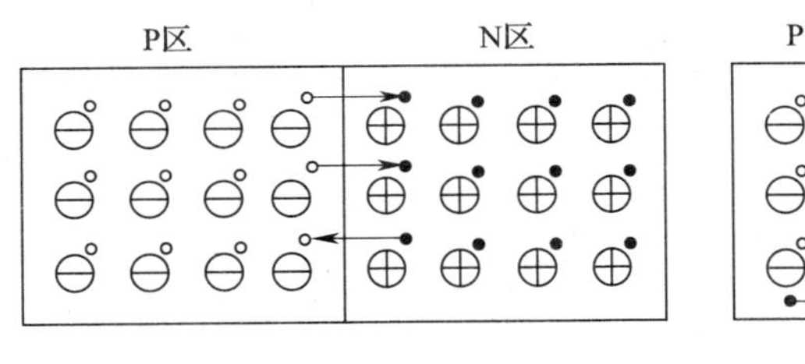

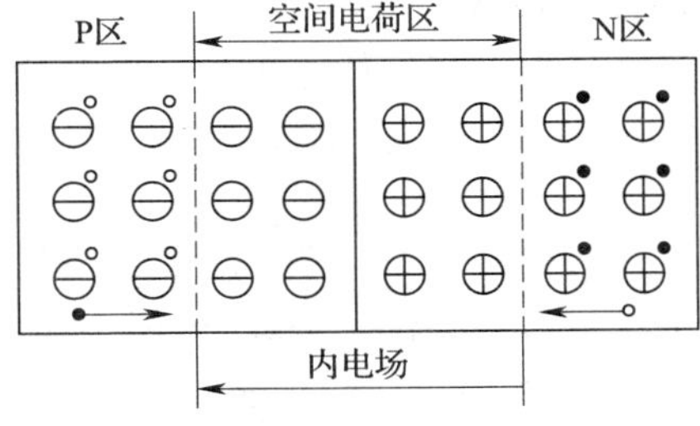

图 3—14　PN 结的形成

加在 PN 结上的电压称为偏置电压。P 区接电源正极、N 区接电源负极，称为 PN 结外接正向电压或 PN 结正向偏置（简称正偏），此时在电场作用下，PN 结变窄，当正偏电压增加到一定数值后，PN 结呈现很小的电阻，多数载流子的扩散运动形成较大的正向电流，称为 PN 结导通，如图 3—15 所示。N 区接电源正极、P 区接电源负极，称 PN 结外接反向电压或 PN 结反向偏置（简称反偏），此时在电场作用下，PN 结变宽，PN 结呈现很大的电阻，少数载流子的漂移运动形成的反向电流近似为零，称为 PN 结截止，如图 3—16 所示。PN 结正偏导通、反偏截止的现象称为 PN 结的单向导电性。

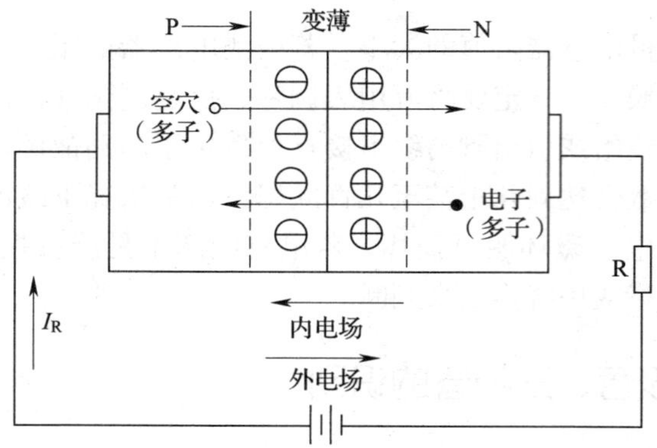

图 3—15　PN 结外加正向电压

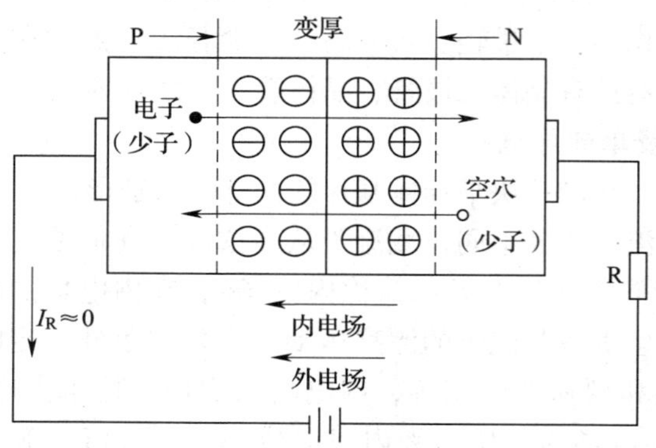

图 3—16　PN 结外加反向电压

（2）晶体二极管

晶体二极管也称半导体二极管，其结构及图形符号如图 3—17 所示。晶体二极管是在 PN 结上加接触电极、引线和管壳封装而成的。

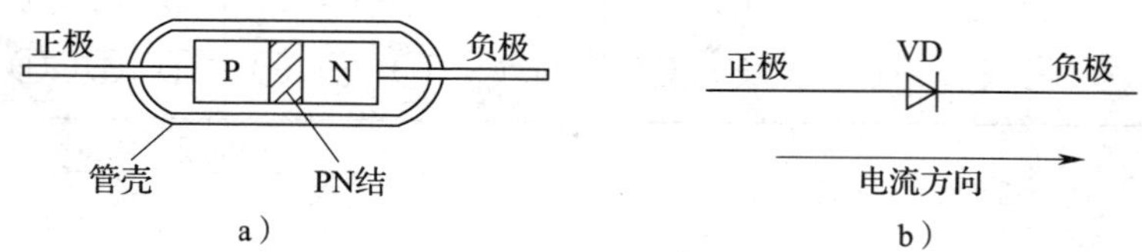

图 3—17　二极管结构及图形符号

a）二极管的结构　b）二极管的图形符号

1）晶体二极管分类

①按结构分类

按结构可分为点接触型、面结合型和平面型。点接触型适用于工作电流小、工作频率高的场合，如图 3—18a 所示；面结合型适用于工作电流较大、工作频率较低的场合，如图 3—18b 所示；平面型适用于工作电流大、功率大、工作频率低的场合，如图 3—18c 所示。

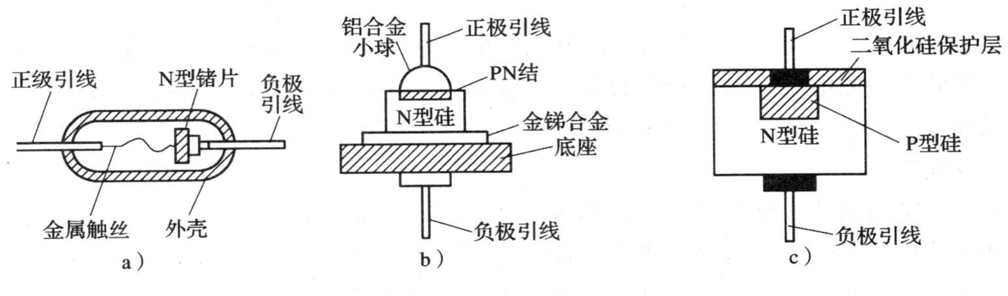

图 3—18　二极管结构图

a）二极管点接触型　b）二极管面结合型　c）二极管平面型

②按使用的半导体材料分类

按使用的半导体材料分为硅二极管和锗二极管。

③按用途分类

按用途分为普通二极管、整流二极管、检波二极管、变频二极管、稳压二极管、开关二极管、光敏二极管、变容二极管、光电二极管等。

2）晶体二极管的伏安特性

二极管是由一个 PN 结构成的，它的主要特性就是单向导电性，通常主要用它的伏安特性来表示。

二极管的伏安特性是指流过二极管的电流与加于二极管两端的电压之间的关系。用逐点测量的方法测绘出来或用晶体管图示仪显示出来的 $U-I$ 曲线，称为二极管的伏安特性曲线。如图 3—19 所示。

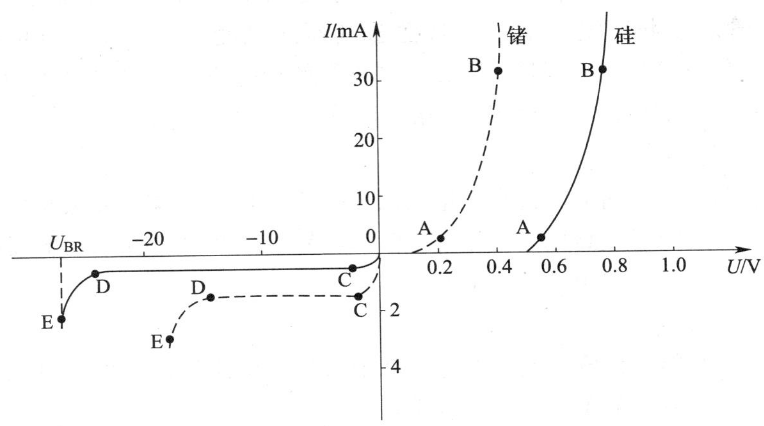

图 3—19　二极管的伏安特性曲线示意图

由图 3—19 可见，二极管的伏安特性具有如下特点：

①正向特性

如图 3—19 所示，当所加的正向电压为零时，电流为零；当正向电压较小时，由于外电场远不足以克服 PN 结内电场对多数载流子扩散运动所造成的阻力，故正向电流很小（几乎为零），二极管呈现出较大的电阻。这段曲线称为死区（图中 OA 段）。室温下硅管的死区电压为0.5 V，锗管的死区电压为0.2 V。

当正向电压大于死区电压时，正向电流随正向电压线性急剧增大（AB 段）。这段电压称为二极管的导通电压。通常硅管的导通电压为0.6～0.8 V（一般取为0.7 V），锗管的导通电压为0.1～0.3 V（一般取为0.2 V）。

②反向特性

当二极管两端外加反向电压时，PN 结内电场进一步增强，使扩散更难进行。这时只有少数载流子在反向电压作用下的漂移运动形成微弱的反向电流 I_R。反向电流很小，且几乎不随反向电压的增大而增大（CD 段）。常温下，小功率硅管的反向电流在 nA 数量级，锗管的反向电流在 μA 数量级。

③反向击穿特性

当反向电压增大到一定数值时（E 点），反向电流剧增，二极管的单向导电性被破坏，这种现象称为二极管的反向击穿。对应的反向电压值 U_{BR} 称为击穿电压，U_{BR} 视不同的二极管而定，普通二极管一般在几十伏以上且硅管比锗管要高。击穿特性的特点是，虽然反向电流剧增，但二极管的端电压却变化很小，这一特点成为制作稳压二极管的依据。

综上所述，二极管的伏安特性具有三大特点：二极管具有单向导电性；二极管的伏安特性具有非线性；二极管的伏安特性与温度有关。

3）二极管的主要参数

不同类型的二极管有不同的特性参数。

①最大整流电流 I_R

最大整流电流是指二极管长期连续工作时允许通过的最大正向电流值。因为电流通过二极管时会使管芯发热，温度上升，温度超过容许限度（硅管约为 140℃，锗管约为 90℃）时，就会使管芯过热而损坏。所以，二极管使用时不要超过二极管额定正向工作电流值。例如，常用的 1N4001～1N4007 型锗二极管的最大整流电流为 1 A。

②最高反向工作电压 U_{RM}

加在二极管两端的反向电压大到一定值时，会将二极管击穿，失去单向导电能力。为了保证使用安全，规定了最高反向工作电压值。例如，1N4001 二极管最高反向工作电压为 50 V，1N4007 最高反向工作电压为 1 000 V。

③最大反向电流 I_R

最大反向电流是指二极管在规定的温度和最大反向电压作用下，流过二极管的反向电流。反向电流越小，管子的单向导电性能越好。

（3）特殊二极管简介

二极管的种类很多，除普通二极管外，常用的还有稳压二极管、发光二极管、光敏二极管等。

1）稳压二极管

稳压二极管是一种特殊的硅二极管。正常情况下稳压二极管工作在反向击穿区，反向电流在很大范围内变化时，端电压变化很小，所以具有稳压作用。

稳压二极管的实物外形与图形符号如图 3—20 所示。

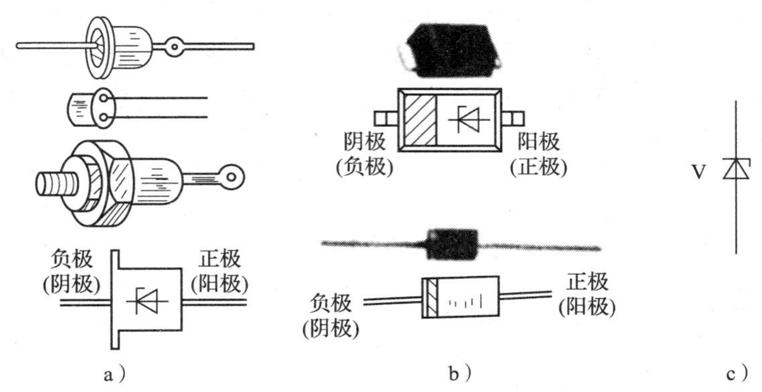

图 3—20　稳压二极管的实物外形与图形符号

a）金属壳封装稳压二极管　b）塑料封装稳压二极管　c）图形符号

稳压二极管的主要参数有：

①稳定电压 U_Z：指流过规定电流时稳压二极管两端的反向电压值，其值取决于稳压二极管的反向击穿电压值。

②稳定电流 I_Z：指稳压二极管稳压工作时的参考电流值，通常为工作电压等于 U_Z时所对应的电流值。

③最大耗散功率 P_{ZM}和最大工作电流 I_{ZM}：指为了保证二极管不被热击穿而规定的极限参数，由二极管允许的最高结温决定。

2）发光二极管

发光二极管简称 LED，是一种能把电能转换成光能的特殊器件。它不但具有普通二极管的伏安特性，而且当管子施加正向电压时还会发出可见光或不可见光。发光二极管的符号如图 3—21 所示。

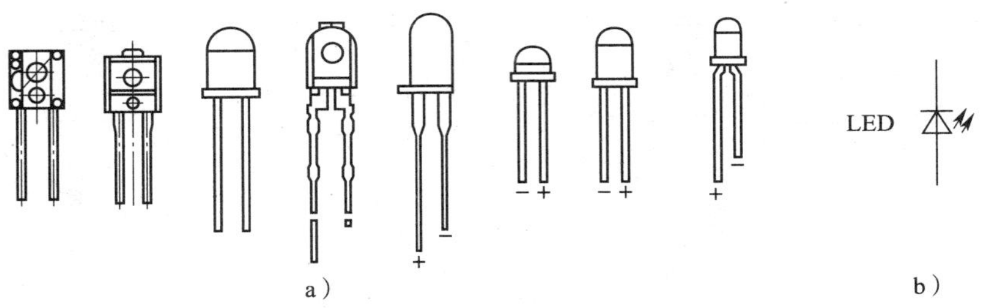

图 3—21　发光二极管实物外形与图形符号

a）实物外形　b）图形符号

发光二极管通常有两方面用途，第一是作为显示器件，除单个使用外，还常做成七段数字显示器或矩阵式器件；第二是用于光纤通信的信号发射，将电信号变为光信号。目前应用的有红、黄、绿、蓝、紫等颜色的发光二极管。此外，还有变色发光二极管，即当通过二极管的电流改变时，发光颜色也随之改变。

3）光敏二极管

光敏二极管是一种光—电转换器件，能将光信号转换成电信号。

光敏二极管在电路中需要反向连接才能正常工作。在电路中，当无光线照射时，光敏二极管不导通；当有光线照射时，光敏二极管反向导通。照射光敏二极管的光越强，光敏二极管的导通程度越深，自身的电阻变得越小，电路中的电流也越大。光敏二极管的实物外形与图形符号如图 3—22 所示。

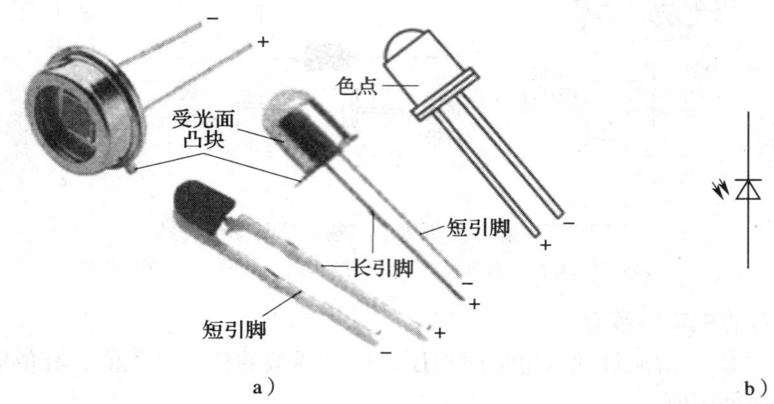

图 3—22　光敏二极管的实物外形与图形符号
a）实物外形　b）图形符号

(4) 二极管的检测与选用

1）二极管的检测

二极管的极性及质量好坏可利用万用表测量其正、反向电阻值判断。

用万用表 $R\times100$ 或 $R\times1$ k 挡测量二极管的正反向电阻，如图 3—23 所示。一般硅材料二极管的正向电阻为几千欧，锗材料二极管的正向电阻为几百欧。注意，当测量二极管正向电阻时，黑表笔接的二极管管脚为正极，红表笔接的二极管管脚为负极。

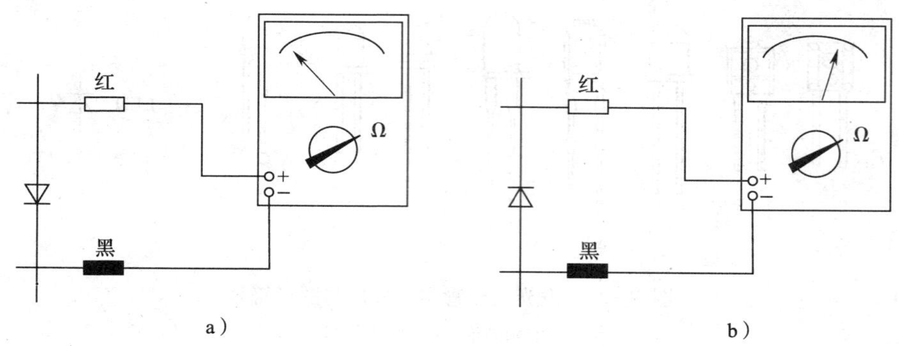

图 3—23　二极管的简易测试
a）正向接法　b）反向接法

判断二极管的好坏，主要看它的单向导电性能，正向电阻越小，反向电阻越大的二极管质量越好。如果一个二极管正、反向电阻值相差不大，说明二极管的性能不好。若正反向电阻都无穷大（表针不动），说明二极管内部断路；若正反相电阻都接近零，表明二极管已击穿。内部断路或击穿的二极管均不能使用。

2）整流二极管的选用

选用整流二极管时，应注意两个主要参数：

①最大正向电流。它表示二极管允许通过的最大电流值，由材料的材质和接触面积决定。当电流超过这个允许值时，二极管将因过度发热而损坏。

②最大反向电压。它表示二极管能够允许的反向电流剧增时的反向电压值。当二极管工作在最大反向电压时，应采取限流措施，否则二极管将被击穿。

2. 三极管

三极管（又称晶体管或半导体三极管）是一种重要的半导体器件。它对电流有放大作用。三极管的结构如图3—24所示，图3—24a是NPN型管，图3—24b是PNP型管，它们是用不同的掺杂方式制成的，不论是硅管还是锗管，都可以制成这两个类型。它们有三个区，分别称为发射区、基区和集电区。由三个区各引出一个电极，分别为发射极、基极和集电极，发射区和基区之间的PN结称为发射结，集电区和基区之间的PN结称为集电结。三极管制造工艺的特点是：发射区的掺杂浓度高，基区很薄且掺杂浓度低，集电结的面积大，这些是保证三极管具有电流放大作用的内部条件。

在三极管的电路符号中，箭头方向表示发射结正偏时发射极电流的实际方向。

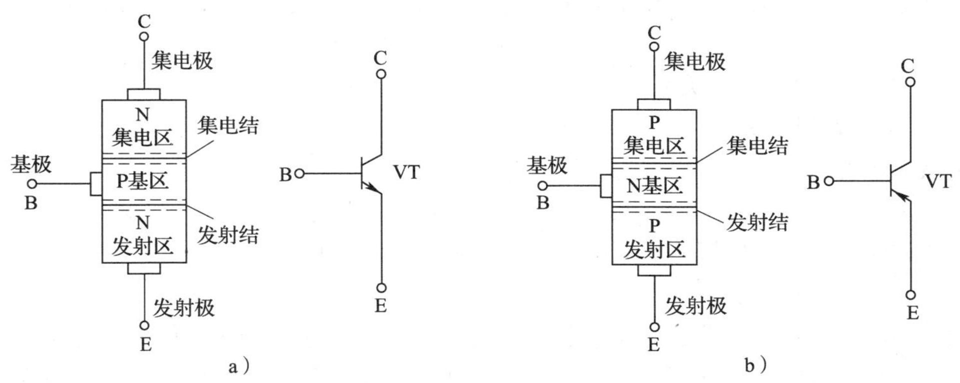

图3—24　三极管的结构与符号图

a）NPN型管　b）PNP型管

（1）三极管的电流放大作用

1）三极管处于放大状态的工作条件

为了使三极管具有放大作用，除了要具备内部条件外，还必须具备适当的外部条件，即外加电压保证发射结正向偏置，集电结反向偏置；对于NPN管来说，要求$U_C > U_B > U_E$；对于PNP管来说，则要求$U_E > U_B > U_C$。

2）三极管内部载流子的运动规律

图3—25是一个简单的放大电路，由于输入和输出回路以发射极为公共端，所以称为共发射极电路（共射电路）。

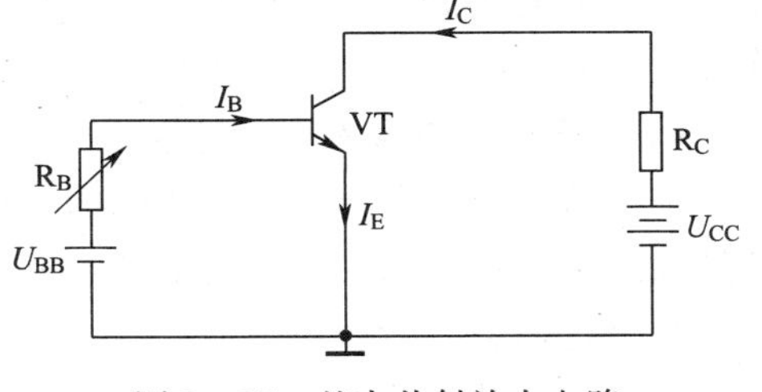

图3—25　基本共射放大电路

下面就以这种NPN管共射电路为例，通过分析晶体管内部载流子的运动情况和电流分配关系，讲明三极管的放大原理。图 3—26 为三极管内部载流子的运动图。

①发射区向基区发射电子的过程。由于发射结正偏，发射区的多子电子不断地越过发射结扩散到基区，并不断地由电源向发射区补充电子，形成发射极电子电流 I_E。

②电子在基区扩散和复合的过程。电子到达基区后，在靠近发射结一侧的电子浓度最高，离发射结越远浓度越低。于是电子要继续向集电结方向扩散。在扩散过程中有部分电子与基区的空穴复合而消失，这样形成了基极复合电流 I_B。由于基区很薄且空穴的浓度很低，所以只有一小部分电子与空穴复合，而绝大部分电子能扩散到集电结的边沿，因此 I_B 很小。

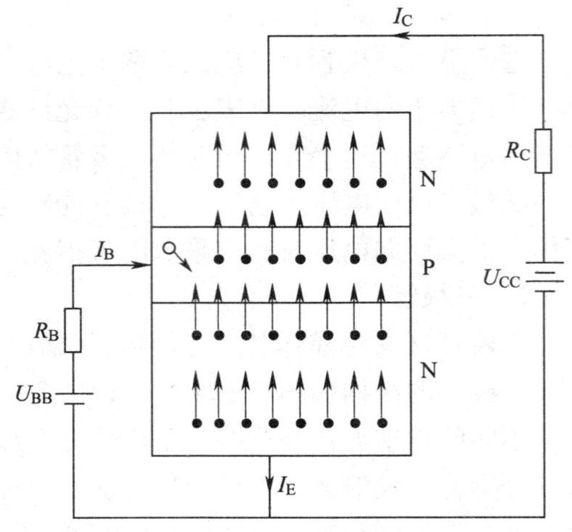

图 3—26　三极管内部载流子的运动

③集电区收集电子的过程。由于集电结反向偏置，有利于少子的漂移，所以基区扩散到集电结边沿的电子在电场的作用下很容易漂移过集电结，到达集电区，这样就形成了集电极电子电流 I_C。

3）三极管的电流分配关系

①I_C、I_E、I_B 间的关系。

由载流子的运动分析可以看出：

$$I_E = I_C + I_B$$

上式说明，发射极电流等于集电极电流和基极电流之和。

②I_C 与 I_B 之间的关系。

由前面的分析可知，发射区注入基区的电子，绝大部分扩散到达集电区，形成 I_C，只有很小一部分与基区的空穴复合，形成 I_B。这种扩散和复合的比例是由三极管内部结构所决定的，三极管制好后，这个比例就确定了。

$$\bar{\beta} = I_C / I_B$$

式中　$\bar{\beta}$——三极管共发射极直流电流放大系数。

上式表示了三极管内部固有的电流分配规律，即发射区每向基区注入一个复合用的载流子，就要向集电区供给 $\bar{\beta}$ 个载流子。实验表明，I_C 比 I_B 大数十至数百倍，因而 I_B 虽然很小，但对 I_C 有控制作用，I_C 随 I_B 的改变而改变，即基极电流较小的变化可以引起集电极电流较大的变化，这就是三极管的电流放大作用。所以，通常讲三极管是电流控制器件。

（2）三极管的输入输出特性

三极管的极间电压和电流之间的关系常用三极管特性图示仪测出，用输入和输出两组特性曲线来表示。图 3—27 所示为基本共射电路的输入特性曲线。

1）输入特性曲线

三极管的共射特性曲线表示了以 U_{CE} 为参考变量时，I_B 和 U_{BE} 间的关系。

图 3—27 是一个 NPN 管的输入特性曲线图。当 $U_{CE} \geqslant 1$ V 时，集电极的电位比基极高，集电结反偏，此时三极管的输入特性曲线与二极管的正向特性相似。

2）输出特性曲线

三极管的共射输出特性曲线表示以 I_B 为参变量时，I_C 和 U_{CE} 间的关系。

图 3—28 所示是一个 NPN 管的共射输出特性曲线图，可以看到三极管的工作状态可以分为三个区域。

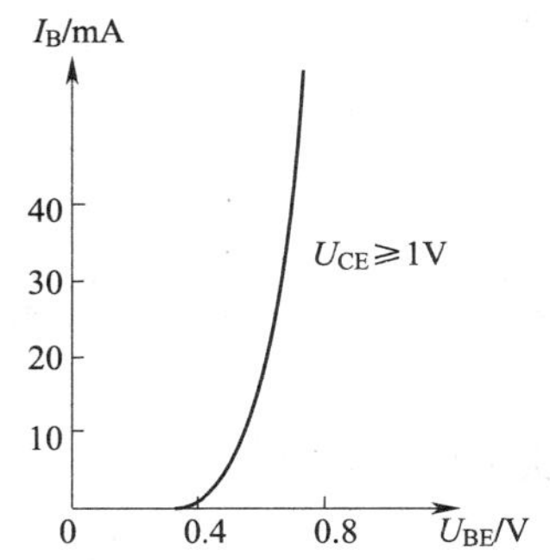

图 3—27　三极管共射输入特性曲线

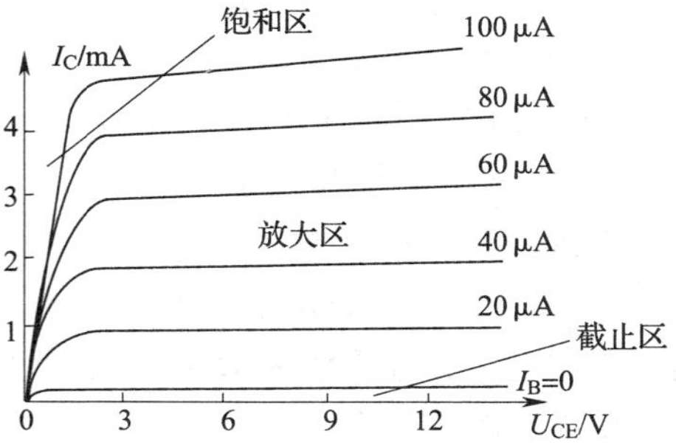

图 3—28　三极管共射输出特性曲线

①截止区。一般将输出特性曲线 $I_B \leqslant 0$ 的区域称为截止区，这时 $I_B \approx 0$，$I_C \approx 0$，$U_{CE} \approx U_{CC}$，三极管呈截止状态，相当于一个开关断开。对于 NPN 硅型管，当 $U_{BE} \leqslant 0.5$ V 时三极管已截止，但为了可靠截止，通常认为 $U_{BE} \leqslant 0$ V 时，发射结反偏，三极管截止。

②放大区。发射结正偏、集电结反偏的区域称为放大区，也就是曲线近似水平的部分。它的特点是：I_C 的大小受 I_B 的控制，且 $\Delta I_C / \Delta I_B$ 为定值；各条曲线近似水平，说明 I_C 与 U_{CE} 的变化基本无关。

③饱和区。曲线的直线上升和弯曲部分是饱和区。当 $U_{CE} < U_{BE}$ 时，集电结正偏，内电场减弱。这样不利于集电区收集从发射区到达基区的电子，使得在相同 I_B 时，I_C 的数值比放大状态下要小。饱和时 U_{CE} 很小，小功率管通常小于 0.3 V，三极管 C－E 间相当于一个接通的开关。

（3）三极管的主要参数

1）电流放大系数

①共发射极直流电流放大系数 $\bar{\beta}$。它是指在共射电路中，在静态时，U_{CE} 一定的情况下，三极管的集电极电流与基极电流的比值，即

$$\bar{\beta} = I_C / I_B$$

式中 $\bar{\beta}$ 在手册中用 h_{FE} 表示。

②共发射极交流电流放大系数 β。在共射电路中，U_{CE} 一定的情况下，集电极电流变化量 ΔI_C 与基极电流变化量 ΔI_B 的比值，即

$$\beta = \Delta I_C / \Delta I_B$$

式中 β 在手册中用 h_{fe} 表示。

在 I_C 的一个较大范围内，$\bar{\beta} \approx \beta$，以后我们常利用这种近似关系进行计算。

2）极间反向饱和电流

①集电极—基极反向饱和电流 I_{CBO}。指发射极断开时，集电极和基极之间的反向饱和电流，它是由集电区和基区的少数载流子的漂移运动所形成的，其值很小，但受温度的影响较大。

②集电极—发射极反向饱和电流 I_{CEO}。指基极开路、集电结反偏和发射结正偏时的集电极电流，称穿透电流，它是 I_{CBO} 的（$1+\beta$）倍，因此，I_{CEO} 受温度的影响更严重，故而，在选用三极管时，要选用 I_{CEO} 小的管子，且 β 值也不宜太大。

极间反向饱和电流是衡量三极管质量好坏的重要参数，其值越小，三极管工作越稳定。实际工作中硅管比锗管稳定，应用较多。

3）三极管的主要极限参数

①集电极最大允许功耗 P_{CM}。指集电极允许消耗的最大功率。三极管所消耗的功率 $P_C=I_C\times U_{CE}$。这个参数决定于管子的温升，使用时不能超过，而且要注意散热条件（三极管使用的上限温度，硅管约为 150℃，锗管约为 70℃），实际使用时，若 $P_C>P_{CM}$，就会使三极管的性能变坏或烧毁。

②集电极最大允许电流 I_{CM}。在 I_C 的一个很大范围内，β 值基本不变。但当 I_C 超过一定数值后，β 将明显下降，此时的 I_C 值就是 I_{CM}。当 $I_C>I_{CM}$ 时，三极管并不一定会损坏。

③反向击穿电压

a. 集电极开路时，发射极和基极间的反向击穿电压 $U_{BR(EBO)}$。这是发射结所允许加的最高反向电压，超过这个极限发射结将会击穿。

b. 发射极开路时，集电极和基极间的反向击穿电压 $U_{BR(CBO)}$。这是集电结所允许加的最高反向电压，一般三极管的此值为几十伏，高反压管可达几百伏甚至上千伏。

c. 基极开路时，集电极和发射极间的反向击穿电压 $U_{BR(CEO)}$。

（4）三极管管型的判别

三极管管型一般从管壳上标注的型号来辨别是 NPN 还是 PNP。依照部颁标准，三极管型号的第二位（字母），A、C 表示 PNP 管，B、D 表示 NPN 管，

例如：

3AX 为 PNP 型低频小功率管；3BX 为 NPN 型低频小功率管；

3CG 为 PNP 型高频小功率管；3DG 为 NPN 型高频小功率管；

3AD 为 PNP 型低频大功率管；3DD 为 NPN 型低频大功率管；

3CA 为 PNP 型高频大功率管；3DA 为 NPN 型高频大功率管。

此外，还有国际流行的 9011～9018 系列高频小功率管等。常用的小功率三极管的参数见表 3—10。

表 3—10　　常用小功率三极管参数

管型	结构	集电极－发射极电压 U_{CE}	集电极电流 I_C	耗散功率 P_{CM}	特征频率 f_T	放大倍数 β
9012	PNP	50 V	0.5 A	0.625 W	150 MHz	30～90
9013	NPN	20 V	0.5 A	0.625 W	150 MHz	40～110

续表

管型	结构	集电极 - 发射极电压 U_{CE}	集电极电流 I_C	耗散功率 P_{CM}	特征频率 f_T	放大倍数 β
9014	NPN	45 V	0.1 A	0.4 W	150 MHz	20 ~ 90
9015	PNP	50 V	0.1 A	0.4 W	150 MHz	20 ~ 90
9018	NPN	15 V	0.05 A	0.4 W	700 MHz	30 ~ 180
8050	NPN	25 V	1.5 A	1 W	150 MHz	30 ~ 100
8550	PNP	40 V	1.5 A	1 W	200 MHz	40 ~ 140

（5）三极管管脚的判别

1）外形判别

常用中小功率三极管有金属圆壳和塑料封装（半柱型）等外型，如图 3—29 所示为常用三极管外形及引脚排列方式。

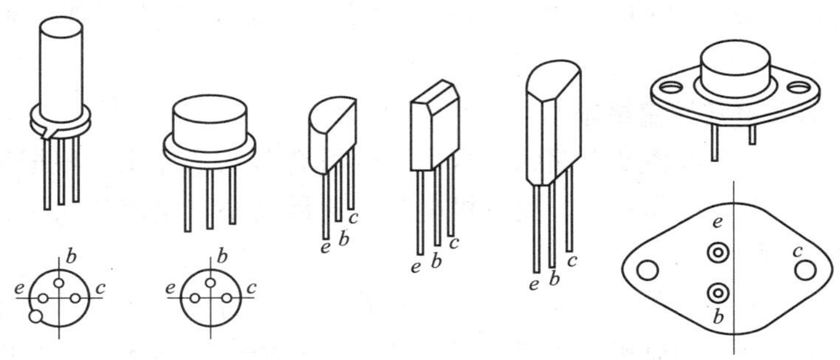

图 3—29　常用三极管外形及引脚排列

2）用万用表电阻挡判别

三极管内部有两个 PN 结，可用万用表电阻挡分辨 E、B、C 三个极。

①基极的判别。判别管极时应首先确认基极。对于 NPN 管，用黑表笔接假定的基极，用红表笔分别接触另外两个极，若测得电阻都小，约为几百欧至几千欧；而将黑、红两表笔对调，测得电阻均较大，在几百千欧以上，此时黑表笔接的就是基极。PNP 管，情况正相反，测量时两个 PN 结都正偏的情况下，红表笔接基极。

实际上，小功率管的基极一般排列在三个管脚的中间，可用上述方法，分别将黑、红表笔接基极，既可测定三极管的两个 PN 结是否完好（与二极管 PN 结的测量方法一样），又可确认管型。

②集电极和发射极的判别。确定基极后，假设余下管脚之一为集电极 C，另一为发射极 E，用手指分别捏住 C 极与 B 极（即用手指代替基极电阻 R_B）。同时，将万用表两表笔分别与 C、E 接触，若被测管为 NPN，则用黑表笔接触 C 极、用红表笔接 E 极（PNP 管相反），观察指针偏转角度；然后再设另一管脚为 C 极，重复以上过程，比较两次测量指针的偏转角度，大的一次表明 I_C 大，管子处于放大状态，相应假设的 C、E 极正确。如图 3—30 所示。

③三极管的性能测量。用万用表电阻挡测 I_{CEO} 和 β：基极开路，万用表黑表笔接 NPN 管的集电极 C、红表笔接发射极 E（PNP 管相反），此时 C、E 间电阻值大则表明 I_{CEO} 小，

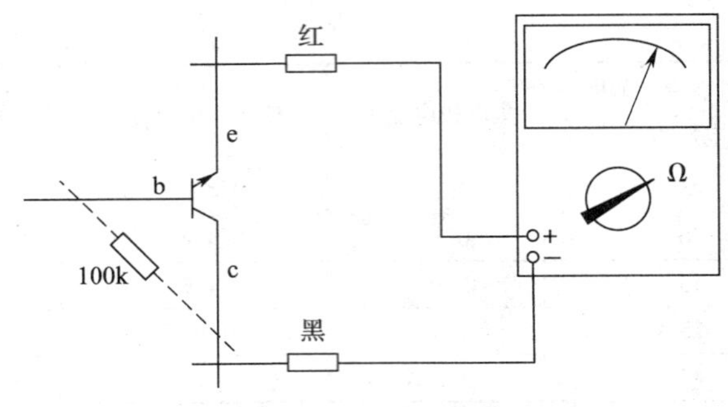

图 3—30　三极管 C－E 管脚的判别

电阻值小则表明 I_{CEO} 大。用手指代替基极电阻 R_B，用上法测 C、E 间电阻，若阻值比基极开路时小得多则表明 β 值大。

用万用表 h_{FE} 挡测 β：有的万用表有 h_{FE} 挡，按表上规定的极型插入三极管即可测得电流放大系数 β，若 β 很小或为零，表明三极管已损坏，可用电阻挡分别测两个 PN 结，确认是否有击穿或断路。

（6）三极管的选用及注意事项

选用三极管一要符合设备及电路的要求，二要符合节约的原则。根据用途的不同，一般应考虑以下几个因素：工作频率、集电极电流、耗散功率、电流放大系数、反向击穿电压、稳定性及饱和压降等。

低频管的特征频率一般在 2. 5 MHz 以下，而高频管的特征频率都从几十兆赫到几百兆赫甚至更高。选管时应使特征频率为工作频率的 3～10 倍。原则上讲，高频管可以代换低频管，但是高频管的功率一般都比较小，动态范围窄，在代换时应注意功率条件。

一般希望 β 选大一些，但也不是越大越好。β 太大了容易引起自激振荡，何况一般 β 大的三极管工作多不稳定，受温度影响大。通常 β 多选 40～100 之间，但低噪声大 β 值的三极管（如 1815、9011～9015 等），β 值达数百时温度稳定性仍较好。另外，对整个电路来说还应该从各级的配合来选择 β。比如前级用 β 大的，后级就可以用 β 较小的三极管；反之，前级用 β 较小的，后级就可以用 β 较大的三极管。

集电极－发射极反向击穿电压 U_{CEO} 应选择大于电源电压。穿透电流越小，对温度的稳定性越好。普通硅管的稳定性比锗管好得多，但普通硅管的饱和压降较锗管为大，在某些电路中会影响电路的性能，应根据电路的具体情况选用，选用晶体管的耗散功率时应根据不同电路的要求留有一定的余量。

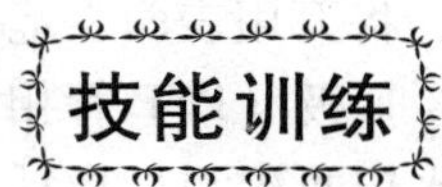

常用电子元件的识别与测试

1. 训练目标

（1）电阻器、电容器、电感器的识别与测试。

（2）二极管、三极管的识别与测试。

2. 器材准备

准备内容见表3—11。

表3—11　　准备内容

序号	名称	规格型号	数量	备注
1	各类电阻器		各1只	
2	各类电位器		各1只	
3	各类电容器（包括坏电容器）		各1只	
4	各类电感器		若干只	
5	各类接插件		若干个	
6	有或无标记的好、坏二极管		各5只	
7	有或无标记的好、坏三极管		各5只	
8	万用表		1块	
9	电容表		1块	

3. 训练内容及步骤

（1）电阻器的识别与测量

1）色环电阻的识别

①制作色环电阻板若干块，每块可放置不同的色环电阻器若干，由学生注明该色环电阻器的阻值，并互相交换，反复练习，提高识别速度和准确性。

②制作标志具体阻值的电阻板若干块，每块可放置不同阻值的电阻器若干，由学生注明该阻值电阻器的色环和分类，并互相交换，反复练习，提高识别速度和准确性。

2）用万用表测量电阻

选用无色环、无数值标志的不同阻值的电阻器若干个，通过万用表的测量，要求达到测量快速、准确，区分正确。

3）用万用表测量电位器

①测量两固定端的阻值。

②测中间滑动片与固定端间的电阻值，旋转电位器，观察其阻值变化情况。

（2）电容器的识别与测试

先在若干个电容器中除去不能使用的电容器（短路和断路的电容器），然后在好的电容器中再确定它们的漏电阻大小，并判断哪些是电解电容器。自行绘制表格，将测量结果记录下来。

（3）电感器与接插件的认识

注意事项：

①测量元件时，不要将人体电阻并入。

②每改变万用表欧姆挡量程时都要调零。

（4）二极管、三极管的识别与测试

1）首先测试有标记的二极管的极性、性能和好坏，然后测试有标记的三极管的管型、引脚、性能及好坏，将上述测试结果与实际标记相对照。

2）测试无标记的二极管的极性、性能和好坏，再测试无标记的三极管的管型、引脚、性能及好坏。

操作要点提示：测量时注意正确使用万用表的量程，一般用 $R\times100$ 和 $R\times1$ k 挡。

课后练习

1. 识别色环电阻的数值练习。
2. 如何判断电容器质量的好坏？
3. 二极管的伏安特性是怎样的？
4. 判别二极管时应注意的事项有哪些？
5. 测试三极管的性能与极性的判别练习。
6. 三极管的主要参数有哪些？

课题 2　电子焊接作业

学习目标

1. 熟悉电子焊接工艺知识。
2. 掌握电烙铁、焊丝的分类和选择。
3. 熟悉助焊剂选用知识。

一、电烙铁概述

1. 电烙铁常见类型

电烙铁由烙铁头、加热体和手柄三个部分组成。常用的电烙铁有外热式和内热式两种，如图 3—31 所示。另外还有既不易损坏元器件，又能方便吸去焊点上焊锡的吸锡电烙铁，还有恒温电烙铁，它具有省电、焊料不易氧化和烙铁头不易“烧死”等优点，并能减少虚

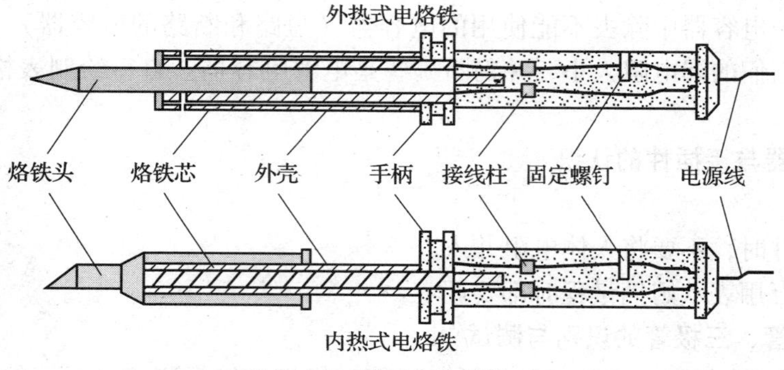

图 3—31　常见电烙铁类型

焊，以保证焊件质量和防止损坏元器件。电烙铁的规格以所消耗的电功率来表示，要根据焊接对象，合理选择电烙铁的功率大小。常用的电烙铁功率有 20 W、30 W、50 W、100 W 等。

（1）外热式电烙铁

外热式电烙铁一般由烙铁头、烙铁芯、外壳、手柄、电源引线等部分组成。外热式电烙铁如图 3—32 所示。烙铁头是用热传导性好的铜为基体的铜合金材料制成，由于它安装在烙铁芯里面，所以称为外热式电烙铁。烙铁头的长短可以调整（烙铁头越短，烙铁头的温度就越高），且有凿式、尖锥形、圆面形、圆、尖锥形和半圆沟形等不同的形状，以适应不同焊接面的需要。

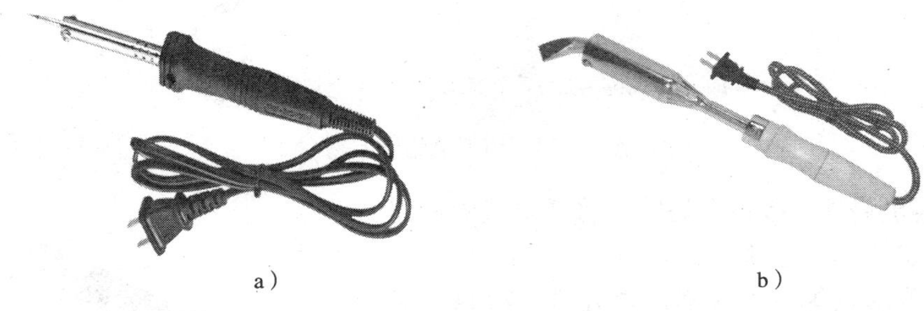

a）　　b）

图 3—32　外热式电烙铁

a）小功率电烙铁　b）大功率电烙铁

外热式电烙铁的特点是升温慢、热效率较低，但由于其散热较好，故较大功率的电烙铁通常为外热式。另外，外热式电烙铁的烙铁头形状简单，更换方便。

烙铁芯的功率不同，其直流电阻值也不同。25 W 的阻值约为 2 kΩ，45 W 的阻值约为 1 kΩ，75 W 的阻值约为 0.6 kΩ，100 W 的阻值约为 0.5 kΩ。因此，可以通过测量其直流值判断烙铁芯的好坏及估算功率大小。

（2）内热式电烙铁

内热式电烙铁的主要结构与外热式相同，只是由于烙铁芯安装在烙铁头的里面，所以称为内热式电烙铁，如图 3—33 所示。它的特点是发热快，热效率高。烙铁芯采用镍铬电阻丝绕在瓷管上制成，一般 20 W 电烙铁其电阻约为 2.4 kΩ，35 W 电烙铁其电阻约为 1.6 kΩ。

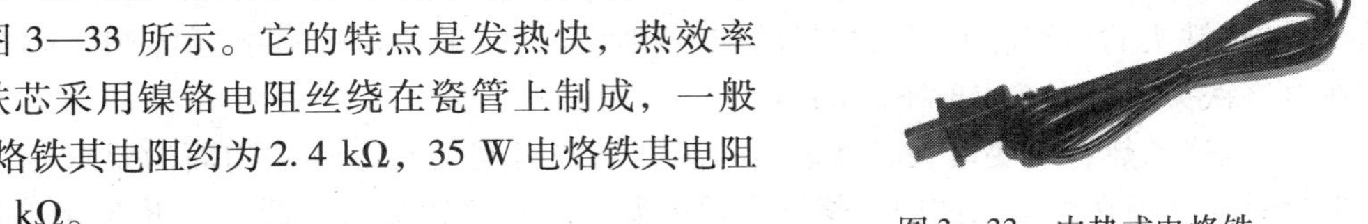

图 3—33　内热式电烙铁

常用的内热式电烙铁的工作温度见表 3—12。

表 3—12　常用内热式电烙铁的工作温度

烙铁功率（W）	20	25	45	75	100
端头温度（℃）	350	400	420	440	455

一般来说电烙铁的功率越大，热量越大，烙铁头的温度越高。焊接集成电路、印制电路板、CMOS 电路一般选用 20 W 内热式电烙铁。使用的烙铁功率过大，容易烫坏元器件（一般二极管、三极管结点温度超过 200℃时就会烧坏）和使印制导线从基板上脱落；使用

的烙铁功率太小，焊锡不能充分熔化，焊剂不能挥发出来，焊点不光滑、不牢固，易产生虚焊。焊接时间过长，也会烧坏器件，一般每个焊点在 1.5 ~4 s 内完成。

（3）其他烙铁

1）恒温电烙铁。恒温电烙铁的烙铁头内，装有磁铁式的温度控制器，来控制通电时间，实现恒温的目的。在焊接温度不宜过高、焊接时间不宜过长的元器件（如集成电路、晶体管等器件）时，应选用恒温电烙铁，但它价格高。如图 3—34 所示为恒温电烙铁实物。

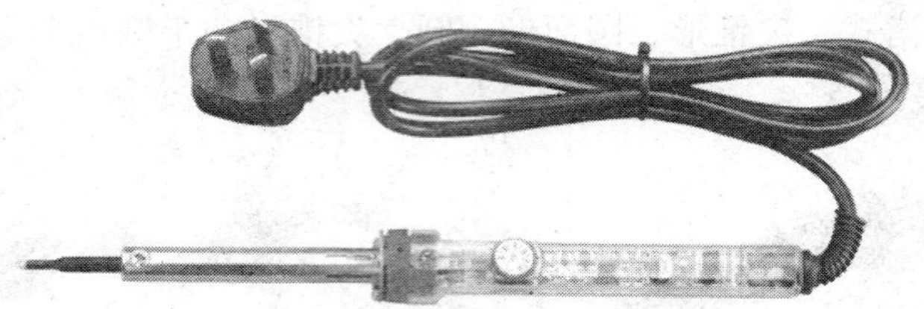

图 3—34　恒温电烙铁实物

2）吸锡电烙铁。吸锡电烙铁是将活塞式吸锡器与电烙铁融于一体的拆焊工具，它具有使用方便、灵活、适用范围宽等特点。不足之处是每次只能对一个焊点进行拆焊。

吸锡电烙铁的使用方法是：接通电源，预热 3 ~ 5 min 后将活塞柄推下并卡住，将吸头前端对准欲拆焊的焊点，待焊锡熔化后按下按钮，活塞迅速上升，焊锡被吸进气筒内。每次使用完毕，推动活塞 3 ~ 4 次，清除吸管内的焊锡，使吸头与吸管畅通，以便下次使用。如图 3—35 所示为吸锡电烙铁实物。

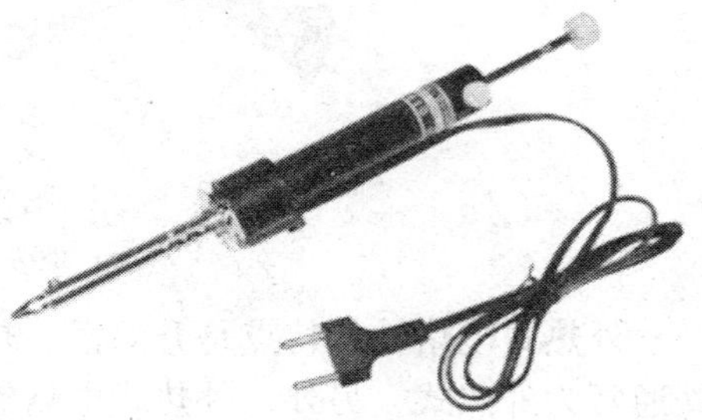

图 3—35　吸锡电烙铁实物

2. 电烙铁的选择

（1）选用电烙铁一般遵循原则

1）烙铁头的形状要适应被焊件物面要求和产品装配密度。

2）烙铁头的顶端温度要与焊料的熔点相适应，一般要比焊料熔点高 30 ~ 80℃（不包括在电烙铁头接触焊接点时下降的温度）。

3）电烙铁热容量要恰当。烙铁头的温度恢复时间要与被焊件物面的要求相适应。温度恢复时间是指在焊接周期内，烙铁头顶端温度因热量散失而降低后，再恢复到最高温度所需的时间。它与电烙铁功率、热容量以及烙铁头的形状、长短有关。

（2）选择电烙铁的功率原则

1）焊接集成电路、晶体管及其他受热易损件的元器件时，考虑选用 20 W 内热式或 25 W 外热式电烙铁。

2）焊接较粗导线及同轴电缆时，考虑选用 50 W 内热式或 45 ~ 75 W 外热式电烙铁。

3）焊接较大元器件时如金属底盘接地焊片，应选 100 W 以上的电烙铁。

3. 电烙铁的使用

（1）电烙铁的握法

电烙铁的握法分为三种，如图 3—36 所示。

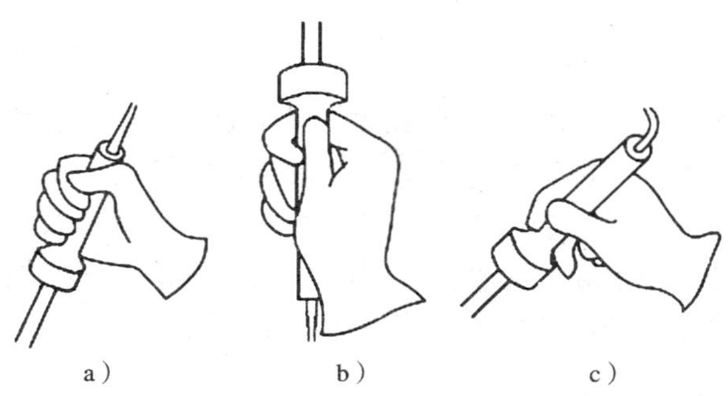

图 3—36　电烙铁的握法
a）反握法　b）正握法　c）握笔法

1）反握法。反握法是用五指把电烙铁的柄握在掌内。此法适用于大功率电烙铁，焊接散热量大的被焊件。

2）正握法。正握法适用于较大的电烙铁，弯形烙铁头的一般也用此法。

3）握笔法。握笔法是指用握笔的方法握电烙铁，此法适用于小功率电烙铁，焊接散热量小的被焊件，如焊接收音机、电视机的印制电路板等。

（2）注意事项

1）如果用一把新的电烙铁，首先应清洁烙铁头并上锡。

2）电烙铁不宜长时间通电而不使用，这样容易使烙铁芯加速氧化而烧断，缩短其寿命，同时也会使烙铁头因长时间加热而氧化，甚至被“烧死”不再“吃锡”。

3）电烙铁应放在专用的烙铁架上，轻拿轻放，注意不要烫伤电源线，更换烙铁芯时要注意引线不要接错，特别注意接地线，避免电烙铁外壳带电。

4）不要将烙铁头上的焊锡乱甩。使用过程中不要任意敲击电烙铁头以免损坏，内热式电烙铁连接杆钢管壁厚度只有 0. 2 mm，不能用钳子夹以免损坏。

5）为延长烙铁头的使用寿命，应经常用湿抹布或浸水海绵擦拭烙铁头，以保持烙铁头良好的挂锡能力，并可有效防止残留助焊剂对烙铁头的腐蚀作用；其次，在焊接时，最好选用松香或弱酸性助焊剂。

6）焊接完毕，烙铁头上应保证挂一层薄锡，以防止再次加热时出现氧化层。

二、焊料及焊剂

1. 焊料

焊料的作用是将被焊元器件连接在一起。它的特点是熔点低，且易于与被焊物连接在一起。

电子线路中常用的焊料多为铅锡合金，其中丝状的又称为焊锡丝。如图 3—37 所示。焊锡丝内部夹有固体焊剂松香粉末，使用方便。焊锡丝的直径规格有 1 mm、1. 5 mm、2 mm 等。

焊锡的熔点由铅锡合金比例决定，在 180℃左右。使用 25 W 外热式或 20 W 内热式电烙铁便可进行焊接。它的特点是：熔点低，流动性能好，机械强度好，导电性能、抗腐蚀性能良好，对元器件引脚和其他导线的附着力强，不易脱落，因此在电子线路的焊接技术中得到广泛应用。

2. 焊剂

焊剂又称助焊剂（见图 3—38）。锡焊技术是依靠被熔化的焊锡将焊件与被焊件的金属体连在一起的过程。在进行焊接时，为能使被焊物与焊料焊接牢靠，就必须去除焊件表面的氧化物和杂质。去除杂质通常有机械方法和化学方法，机械方法是用砂纸和刀子将氧化层去掉；化学方法则是借助于焊剂清除。焊剂同时也能防止焊件在加热过程中被氧化以及把热量从烙铁头快速地传递到被焊物上，使预热的速度加快。

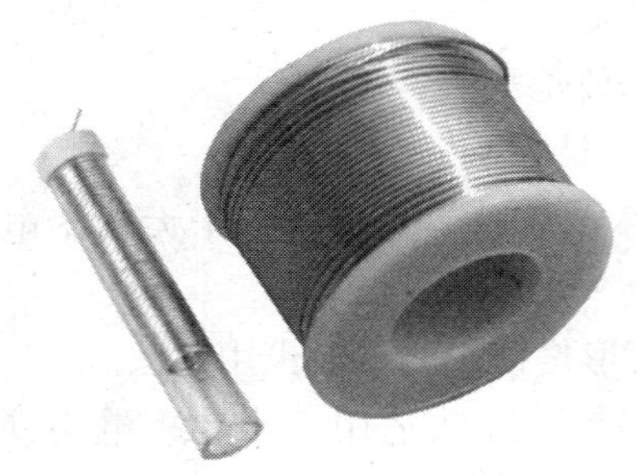

图 3—37　焊料

图 3—38　助焊剂

常用的焊剂有松香和焊膏。松香的腐蚀性较小，电子线路的焊接中常用。为了方便使用，可将松香与无水乙醇配制成 25% ~30% 的松香酒精溶液。其优点是没有腐蚀性，具有高绝缘性能和长期的稳定性和耐湿性。焊接后容易清洗，并形成覆盖焊点膜层，使焊点不被氧化腐蚀。

焊膏具有较强的腐蚀性，通常用于焊接较大线径的导线线头及焊接表面不易清理的焊件。

三、焊接方法

1. 焊接前的准备

（1）元器件引线加工成型

元器件在印制板上的排列和安装方式用两种：立式与卧式。首先要将被焊元器件的引脚按照需要弯折成形，注意不要将引线齐根弯折，以免损坏元器件。图 3—39 所示为几种成型图例。

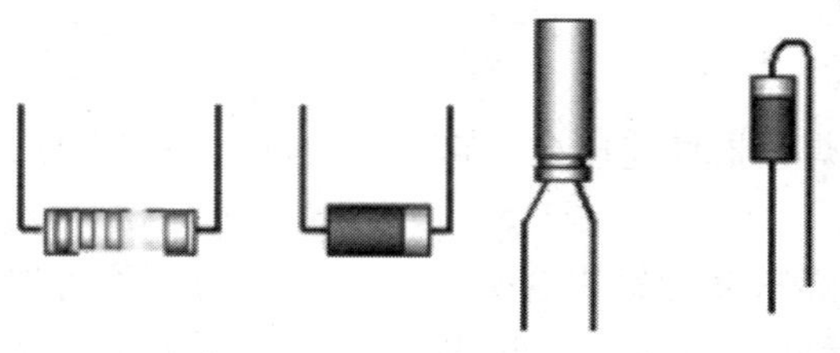

图 3—39　元器件成型图例

（2）搪锡（镀锡）

根据元器件被焊部分表面的氧化程度，进行必要的机械清理，然后在焊接部位表面挂上一层锡，为下一步的焊接做好准备。

2. 焊接操作方法

焊接时要保证烙铁头的清洁。焊接具体操作的五步法如图 3—40 所示。对于小热容量焊件而言，整个焊接过程不超过 2 ~ 4 s。

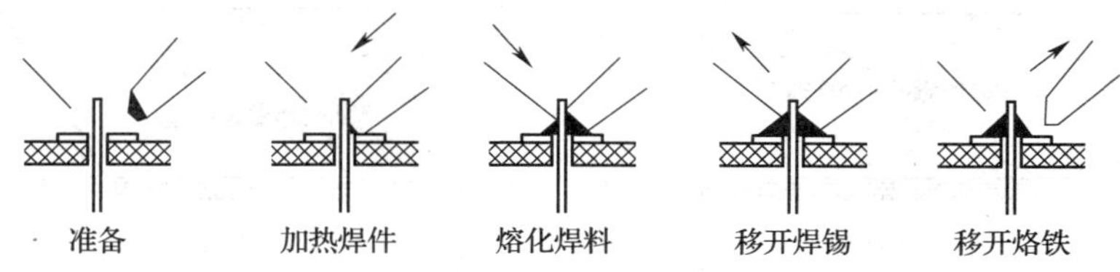

图 3—40 焊接五步操作法

3. 对锡焊的质量要求

锡焊时，被焊件的熔点要高于焊料的熔点。被焊件应具有良好的可焊性，如金、银、铜等金属器材。焊接时的焊接面必须清洁，并除去氧化物和污垢。焊接时要合理地控制好温度和时间。

对锡焊质量的具体要求是：

(1) 焊接可靠，保证焊点的导电性能良好。要求焊料与被焊件表面形成的合金层必须接触良好，防止虚焊和假焊。焊点质量鉴别如图 3—41 所示。

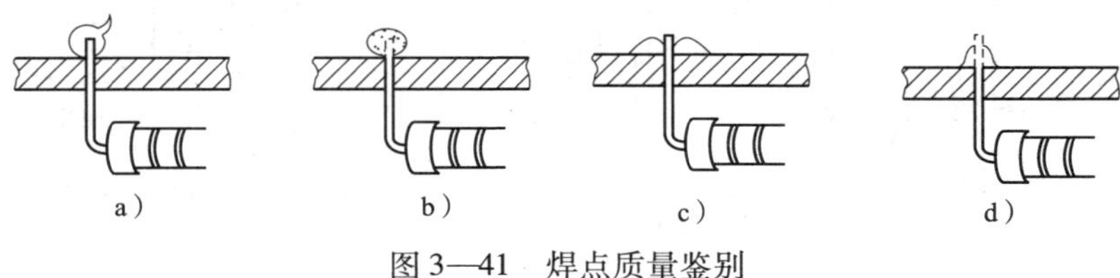

图 3—41 焊点质量鉴别

a) 有毛刺 b) 假焊 c) 虚焊 d) 合格焊点

(2) 焊点必须具有一定的机械强度，要求被焊件的表面形成的合金层面积足够大，从而增加强度。

(3) 焊点的表面要光滑、清洁。为使焊点美观、有光泽，不但要有熟练的焊接技能，而且要选择合适的焊料和焊剂，否则将出现焊点表面粗糙、拉尖、棱角现象。其次，烙铁的温度也要保持适当。

四、导线焊接技术

1. 导线上锡的方法

首先是清洁裸导线并涂上助焊剂，用刀片或细铁砂布去除裸导线表面的氧化物，并用布擦去裸导线表面的尘埃。然后左手拿镊子钳住裸导线，右手将烙铁头压在松香上面的裸导线，待松香熔化后左手拉动裸导线，使裸导线表面涂上一层薄而均匀的松香助焊剂，如图 3—42 所示为导线上锡。

接着对裸导线表面上锡，烙铁头蘸上适量焊锡丝，将烙铁头触及裸导线自上而下滑动，但速度不能过快。用同样的方法，将裸导线的反面也上锡，直到裸导线表面镀上一层薄而亮的锡层。对没有上好锡的部位，可以重复涂助焊剂再进行上锡。最后清洁上锡表面，其方法是用纱布蘸取适量无水酒精，擦洗已上好锡的裸导线。

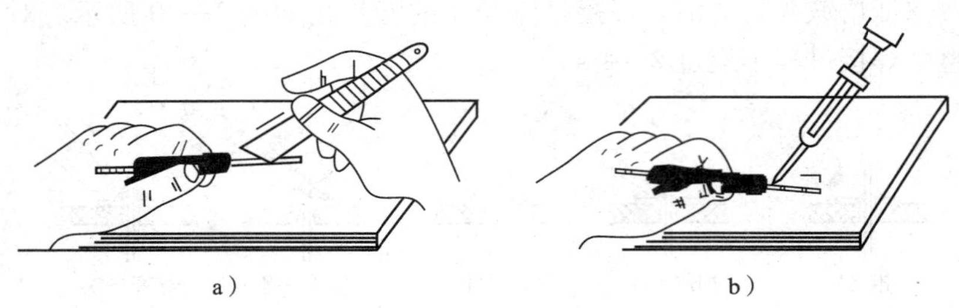

图 3—42　导线上锡

a）刮去氧化层　b）均匀镀上一层锡

2. 导线与接线端子的焊接

（1）绕焊

把经过镀锡的导线端头在端子上缠一圈，用钳子拉紧缠牢后进行焊接，如图 3—43a 所示。这种焊接可靠性最好。

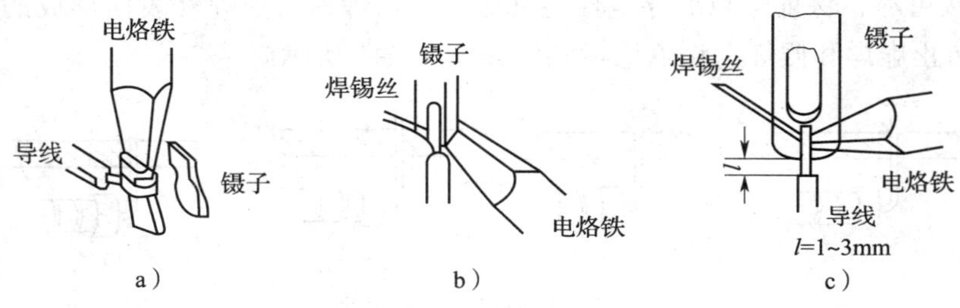

图 3—43　导线与接线端子的焊接

a）绕焊连接　b）钩焊连接　c）搭焊连接

（2）钩焊

将导线端子弯成钩形，钩在机械端子上并用钳子夹紧后焊接，如图 3—43b 所示。这种焊接操作简便，但强度低于绕焊。

（3）搭焊

把镀锡的导线端搭到接线端子上施焊，如图 3—43c 所示。此种焊接最简便，但强度可靠性最差，仅用于临时连接等。

3. 导线与导线的焊接

导线之间的焊接以绕焊为主，操作步骤如下：

（1）去掉一定长度的绝缘外层；

（2）端头上锡，并套上合适的绝缘套管；

（3）绞合导线，施焊；

（4）趁热套上套管，冷却后套管固定在焊头处。

此外，对调试或维修中的临时线，也可采用搭焊方法。导线与导线的焊接如图 3—44 所示。

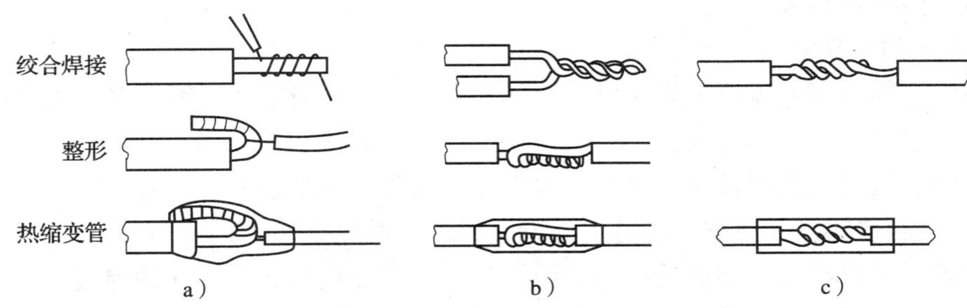

图 3—44　导线的焊接

a）粗细不等的两根线　b）相同的两根线　c）简化接法

技能训练

导线及电子元器件焊接实训操作

1. 训练目标

（1）能按焊接对象不同选择合适的焊接工具。

（2）能进行焊前处理。

（3）能安装焊接主要由电阻器、电容器、二极管、三极管等组成的单面印刷线路板。

（4）能识别虚焊、假焊。

2. 器材准备

准备内容见表 3—13。

表 3—13　准备内容

序号	名称	规格型号	数量	备注
1	电烙铁	20 W	1 把	
2	镊子	自选	1 只	
3	尖嘴钳	150 mm	1 把	
4	斜口钳	150 mm	1 把	
5	剥线钳	自选	1 只	
6	焊锡丝	ϕ1 mm	1 卷	
7	焊剂	松香	若干	
8	单股及多股导线	7/0.43 mm	若干	
9	空心铆钉板子		2 块	
10	万用电路板		1 块	
11	电子元件		若干	

3. 训练内容及步骤

(1) 导线的焊接练习

1）在空心铆钉板的铆钉上焊接圆点（50 个铆钉），先清空空心铆钉表面氧化层，然后在空心铆钉板各铆钉上焊上圆点。

2）在空心铆钉板上焊接铜丝（50 个铆钉），先清空空心铆钉表面氧化层，清除铜丝表面氧化层，然后镀锡，并在空心铆钉上进行直插、弯插焊接。

3）用若干单股导线，剥去导线端子绝缘层，练习导线与导线之间的焊接。

4）用单股及多股导线和焊接片练习导线与端子之间的绕焊、钩焊与搭焊。

(2) 电子元件的焊接练习

1）在万用电路板上焊接铜丝（100 个孔），在保持万用电路板表面干净的情况下，清除铜丝表面氧化层，然后镀锡并在万用电路板上焊接。

2）首先对电子元件引线加工成型，按要求把电子元件排列和安装在万用电路板上，然后进行焊接。

焊接注意事项：

①焊点要圆润、光滑，焊锡适中，没有虚焊。

②剥导线绝缘层时，不要损伤铜芯。导线连接方法要正确、牢靠。

③焊导线、电子元件时的烙铁头其形状不同于上锡时宽扁形烙铁头，可修得稍尖一些。

④为了防止虚焊，焊导线、电子元件一定要加助焊剂，有助于焊接时焊点的光滑亮泽。使用助焊剂的焊点，应用无水酒精对焊点进行擦洗。

⑤焊锡丝的量要控制适量，防止焊点大小不均匀。

⑥焊接时控制好时间和温度，防止邻近已焊好的交接点熔化移位。

⑦导线、电子元件上的各焊点饱满度应一致，其风格也要一致。

课后练习

1. 使用电烙铁时应注意哪些事项？
2. 对锡焊的基本要求有哪些？
3. 进行导线上锡的练习。
4. 常见的焊接质量问题有哪些？
5. 导线的焊接有哪几种基本形式？

课题 3　直流稳压电源电路的装调维修

学习目标

1. 了解直流稳压电源电路的组成。
2. 掌握整流电路、滤波电路和稳压电路的工作原理。

3. 能够进行直流稳压电源电路的安装调试及故障处理。

一、整流电路

将交流电变为直流电的过程称为整流，能实现这一过程的电路称为整流电路。整流电路有单相整流电路和三相整流电路。在小功率整流电路中，交流电源通常是单相的，故采用单相整流电路。单相整流电路有单相半波整流电路、单相全波整流电路和单相桥式整流电路等。

1. 单相半波整流电路

(1) 电路组成

单相半波整流电路如图3—45所示，电路由整流变压器T、二极管VD及负载电阻R_d组成。

一般情况下由于直流电源要求输出的电压都较低，尤其是在电子电路中通常仅为数伏至数十伏，故单相220 V的交流电源电压一般都需要用整流变压器T把电压降低后才能使用，整流变压器的作用是将交流电源电压变换成所需要的交流电压供整流用，二极管VD是整流元件。

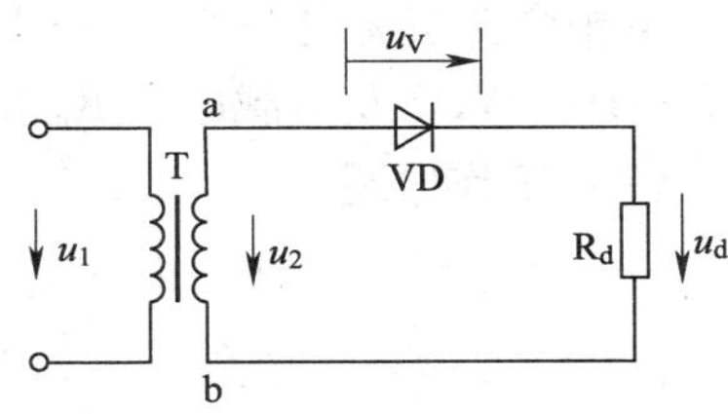

图3—45 单向半波整流电路

(2) 工作原理

设变压器的二次绕组电压为$u_2=\sqrt{2}U_2\sin\omega t$，其波形如图3—46a所示。

在u_2的正半周，变压器二次绕组a端为正、b端为负，二极管受正向电压而导通。若忽略二极管导通时的管压降，则负载电阻两端的电压u_d就等于u_2；在u_2的负半周，变压器二次绕组a端为负、b端为正，二极管承受反向电压而截止，负载电阻两端的电压u_d为零，u_2电压都加在二极管上。随着u_2周而复始的变化，负载电阻上就得到如图3—46b所示的电压。二极管两端电压波形如图3—46c所示。

(3) 负载上的直流电压和电流的计算

负载上得到的整流电压是交流电压u_2的正半周波形，虽然是单方向的，但其大小是变化的。这种单向脉动电压常用一个周期的平均值U_d来表示其大小。经计算，单相半波整流电压平均值U_d为：

$$U_d=0.45U_2$$

式中 U_2——变压器二次绕组电压u_2的有效值。

流过负载电阻R_d的直流电流平均值I_d为：

$$I_d=U_d/R_d=0.45U_2/R_d$$

(4) 整流二极管的电流和最高反向电压的计算

计算整流二极管上的电流和最高反向电压是选择整流二极管的主要依据。在单相半波整流电路中二极

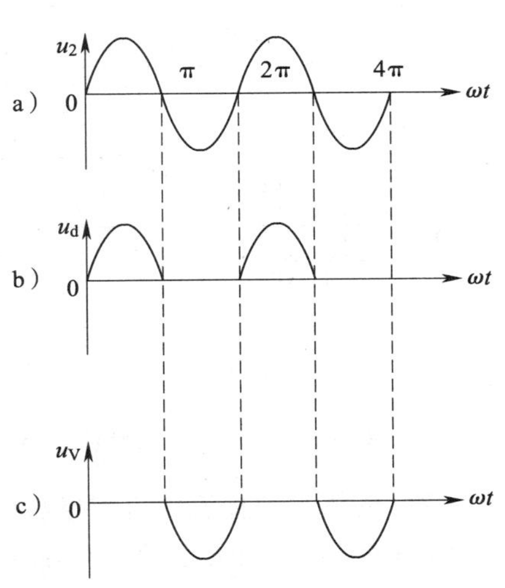

图3—46 单相半波整流电路的波形

管与负载串联，所以流过二极管的平均电流 I_{dT} 就等于负载的直流电流 I_d，即：

$$I_{dT}=I_d=0.45U_2/R_d$$

从图 3—46 二极管两端电压波形可知，二极管上的最高反向电压 U_{RM} 就是交流电压 u_2 的峰值，即：

$$U_{RM}=\sqrt{2}U_2$$

选择二极管时，它的最大整流电流应大于实际的 I_{dT}，最高反向工作电压 U_{RM} 应大于实际交流电压 u_2 的峰值，二极管的最大整流电流和最高反向工作电压都需要留有一定的安全余量。

2. 单相全波整流电路

（1）电路的组成

单相全波整流电路如图 3—47 所示，电路由二次绕组带中心抽头的整流变压器 T、二极管 VD1、VD2 及负载电阻 R_d 组成。

（2）工作原理

设变压器的二次绕组电压为 $u_2=\sqrt{2}U_2\sin\omega t$，其波形如图 3—48a 所示。在交流电压 u_2 的正半周，变压器二次绕组 a 端为正、b 端为负，二极管 VD1 受正向电压而导通。而 VD2 承受反向电压而截止，电流由 a 端经 VD1、R_d 流回 O 端，在忽略 VD1 导通时的管压降的情况下，此时负载两端的电压等于 u_2。在交流电压 u_2 的负半周，变压器二次绕组 a 端为负、b 端为正，二极管 VD2 受正向电压而导通，而 VD1 承受反向电压而截止，电流由 b 端经 VD2、R_d 流回 O 端，在忽略 VD2 导通时的管压降的情况下，此时负载两端的电压也等于 u_2。单相全波整流电路中负载整流电压 u_d 和负载电流 i_d 的波形如图 3—48b、图 3—48c 所示。

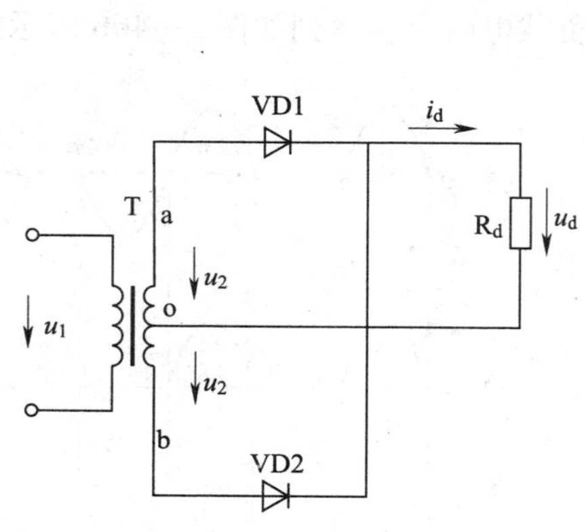

图 3—47　单向全波整流电路

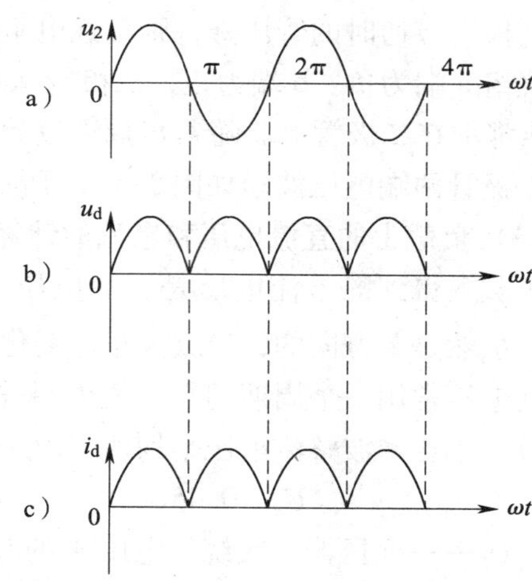

图 3—48　单相全波整流电路波形

（3）负载上的直流电压和电流的计算

由图 3—48 可知单相全波整流电路负载上的直流电压平均值 U_d、负载电流的平均值 I_d 计算公式，即：

直流电压平均值 U_d 为：$U_d = 0.9U_2$

负载电流平均值 I_d 为：$I_d = U_d/R_d = 0.9U_2/R_d$

（4）整流二极管的电流和最高反向电压的计算

在单相全波整流电路中，负载的直流电流是由二极管 VD1、VD2 轮流导通的。所以二极管的流过的平均电流 I_{dT} 应是负载直流电流 I_d 的一半，即：

$$I_{dT} = I_d/2 = 0.45U_2/R_d$$

由工作原理分析可知，单相全波整流电路中，当 VD1 导通时，VD2 截止，此时二极管 VD2 承受 U_{ab} 反向电压。当 VD2 导通时，VD1 截止，此时二极管 VD1 承受 U_{ab} 反向电压，所以二极管承受最高反向电压就等于变压器二次绕组 U_{ab} 电压的最大值，即：

$$U_{RM} = 2\sqrt{2}U_2$$

由以上分析可知，单相全波整流电路要求有带中心抽头的整流变压器，每个二次绕组一周期内只工作一半时间，变压器利用率低，因此应用较少。

3. 单相桥式整流电路

（1）电路的组成

单相桥式整流电路如图 3—49 所示。它由整流变压器、四只二极管及负载电阻 R_d 组成。

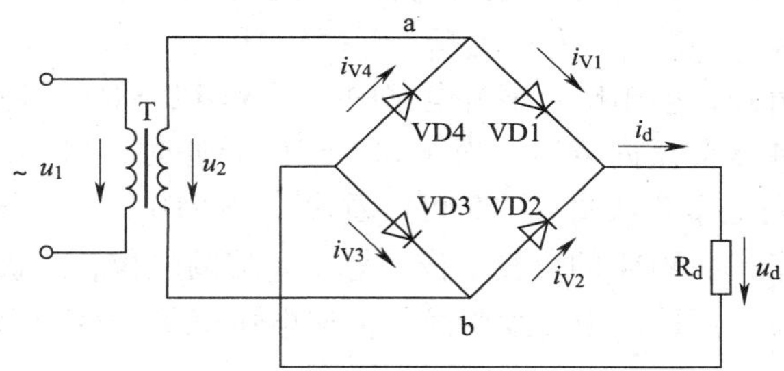

图 3—49 单相桥式整流电路

电路中的四只二极管的接法和电桥相似，电桥的一条对角线上接交流输入端，一条对角线接直流输出端。

（2）工作原理

设变压器的二次绕组电压为 $u_2 = \sqrt{2}U_2\sin\omega t$，其波形如图 3—50a 所示。在交流电压 u_2 的正半周，变压器二次绕组 a 端为正、b 端为负，二极管 VD1 和 VD3 受正向电压而导通，而 VD2 和 VD4 承受反向电压而截止，u_2 电压产生的电流 i_{V1} 的通路为：a→VD1→R_d→VD3→b。在忽略 VD1 和 VD3 导通时的管压降的情况下，此时负载两端的电压等于 u_2，如图3—50b 中的 0 ~ π。

在交流电压 u_2 的负半周，变压器二次绕组 a 端为负、b 端为正，此时 VD1 和 VD3 承受反向电压而截止，而 VD2 和 VD4 承受正向电压而导通，u_2 电压产生的电流 i_{V2} 通路为：b→VD2→R_d→VD4→a。在忽略 VD2 和 VD4 导通时的管压降的情况下，此时负载两端的电压也等于 u_2，如图 3—50b 中的 π ~ 2π。如此看来，无论是交流电压 u_2 的正半周还是负半周，

负载 R_d 上的整流电压极性没有变化，始终是上正下负的极性，流过负载的电流方向也没变。单相桥式整流电路中负载整流电压 u_d 和负载电流 i_d 的波形如图 3—50b、图 3—50c 所示。这种整流电路在整个周期内都有输出，在负载上得到的是全波整流电压，和半波整流电路相比，它的输出电压脉动小、整流变压器利用率高。

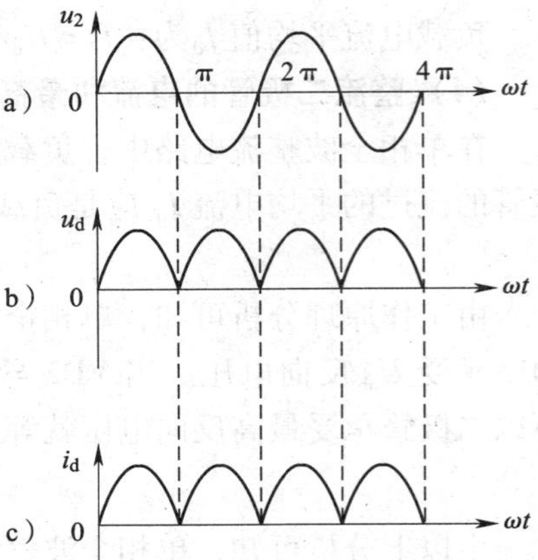

图 3—50　单相桥式整流电路波形

(3) 负载上的直流电压和电流的计算

从图 3—50 波形图上可以看出，单相桥式整流电路因为输出电压的波形比半波多了一倍，显然输出直流电压的平均值也就比半波要大一倍，即：

$$U_d = 0.9U_2$$

负载电流的平均值 I_d 也要大一倍，即为：

$$I_d = U_d/R_d = 0.9U_2/R_d$$

(4) 整流二极管的电流和最高反向电压的计算

在单相桥式整流电路中，负载的直流电流是由二极管 VD1、VD3 和 VD2、VD4 轮流导通的。所以二极管流过的平均电流 I_{dT} 应是负载直流电流 I_d 的一半，即：

$$I_{dT} = I_d/2 = 0.45U_2/R_d$$

由工作原理分析可知，单相桥式整流电路中，当 VD1、VD3 导通时，VD2、VD4 截止，此时二极管 VD2、VD4 承受反向电压。当 VD2、VD4 导通时，VD1、VD3 截止，此时二极管 VD1、VD3 承受反向电压。从图 3—49 可以看出，当 VD1、VD3 导通时，如忽略二极管的正向压降，二极管 VD2、VD4 的负极电位就等于 a 端的电位，二极管 VD2、VD4 的正极电位就等于 b 端的电位，所以二极管承受最高反向电压就等于变压器二次绕组电压的最大值，即：

$$U_{RM} = \sqrt{2}U_2$$

单相桥式整流电路中的二极管可以用四个同型号的二极管，但接线时应注意二极管的极性不能接反，否则将引起电源短路。

单相桥式整流电路的变压器二次绕组电压比单相全波整流电路要低 1/2，整流二极管的平均电流也要低 1/2。在同样的二次绕组电压 U_2 时，单相桥式整流电路的负载直流电压和电流都较单相半波整流的负载直流电压和电流高一倍，对整流二极管的要求也低一些。同时，单相桥式整流电路输出的直流电压和电流的脉动程度都比单相半波整流电路输出的直流电压和电流的脉动程度小，变压器的利用率较高，所以单相桥式整流电路得到了广泛的应用。

二、滤波电路

整流电路输出的直流电压是单向脉动直流电压，其中包含有很大的交流分量。为了减小输出直流电压的脉动程度，减小交流分量，就要采用滤波电路。常用的滤波电路按采用的滤波元件不同分成电容滤波和电感滤波等。在小功率直流电源中常用电容滤波。

1. 电容滤波电路

(1) 工作原理

如图3—51所示为单相半波整流电容滤波电路。由图可知，电容滤波电路滤波电容与负载并联。常采用容量较大的电解电容器，电解电容器有正、负极性，在电路中电解电容器的极性应与滤波电压的极性一致，不能接错。

电容滤波的原理是利用电容的充放电作用，来改善输出直流电压的脉动程度。

如图3—51所示电路中，设 $u_2=\sqrt{2}U_2\sin\omega t$，若 $u_2>u_C$ 则二极管VD导通，若 $u_2\leqslant u_C$ 则二极管VD截止。为分析简便起见，假设图示电路在电源电压 u_2 过零时接通电路，当 u_2 从零开始上升过程中，二极管VD导通，流经VD的电流分两路，一路流经负载电阻 R_d，另一路对电容C充电。如忽略变压器的内阻抗和二极管的管压降，可以认为 u_C 和 u_2 的波形是重合的，到达 u_2 的峰值时 $u_2=u_C$。此后 u_2 和 u_C 都开始下降，u_2 按正弦规律下降，当 $u_2<u_C$ 时，二极管VD承受反向电压而截止。此时电容C通过 R_d 放电，放电使 u_C 逐渐下降，直到下个正半周 $u_2>u_C$ 时，二极管VD再次导通，电容C再次被充电。电容电压 u_C 再次按照 u_2 的正弦规律上升，峰值过后电容电压 u_C 又将通过 R_d 放电……如此周而复始重复上述过程。电容两端电压即为输出电压，其波形如图3—52所示。由图可见，负载上的输出电压的脉动大为减小，达到了滤波的目的。

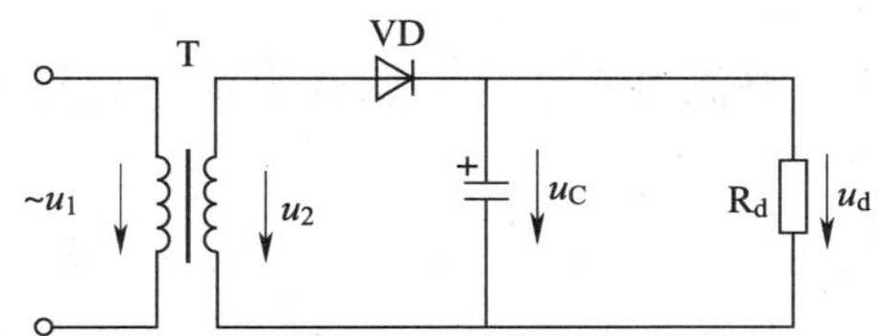

图3—51　单相半波整流电容滤波电路

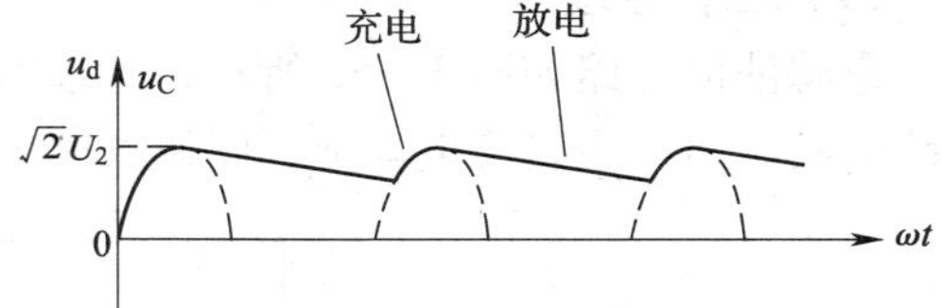

图3—52　单相半波整流电容滤波电路波形

单相桥式整流电容滤波电路及其输出电压波形分别如图3—53和图3—54所示。图3—54中虚线所示是原来不加滤波电容的输出波形，实线所示是加了滤波电容之后的输出电压波形。

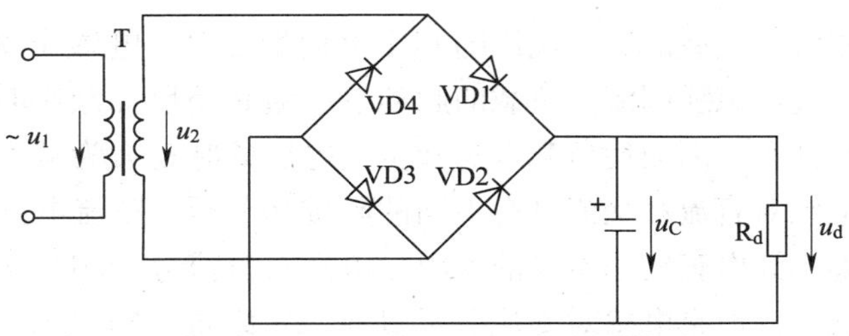

图3—53　单相桥式整流电容滤波电路

可以知道，滤波效果的好坏和放电回路的时间常数 R_dC 有很大的关系。时间常数 R_dC 大则放电慢，输出电压的脉动小、滤波效果好；时间常数 R_dC 小则放电快且输出电压的脉动大、滤波效果差。

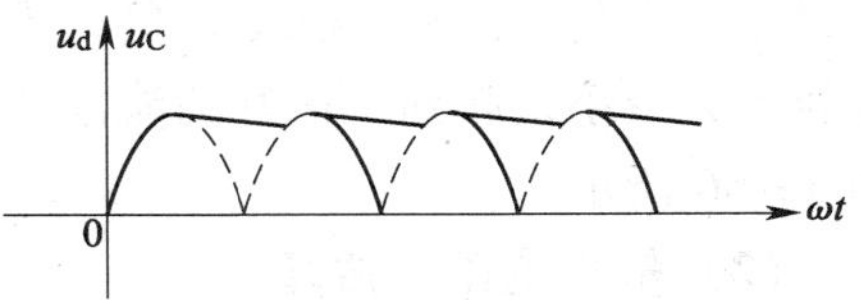

图3—54　单相桥式整流电容滤波电路波形

（2）输出电压的估算

整流电路在经过电容滤波之后，输出电压的脉动大为减小，同时输出电压也提高了。一般取输出电压为：

$$U_{\mathrm{d}} = 1.2U_2$$

（3）电容滤波的优缺点及应用场合

电容滤波具有电路简单、输出电压较高等优点，但也存在不少缺点，主要有以下两点：

1）直流电源的外特性较差。电源的外特性就是指电源的输出电压与输出电流之间的关系，好的电源外特性应该是输出电压不随输出电流变化。电容滤波电路的外特性较差，因为电容滤波电路输出电压大小与放电时间常数有关，在电容确定不变之后，输出的直流电压的大小就完全取决于负载电阻 R_{d}，也就是取决于负载电流 I_{d}。

2）二极管的导通时间短，电流冲击大。因为滤波效果越好，二极管的导通时间越短，电流冲击越大。在设计带有电容滤波的整流电路时，应充分考虑这一因素，二极管的电流安全系数可取 2～3 倍。

综上所述，电容滤波电路简单，输出电压较高，但外特性较差，且有电流冲击，主要应用于输出电压较高，负载电流较小并且变化也较小的场合。

2. 电感滤波电路

（1）工作原理

电感滤波电路如图 3—55 所示，电感和负载串联，整流电路输出的脉动直流电通过电感线圈时，将产生自感电动势，阻碍线圈中电流的变化。

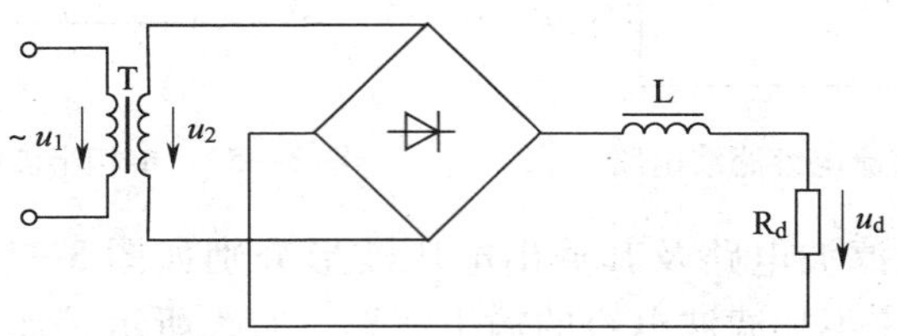

图 3—55　电感滤波电路

当通过电感线圈流向负载的脉动电流随 u_2 上升而增加时，电感线圈产生的自感电动势就阻碍其增加，当通过电感线圈流向负载的脉动电流随 u_2 下降而减小时，电感线圈产生的自感电动势又阻碍其减小，因而使负载电流和负载电压的脉动大为减小。电感线圈的滤波工作原理也可以从电感对直流和交流具有不同的阻抗来分析。整流电路的输出电压有直流分量和交流分量，如不计电感线圈本身的电阻，电感对直流分量相当于短路，因此直流分量可以全部加到负载上，但是电感对交流分量具有一定阻抗，频率越高，阻抗越大，因而交流分量要被电感阻抗和负载电阻分压，如果电感阻抗远远大于负载电阻，就可以使交流分量绝大部分降落在电感上，负载电阻上的交流分量就大大减小，起到了很好的滤波作用。其波形如图 3—56 所示。

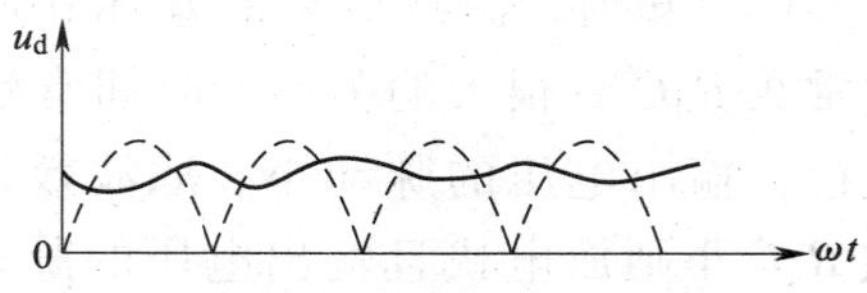

图 3—56　电感滤波电路波形

（2）输出电压的估算

由上述分析可知，电感滤波电路要有好的滤波效果，必须使电感阻抗远远大于负载电阻。在不计电感线圈本身的电阻时，输出的直流电压和没有滤波时相同，即：

$$U_d = 0.9U_2$$

电感滤波电路的外特性较好，二极管的导通角还是180°，电流冲击小。因此电感滤波电路适用于大电流负载场合，电感滤波电路的缺点是电感本身是一个铁芯线圈，体积大而笨重，成本高。

对于负载变动较大的场合或者希望得到更好的滤波效果，可以采用电容滤波和电感滤波相结合的LC复式滤波电路，如图3—57所示。图中L对交流分量的限流作用和C对交流分量的分流作用联合起来将使得负载上的交流分量大大减小。

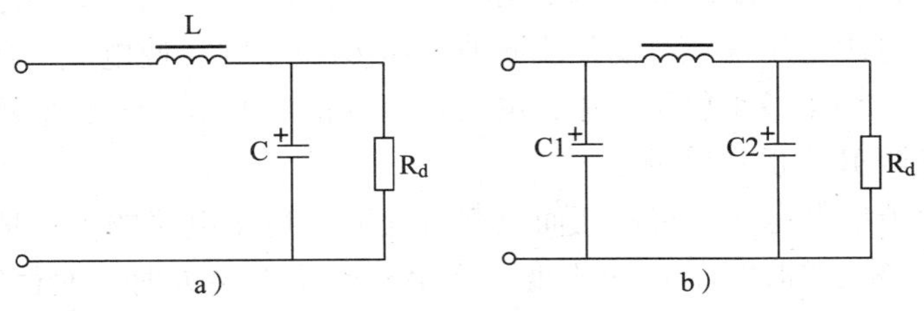

图3—57　LC复式滤波电路
a）LC滤波电路　b）π形LC滤波电路

三、稳压电路

1. 稳压管稳压电路

经过整流和滤波的输出直流电压已经变得比较平稳，但是往往会随交流电源电压的波动和负载的变化而变化。为了使输出电压保持稳定，使其不随交流电源电压的波动和负载的变化而变化，必须采用稳压电路。稳压电路种类很多，稳压管稳压电路是其中最简单的一种。

（1）电路组成

稳压管稳压电路如图3—58所示，经过单相桥式整流和电容滤波电路得到直流电压 U_I，再经过限流电阻R和稳压管V组成的稳压电路接到负载电阻 R_d 上。稳压管V反向并联在负载两端。

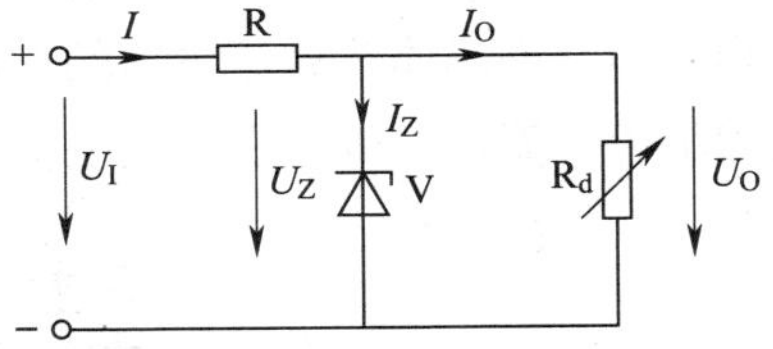

图3—58　稳压管稳压电路

（2）工作原理

由稳压管特性可知，稳压管是工作在反向击穿状态，只要流过稳压管的电流 I_Z 在其工作范围内，其两端的电压 U_Z 基本上保持稳定的。假设稳压管特性是理想的，即认为稳压管的动态电阻为零，只要稳压管电流 I_Z 在最小稳定电流 I_{Zmin} 和最大稳定电流 I_{Zmax} 之间，稳压管两端的电压 U_Z 不变。如果稳压管电流小于最小稳定电流，则说明稳压管还没有工作于反向击穿状态，输出电压减小，电路失去稳压作用；如果大于最大稳定电流则稳压管将烧坏，图中限流电阻 R 就是为了限制稳压管电流 I_Z 不要过大。

由此可见，稳压管能稳压是其本身的特性决定的，在交流电源电压波动或负载变化时，只要能保证稳压管电流在其工作范围之内，就能保证输出电压 U_0的稳定。

下面分析在交流电源电压波动和负载变化时，稳压电路的工作情况。

由图 3—58 所示电路可以看出，其电压、电流的关系为：

$$U_I = IR + U_O$$

$$I = I_Z + I_O$$

为了便于分析，先假设负载不变，只分析交流电源电压波动时，稳压电路的工作情况。比如交流电源电压增大，使整流滤波电压 U_I增大，将使电流 I 增大，由于负载电流 I_0不变，因而电流 I 增大的部分全部流过稳压管，使稳压管电流 I_Z增大，只要 I_Z不超过最大稳压电流，电路就可以正常动作，稳压管两端电压 U_Z基本上保持不变，此时电阻 R 上的压降增大。同理，当交流电源电压减小，使整流滤波电压 U_I减小，将使电流 I 减小，使稳压管电流 I_Z减小，只要 I_Z不小于最小稳压电流，电路就可以正常工作，稳压管两端电压 U_Z基本上保持不变，此时电阻 R 上的压降减小。

下面再分析交流电源电压保持不变而负载变化时，稳压电路的工作情况。当交流电源电压保持不变时，整流滤波电压 U_I也不变，当负载电流 I_0增大时，使稳压管电流 I_Z减小，只要 I_Z不小于最小稳定电流，电路就可以正常工作，稳压管两端电压 U_Z基本上保持不变，此时流过限流电阻 R 的电流和电阻上的电压降基本上保持不变。同理，当负载电流 I_0减小时，使稳压管电流 I_Z增大，当负载开路时，电流 I 全部流过稳压管，只要 I_Z不超过最大稳定电流，电路就可以正常工作，稳压管两端电压 U_Z基本上保持不变。

在图 3—58 所示稳压管稳压电路中，稳压管 V 作为电压调整器与负载并联，故又称为并联型稳压电路。稳压管稳压电路结构简单，成本低，但输出电流较小，电路稳压性能较差。因此这种电路只能用于要求不高的小电流的稳压电路。

2. 串联型晶体管稳压电路

稳压管稳压电路输出电流较小，电路稳定性能较差。为了提高稳压电路的输出电流，可以利用三极管的放大作用，如图 3—59 所示电路就是在输出端接有三极管的稳压电路，因为三极管与负载是串联的，所以这种电路又称为串联型晶体管稳压电路。由图 3—59 可以看到，串联型晶体管稳压电路的输出电流是三极管的发射极电流，稳压管输出的电流为三极管的基极电流，三极管发射极电流是基极电流的（$1+\beta$）倍，这样就大大提高了输出电流。

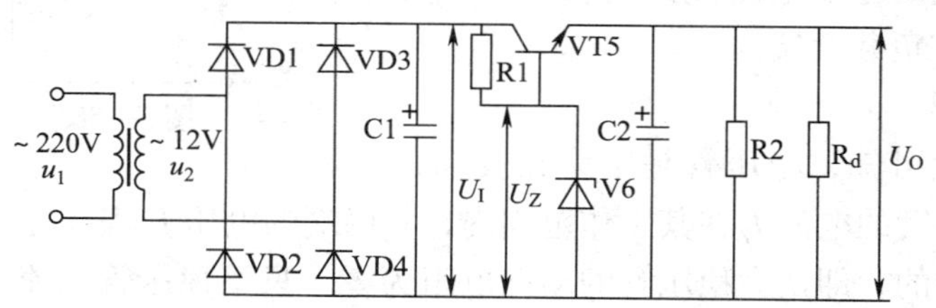

图 3—59　串联型晶体管稳压电路

（1）电路组成

由图 3—59 可知，串联型晶体管稳压电路可分为由降压变压器及 VD1 ~ VD4 整流二极管组成的单相桥式整流电路、电容 C1 组成的滤波电路和三极管 VT5、硅稳压管 V6 等元器件组成的稳压电路等三部分，其中单相桥式整流电路、电容 C1 组成的滤波电路和上节所述稳压管稳压电路相同。稳压电路中三极管 VT5 称为调整管，R1 既是 V6 的限流电阻又是调整管 V5 的偏置电阻，它和稳压管 V6 组成的稳压电路向调整管 V5 基极提供一个稳定的直流基准电压 U_Z。当负载 R_d开路时，由电阻 R_2提供给调整管一个直流通路。

(2) 工作原理

由图 3—59 可知，交流电源经变压器降压后，二次绕组交流电压 u_2 经过 VD1 ~ VD4 整流二极管组成的单相桥式整流电路和电容 C1 滤波后，输出直流电压（即电容 C1 上电压）U_I，再经稳压电路中三极管 V5 输出负载电压 U_O。因此，图 3—59 所示的串联型晶体管稳压电路可等效简化为图 3—60 所示的串联稳压电路。

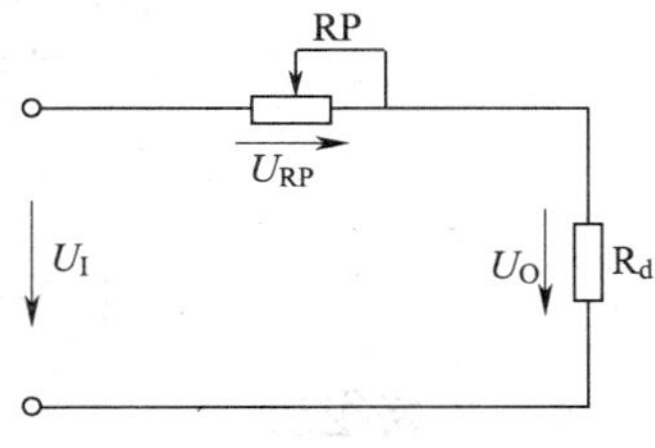

图 3—60 串联型晶体管稳压电路等效稳压电路

由图 3—60 可知，负载电压 U_O为：

$$U_O = \frac{R_d}{R_d + R_P} U_I$$

由上式可知，当交流电源电压升高，直流电压（即电容 C 上电压）U_I增大时，只要调节可变电阻 RP 使其阻值增大，就可使负载电压 U_O保持不变；反之，当交流电源电压降低，直流电压（即电容 C 上电压）U_I减小时，只要调节可变电阻 RP 使其阻值减小，就可使负载电压 U_O保持不变。也就是说随着交流电源电压变化自动调节可变电阻 RP 的阻值就可以保证负载电压不变，这就是串联型稳压电路的基本稳压原理。在实际应用中，常采用三极管来代替可变电阻 RP 而组成晶体管串联型稳压电路。

下面分析图 3—59 所示的串联型晶体管稳压电路的工作原理。由图可得到下面关系：

$$U_{BE} = U_Z - U_O$$

$$U_O = U_I - U_{CE}$$

假设由于交流电源电压或负载电阻的变化而使输出负载电压 U_O增大时，由于稳压管 V6 的稳定电压 U_Z不变，因此三极管 VT5 的 U_{BE}减小，三极管 VT5 的基极电流 I_B减小，使三极管 VT5 的集电极 – 发射极间的电压 U_{CE}增大，使 U_O下降，保证输出负载电压 U_O基本稳定，上述稳压过程表示如下：

$$U_O \uparrow \rightarrow U_{BE} \downarrow \rightarrow I_B \downarrow \rightarrow U_{CE} \uparrow \rightarrow U_O \downarrow$$

同理，由于交流电源电压或负载电阻的变化而使输出负载电压 U_O下降时，由于稳定管 VT6 的稳定电压 U_Z不变，因此三极管 VT5 的 U_{BE}增大，三极管 VT5 的基极电流 I_B增大，使三极管 VT5 的集电极 – 发射极间的电压 U_{CE}减小，使 U_O上升，保证输出负载电压 U_O基本稳定。

串联型晶体管稳压电路的输出电流比硅稳压管稳压电路输出电流大，稳压性能也要好些，但是图 3—59 所示的串联型晶体管稳压电路的输出电压的大小是固定的，基本上由稳压管的稳定电压决定，实际应用中很不方便，同时该电路的稳压性能还较差，还需要进一步改进。

3. 带有比较放大环节的串联型稳压电路

带有比较放大环节的串联型稳压电路的电路图如图 3—61 所示。

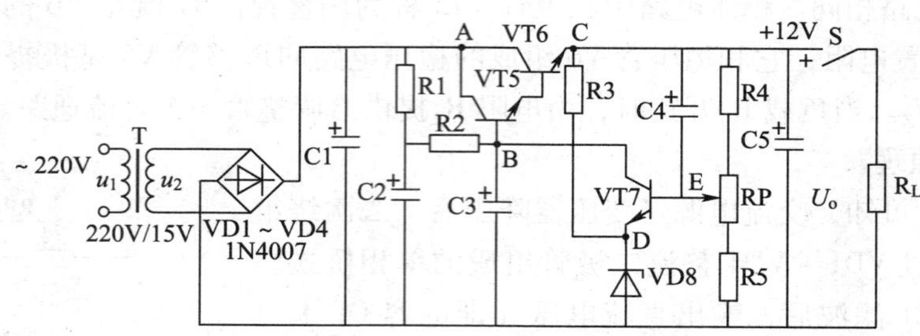

图 3—61　带有比较放大环节的串联型稳压电路

（1）电路组成

此电路稳压部分的框图如图 3—62 所示。它由基准电压电路、取样电路、比较放大电路和调整管 4 部分组成。图 3—61 三极管 VT5 和 VT6 组成复合调整管，稳压二极管 VD8 和限流电阻 R3 构成基准电压电路，当输出电压变化时，取样电路将其变化量的一部分送到比较放大电路。三极管 VT7 组成比较放大电路。取样电压和基准电压 U_Z 分别送至三极管 VT7 的基极和发射极，进行比较放大，VT7 的集电极与调整管的基极相连，以控制调整管的基极电位。

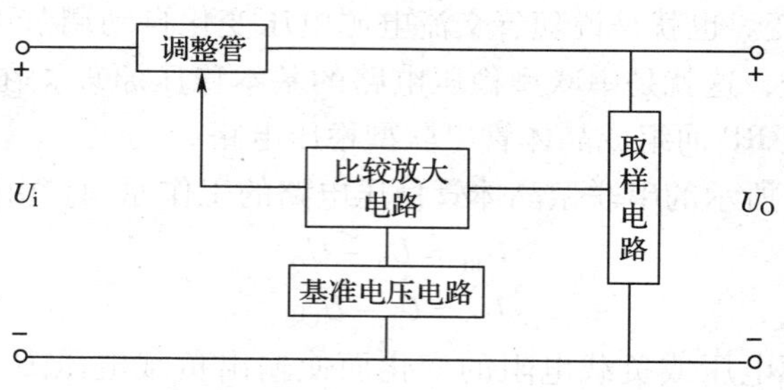

图 3—62　稳压电路的框图

（2）稳压原理

假设由于某种原因（如电网电压波动或者负载电阻变化等）使输出电压 U_O 上升，取样电路将这一变化趋势送到比较放大管 VT7 的基极与发射极基准电压 U_Z 进行比较，并且将两者的差值进行放大，VT7 集电极电位 U_{C7}（即调整管的基极电位 U_{B5}）降低。由于调整管采用射极输出形式，所以输出电压 U_O 必然降低，从而保证 U_O 基本稳定。其稳压过程可以表示如下：

$$U_O\uparrow\rightarrow U_{B7}\uparrow\rightarrow U_{BE7}\uparrow\rightarrow I_{C7}\uparrow\rightarrow U_{C7}\ (U_{B5})\downarrow\rightarrow U_O\downarrow$$

如果输出电压降低，则有如下稳压过程：

$$U_O\downarrow\rightarrow U_{B7}\downarrow\rightarrow U_{BE7}\downarrow\rightarrow I_{C7}\downarrow\rightarrow U_{C7}\ (U_{B5})\uparrow\rightarrow U_O\uparrow$$

调节 RP 可以调节输出电压 U_O 的大小，使其在一定的范围内变化。

此电路的特点是：稳压效果好，输出电压大且可以调节。

技能训练

串联型稳压电源电路安装与调试

1. 训练目标

（1）了解串联型直流稳压电源电路的组成。

（2）了解串联型直流稳压电源的工作原理及稳压特性。

（3）掌握串联型直流稳压电源的安装、焊接和调试方法。

2. 器材准备

准备内容见表3—14。

表3—14　准备内容

序号	名称	规格型号	数量	备注
1	电源变压器	220 V/15 V	1	
2	整流二极管 VD1 ~ VD4	1N4007	4	
3	稳压二极管	2CW14	1	
4	三极管 VT5	VT9013	1	
5	三极管 VT6	3DD15		
6	三极管 VT7	VT9014	1	
7	电位器 RP	680 Ω		
8	电阻器 R1	2 kΩ		
9	电阻器 R2、R3、R5	1 kΩ		
10	电阻器 R4	390 Ω		
11	电阻器 RL	200 Ω/2 W		
12	开关 S	单刀单掷		
13	电解电容器 C1	2 200 μF/50 V	1	
14	电解电容器 C2	100 μF/50 V	1	
15	电解电容器 C3、C4	10 μF/25 V	2	
16	电解电容器 C5	470 μF/25 V	1	
17	铝型散热片		1	
18	实验板		1	
19	电子工具		1套	
20	万用表		1	

3. 训练内容及步骤

（1）串联型稳压电路的安装

1）根据表3—14配齐电路元器件并检测元器件。

2）清除元器件引脚的氧化层并搪锡。

3）剥去电源连接线及负载连接线的线端绝缘，清除氧化层，均加以搪锡处理。

4）二极管、电解电容应正向连接，稳压二极管应反向连接，晶体管的 B、C、E 三个极不能接错。

5）插装元器件，经检查无误后，用硬导线根据电路的电气连接关系进行布线并焊接固定。焊接元器件时，可用镊子捏住焊件的引线，这样既方便焊接又利于散热。

6）不可出现虚焊及漏焊现象，一经发现应及时纠正。

组装好的电路板如图 3—63 所示。

图 3—63　组装好的串联稳压电源电路板

（2）串联型稳压电路的调试

1）空载时工作电压的测量

将开关 S 断开，调节电位器 RP，使得输出电压 U_O 为 12 V。测量电路中各点的电压，将测得的结果填入表 3—15 中。

表 3—15　　空载时工作电压

U_A	U_B	U_C	U_D	U_E

2）稳压电源内阻的测量

将开关 S 合上，电源接负载电阻 $R_L = 200\ \Omega$，用万用表测量电源的输出电压 U_O，U'_O（U'_O 为开路电压）。电源内阻 $r =（U_O/U'_O - 1）R_L$，将结果填入表 3—16。

表 3—16　　稳压电源内阻的测量

U_O	R_L	U'_O	r

注意：测量电压时，必须选择适宜的量程而且注意交流与直流的区别，测直流时正负极不能接错。

（3）常见故障诊断和故障处理

表 3—17　　常见故障诊断和故障处理

序号	故障现象	故障分析	处理步骤
1	调节电位器 RP，输出直流电压不变	说明稳压电路有故障。应分别检查比较放大器和调整管各电极的电位，分析管子的工作状态是否工作在线性区	1. 检查基准电压 U_Z是否正常 2. 检查 VT7 管的 U_{CE}和 U_{BE}，分析管子的工作状态 3. 检查 VT5、VT6 管的 U_{CE}和 U_{BE}，分析管子的工作状态
2	输出直流电压过高	说明复合调整管故障	1. 检查 VT5 管是否正常 2. 检查 VT6 管是否正常

课后练习

1. 什么叫作整流？什么叫作稳压？
2. 滤波电路有什么作用？常用的滤波电路有哪些类型？
3. 安装桥式直流、电容滤波电路焊接练习。
4. 稳压管的主要参数有哪些？
5. 叙述稳压管稳压电路的稳压原理。
6. 带有放大环节的串联型稳压电路的特点是什么？

课题 4　基本放大电路及电池充电器电路的装调维修

学习目标

1. 掌握基本放大电路的基本组成和工作原理。
2. 掌握电池充电器电路的基本组成和工作原理。
3. 能够进行基本放大电路及电池充电器电路的安装调试及故障处理。

一、基本放大电路

用电子器件把微弱的电信号（电压、电流、功率）增强到所需值的电路称为放大电路。常见的放大电路有固定偏置放大电路、射极输出器等。对放大器一般要求它具有足够的放大倍数和一定的通频带，非线性失真要小而且工作要稳定。下面以单级固定偏置放大电路为例来说明放大电路的安装与调试。

1. 基本放大电路的组成

用三极管组成放大器时，根据公共端（电路中各点电位的参考点）的不同，有三种连接方法，即共发射极电路、共集电极电路和共基极电路。应用最广泛的共发射极基本放大器如图 3—64 所示。电路中各元器件的作用分别如下：

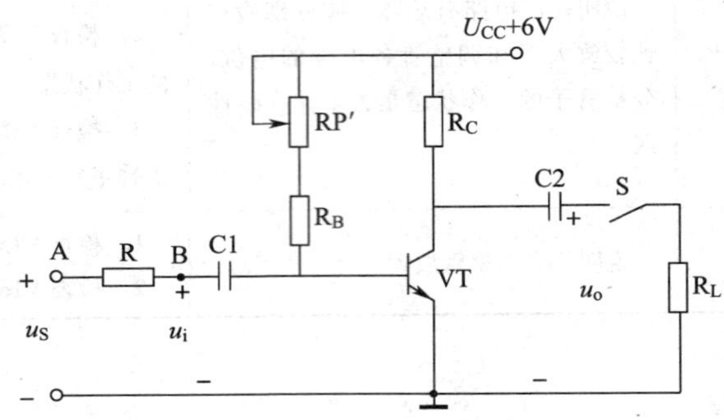

图 3—64 固定偏置放大电路原理图

（1）三极管 V 是放大器的核心，起电流放大作用，可以将微小的基极电流变化量转换成较大的集电极电流变化量。

（2）基极偏置电阻 R_B 和 RP′。U_{CC} 经 R_B 和 RP′为三极管提供合适的基极电流 I_B（称为基极偏置电流）。

（3）集电极负载电阻 R_C。其作用是将集电极电流的变化量变换成集电极电压的变化量。

（4）耦合电容 C1 和 C2。其作用有两点：①隔直流，使三极管中的直流电流与输入端之前的及输出端之后的直流电路隔开，不受它的影响；②通交流，当 C1、C2 的电容量足够大时，它们对交流信号呈现的容抗很小，可以近似认为短路，这样就可以使交流信号顺利通过。在低频范围内，C1 和 C2 应当选用容量较大的电解电容，一般为几微法至几十微法。若信号频率较高，则可选用小容量的电容。

（5）信号源电压 u_S 和负载电阻 R_L。信号源和负载不是放大器的组成部分，但它们对放大器有影响。必须注意，电路图 3—64 中的负载电阻 R_L 并不一定是一个实际的电阻器，还可能表示某种用电设备，如仪表、扬声器、显像管、继电器或者下一级放大电路。

2. 基本放大电路原理分析

交流信号通过电容器 C1 加到三极管 VT 的基极和发射极之间。这时基极和发射极间的电压 U_{BE} 发生了变化，基极电流 I_B 也发生了改变。输入的交流信号 u_i 叠加在 U_{BEQ} 上；使得 u_i 在正、负半周时，U_{BEQ} 都大于零，发射结始终处于正向偏置；这样相应的交流电流 i_b 叠加在 I_{BQ} 上，放大电路工作在放大状态，保证输出完整的波形。由于在放大电路的输出端采用了电容器 C2，使直流电流 I_{CEQ} 和直流电压 U_{CEQ} 不能通过，只输出交流 i_c 和 u_{ce}。

二、充电器电路

充电器通常指的是一种将交流电转换为低压直流电的设备。充电器在各个领域用途广泛。充电器是将电压和频率固定不变的交流电变换为直流电的一种静止变流装置。在以蓄电池为工作电源或备用电源的用电场合，充电器具有广泛的应用前景。充电器种类很多，如镉镍电池充电器、镍氢电池充电器、锂离子电池充电器等。用充电器给电池充电时，一定要按电池的充电说明书选用合适规格的充电器，并正确连接。否则会出现用电器损坏或安全事故。

手机电池万能充电器是生活中最常见到的充电器。这类充电器虽然电路简单、成本低廉，但其内部大都采用了一个小型的开关电源电路。下面介绍一款由分立元件组成的手机电池万能充电器，希望能对开关电源的知识有所了解。

手机电池万能充电器电路原理图如图 3—65 所示。

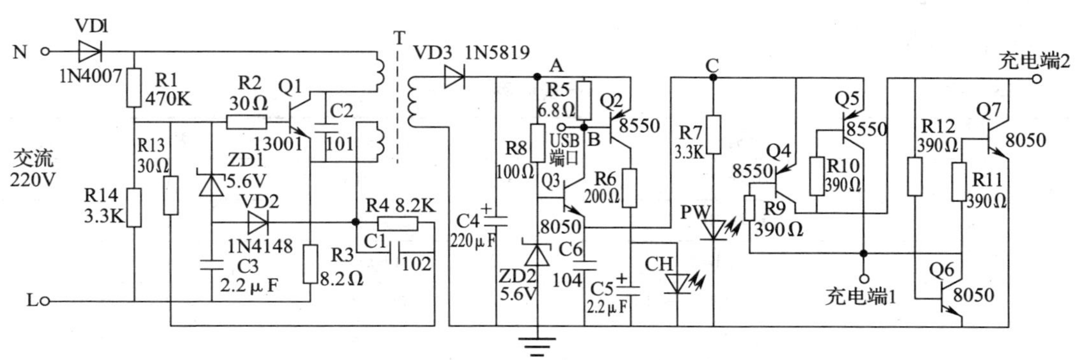

图 3—65　手机电池万能充电器电路原理图

本电路由开关电源和充电电路两部分组成。

1．开关电源。开关电源是一种利用开关功率器件并通过功率变换技术而制成的直流稳压电源。本电路利用间歇振荡电路组成的开关电源，也是目前广泛使用的基本电源之一。

当接入电源后，通过整流二极管 VD1、R1 给开关管 Q1 提供启动电流，使 Q1 开始导通。其集电极电流 I_C 在 L1 中线性增长，在 L2 中感应出使 Q1 基极为正，发射极为负的正反馈电压，使 Q1 很快饱和。与此同时，感应电压给 C1 充电，随着 C1 充电电压的增高，Q1 基极电位逐渐变低，致使 Q1 退出饱和区，IC 开始减小，在 L2 中感应出使 Q1 基极为负、发射极为正的电压使 Q1 迅速截止，这时二极管 VD1 导通，高频变压器 T 初级绕组中的储能释放给负载。在 VT1 截止时，L2 中没有感应电压，直流供电输入电压又经 R1 给 C1 反向充电，逐渐提高 Q1 基极电位，使其重新导通，再次翻转达到饱和状态，电路就这样重复振荡下去。这里就像单端反激式开关电源那样，由变压器 T 的次级绕组向负载输出所需要的电压，在 C4 的两端获得 9 V 的直流电，供充电电路工作。

2．充电电路。Q2 与 CH（七彩发光二极管）组成充电指示电路。R7 与 PW（红色二极管）组成电池好坏检测及电源通电指示电路。Q4、Q5、Q6、Q7 组成自动识别电池极性的电路。

当充电端 1 接电池的正，端 2 接电池的负时，充电回路是电源的 +、Q5（发射极）、Q5（集电极）、端 1 接 +、Q7（饱和）、端 2 接 -；当充电端 2 接电池的正，端 1 接电池的负时，充电回路是电源的 +、Q4（发射极）、Q4（集电极）、端 2 接 +、Q6（饱和）、端 1 接 -。即可完成自动极性的识别，保证充电回路自动工作。

技能训练

固定偏置放大电路的安装与调试实训操作

1. 训练目标

(1) 掌握基本放大电路的原理。

(2) 掌握基本放大电路的安装与调试。

2. 器材准备

准备内容见表 3—18。

表 3—18　　准备内容

序号	名称	规格型号	数量	备注
1	三极管 VT	VT9013	1	
2	电位器 RP	2.2 MΩ	1	
3	电阻器 R_B	47 kΩ	1	
4	电阻器 R_C、R_L 如图 3—64 所示	2 kΩ/0.25 W	2	
5	电阻器 R	1 kΩ	1	
6	电解电容器 C1、C2	10 μF/25 V	2	
7	开关 S	单刀单掷	1	
8	实验板		1	
9	低频信号发生器		1 台	
10	常用电工工具		1 套	
11	万用表	自定	1 块	
12	晶体管毫伏表		1 块	
13	通用示波器		1 台	
14	直流稳压电源		1 台	

3. 训练内容及步骤

(1) 安装

根据图 3—64 进行安装，电源电压 $U_{CC}=6$ V。

1) 根据电路元器件明细表配齐元器件并检测元器件。

2) 清除元器件引脚处的氧化层，并进行搪锡处理。

3) 插装元器件，经检查正确无误后再按照五步焊接法焊接固定，用硬铜导线根据电路的电气连接关系进行布线并焊接固定。分立元件直脚插入的焊接工艺方法：在确认元器件各焊脚所对应的位置后，插入孔内，先下焊，然后剪去多余的部分。每次下焊的时间不超过 2 s。

4) 焊接完毕要检查有无虚焊或漏焊现象，一经发现，应立即修正。组装好的电路板如图 3—66 所示。

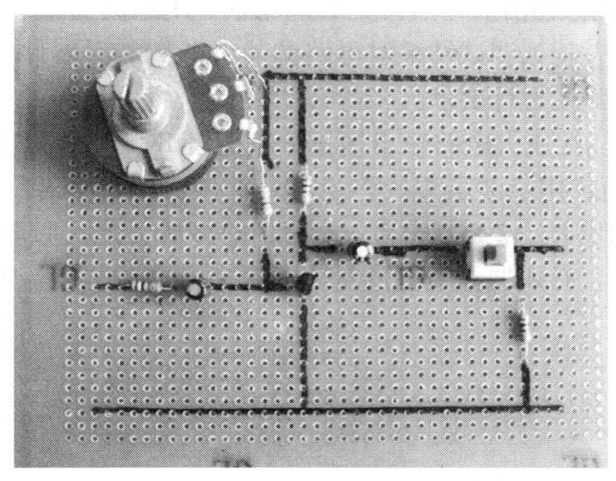

图 3—66 基本放大电路组装图

（2）调试及计算

1）首先调试好直流稳压电源、低频信号发生器、晶体管毫伏表、万用表等。

2）静态工作点的调试。首先测量电路的静态工作点，其测量方法如下：

将放大器输入端（即耦合电容 C1 的左端）接地。用万用表分别测量三极管 B、E、C 极对地电压 U_{BQ}、U_{EQ}、U_{CQ}。如出现 $U_{CEQ}=U_{CQ}-U_{EQ}<0.5$ V，说明三极管已经饱和；如 $U_C \approx V_{CC}=6$ V，说明三极管已截止。

遇到上述两种情况都需要调整静态工作点。调整的方法是改变放大器偏置电阻 R_B的大小，因在电路中串接有可调电位器 RP′，因此调节 RP′的值即可。同时用万用表测量 U_{BQ}、U_{EQ}、U_{CQ}的值。

如果 U_{CEQ}为正几伏，说明该三极管工作于放大状态，但并不说明放大器的静态工作点设置在合适位置，所以还要进行波形观察。即在放大器的输入端输入规定信号（如 $U_i=10$ mV，$f_i=1\ 000$ Hz 的正弦波），输出端接示波器，观察输出波形。若输出波形顶部被压缩，如图 3—67a 所示，称为截止失真，说明工作点偏低，应增大 I_{BQ}，即把 Rb 调小；若输出波形底部被削波，如图 3—67b 所示，称为饱和失真，说明工作点偏高，应减小 I_{BQ}，即把 Rb 调大。

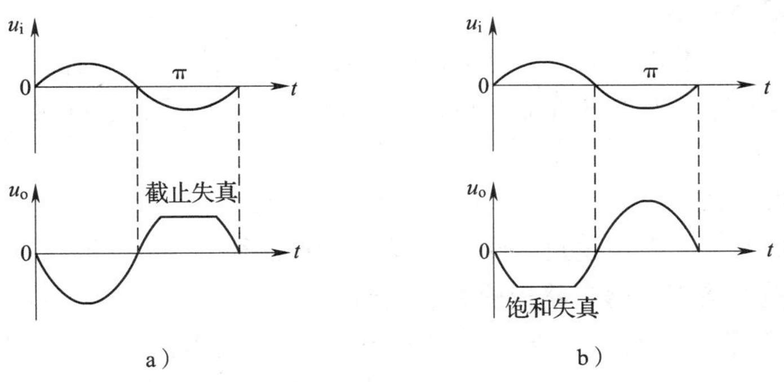

图 3—67 放大器的波形

a）截止失真 b）饱和失真

3）动态调试。在确保输出信号不失真的情况下，用示波器等测试仪器测试出输出信号和电路的性能参数。并根据测试结果对电路的静态参数和元器件参数进行必要的修正，使电路的各项性能指标满足设计要求。

4）放大倍数计算。在放大电路输出端接负载电阻 R_L，当 $R_L = 2\ k\Omega$ 时给放大器输入 1 kHz、10 mV 信号电压，用示波器观察输出信号的波形。在输出信号波形不失真的条件下，用晶体管毫伏表测量 $R_L = 2\ k\Omega$ 及 $R_L = \infty$ 时的输出信号大小并计算放大倍数。

注意：测量电压时，必须选择适宜的量程而且注意交流与直流的区别，测直流时正、负极性不能接错。

技能训练

手机电池万能充电器电路的安装调试及故障排除

1. 训练目标

（1）了解手机电池万能充电器电路的工作原理。

（2）掌握手机电池万能充电器电路的安装、焊接和调试方法。

（3）掌握手机电池万能充电器电路的故障诊断和故障排除方法。

2. 器材准备

元件清单及装接工具准备内容见表 3—19。

表 3—19　　元件清单及装接工具准备内容

序号	名称	规格型号	数量	备注
1	常用电子焊		1 套	
2	接工具			
3	万用表		1 块	

3. 训练内容及步骤

（1）配套元器件的测量

根据图 3—65 所示手机电池万能充电器电路图选择元器件并进行测试，重点对二极管、发光二极管、三极管等元器件的性能、极性、管脚和电阻的阻值进行测试。电路元件实物如图 3—68 所示。

（2）元器件的安放

对照印制电路图，正确安放元器件。印制电路图如图 3—69 所示。

（3）手机电池万能充电器电路板的焊接安装

1）清查电子元器件的数量与质量，对不合格的电子元器件应及时更换。

2）确定电子元器件的安装方式，安装高度一般由该印制电路板的焊接空距离决定；对电子元器件的引脚弯曲成形处理，成形时不得从电子元器件引脚根部弯曲。

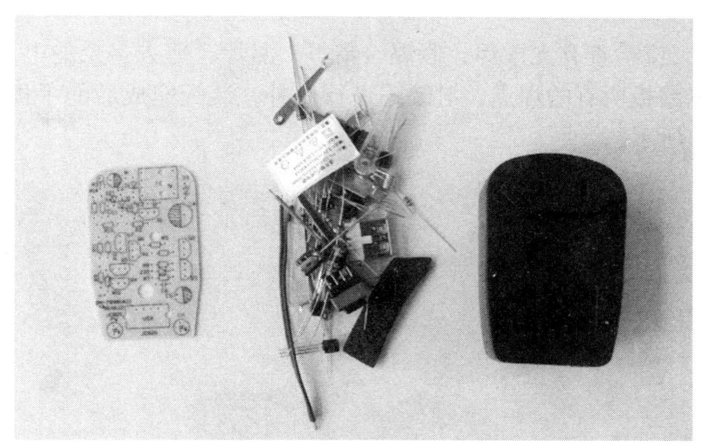

图 3—68　电路元件实物

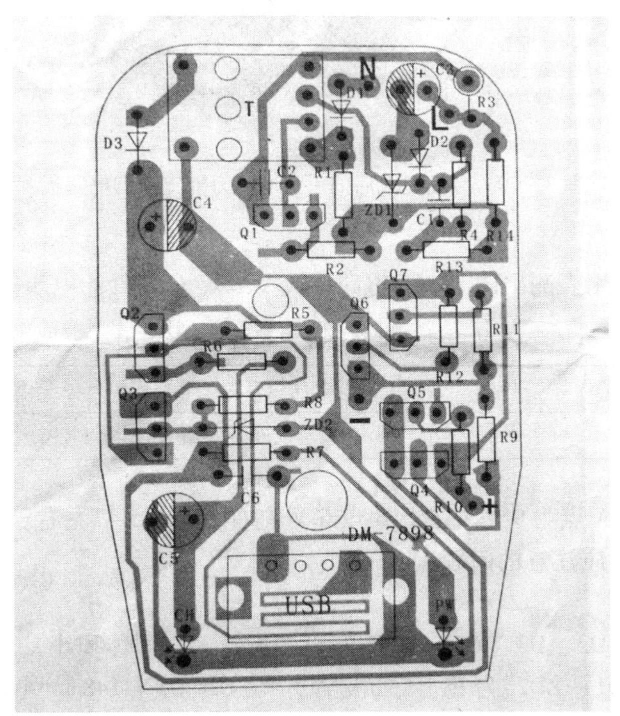

图 3—69　万能充电器印制电路图

3）对电子元器件的插装，首先将电子元器件的引脚去除氧化层，然后涂上助焊剂搪锡，根据电池充电器电路图对号插装，不得插错，对有极性的电子元器件（二极管、发光二极管、稳压管、三极管）的引脚，插孔时应特别注意。

4）对电子元器件的焊接，各焊点加热时间及用焊锡量要适当，对耐热性差的电子元器件应使用相关工具辅助散热，连接线不应交叉，焊接应无虚焊、假焊、错焊、漏焊，焊点应圆滑无毛刺。焊接时应重点注意二极管、稳压管、三极管等元器件的管脚和极性。

5）焊后处理，应检查有无虚焊、假焊、错焊、漏焊，剪去多余的电子元器件引脚线，检查电池充电器电路板所有的焊点，对缺陷进行修补，装配完成后的手机电池万能充电器电路板如图 3—70 所示。

图 3—70　装配完成后的手机电池万能充电器电路板

（4）电路检测

焊接完毕，用万用表测出图 3—65 电路中，A、B、C 三处的电压并填入表 3—20。

表 3—20　　手机电池万能充电器电路各主要点电压

A 点电压（V）	B 点电压（V）	C 点电压（V）

此三处的电压，A 点为 9 V 左右，B 点 6 V 左右，C 点 5 V 左右。

（5）电路装配中应注意的问题

1）二极管装错

本电路中，D1、D2、D3、ZD1、ZD2 五只二极管，它们体积小，外形相似，型号字迹不易辨认。其中 ZD1、ZD2 为稳压二极管，与 D2（1N4148）外形、颜色一样；D1（1N4007）与 D3（1N5819）外形、颜色一样，一定要仔细区分。

2）三极管装错

由于本电路采用分立元件，一共有 7 只三极管，其中 Q2 ~ Q7 分别为 S8050 和 S8550 各 3 只，前者为 NPN，后者为 PNP，一字之差，很容易看错。开关管 Q1 的极性也容易装错，所以一定要用万用表测量正确后再安装。

3）其他常见错误

如电解电容极性接反，色环电阻识别不熟装错，开关变压器安装前未测量确认三组绕组是否断线，发光二极管没有判别极性导致装反等。

（6）接通电源并进行调试

通电前检查。对已焊接安装完毕的电路板，根据原理图进行详细检查，重点检查二极管、稳压管及三极管的管脚及极性是否正确，电解电容的极性也不能接错，特别要注意发光二极管与七彩发光二极管的区别，因为这两个元件在外观上是一样的。

通电试机。在不接充电电池的情况下，将本充电器插入 220 V 交流插座后，若电源指示灯 PW 发光，则基本表示电路安装成功。此时可装上一块充电电池进一步测试，充电时，七彩灯闪烁，充满电后，七彩灯熄灭。

此外，本充电器有 USB 端口充电。将手机、MP3、MP4 等配有充电功能的数据线插入充电器 USB 端口，然后将充电器插入市电即可对其充电。

装配好的手机电池充电器如图 3—71 所示。

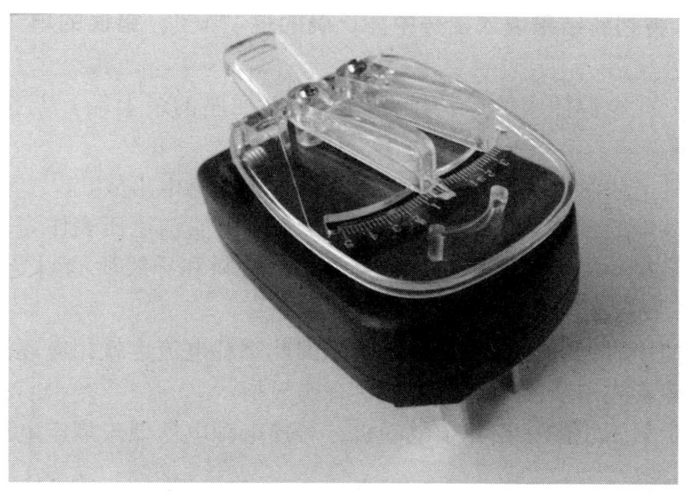

图 3—71　装配好的手机电池充电器

课后练习

1. 基本放大电路中 C1、C2 的作用是什么？
2. 什么是饱和失真？什么是截止失真？出现这类失真电路如何调整。
3. 测量放大电路的输出电压 U_0 用什么仪表？
4. 手机电池万能充电器电路中三极管 Q1 工作时处在什么状态？
5. 安装手机电池万能充电器练习。

模块四 职业技能鉴定维修电工初级考核模拟试卷

理论知识模拟试卷一

一、判断题（将判断结果填入括号中。正确的填"√"，错误的填"×"。每题1分，满分为20分）

1. 可将单相三孔电源插座的保护接地端（面对插座的最上端）与接零端用导线连接起来，共用一根线。（ ）

2. 电击伤害是造成触电死亡的主要原因，是严重的触电事故。（ ）

3. 万用表的基本原理是利用一只灵敏度高的磁电式直流电压表作为表头。（ ）

4. 电动机的绝缘等级，表示电动机绕组的绝缘材料和导线所能耐受温度极限的等级。如E级绝缘其允许最高温度为120℃。（ ）

5. 变压器在使用时铁芯会逐渐氧化生锈，因此空载电流也就相应逐渐减小。（ ）

6. RL1系列螺旋式熔断器的熔体熔断后有明显指示。（ ）

7. 带有额定负载转矩的三相异步电动机，若使电源电压低于额定电压，则其电流就会低于额定电流。（ ）

8. 电压互感器二次绕组不允许开路，电流互感器二次绕组不允许短路。（ ）

9. 装有氖灯泡的低压验电器可以区分相线和地线，也可以验出交流电或直流电；数字显示低压验电器除了能检验带电体有无电外，还能寻找导线的断线处。（ ）

10. 断电动作型电磁抱闸的性能是：当线圈断电时，闸瓦与闸轮分开。（ ）

11. 单管晶体管放大电路若不设静态工作点，则产生输出波形失真。（ ）

12. 单轮旋转式行程开关在挡铁离开滚轮后能自动复位。（ ）

13. 交流接触器在线圈电压小于85% U_N时也能正常工作。（ ）

14. 互联图是表示各单元之间的连接情况的，通常不包括单元内部的连接关系。（ ）

15. 时间继电器的安装位置应保证其断电时动铁芯释放的运动方向垂直向下。（ ）

16. 石棉制品有石棉纱、线、绳、纸、板、编织袋等多种，具有保温、耐温、耐酸碱、防腐蚀等特点，但不绝缘。（ ）

17. 劳动者的基本权利中遵守劳动纪律是最主要的权利。（ ）

18. 使用绝缘电阻表测量时，仪表应水平放置，转动摇柄的转速为120 r/min左右。若发现指针指零，不必立即停止转动。（ ）

19. 在拆卸电动机带轮和联轴器前应做好标记，在安装时应先除锈，清洁干净后方可

复位。 （ ）

20. Y－△减压起动是指电动机起动时，把定子绕组联结成Y联结，以降低起动电压，限制起动电流；待电动机起动后，再把定子绕组改成△联结，使电动机降压运行。（ ）

二、选择题（选择正确的答案，将相应的字母填入题内的括号中。每题2分，满分为80分）

1. 三相交流异步电动机旋转方向由（ ）决定。

A. 电动势方向 B. 电流方向 C. 频率 D. 旋转磁场方向

2. 低压验电器的测试范围为（ ）V。

A. 6～36 B. 220～380 C. 60～500 D. 500～1 000

3. 在砖混结构的墙面或地面等处钻孔且孔径较小时，应选用（ ）。

A. 电钻 B. 冲击钻 C. 电锤 D. 台式钻床

4. 在螺钉平压式接线桩头上接线时，如果是较小截面积单股芯线，则必须把线头（ ）。

A. 弯成接线鼻 B. 对折 C. 剪短 D. 装上接线耳

5. 白炽灯灯泡发强烈的白光并瞬时烧坏，常见原因是（ ）。

A. 线路中有断路故障 B. 线路中发生短路

C. 灯泡额定电压低于电源电压 D. 电源电压不稳定

6. 荧光灯工作时，镇流器有较大杂声，常见原因是（ ）。

A. 灯管陈旧，寿命将终

B. 接线错误或灯座与灯角接触不良

C. 开关次数太多或灯光长时间闪烁

D. 镇流器质量差，铁芯未夹紧或沥青未封紧

7. 室内使用塑料护套线配线时，铜芯截面积必须大于（ ）mm^2。

A. 0.5 B. 1 C. 1.5 D. 2.5

8. 钢管配线时，钢管与钢管之间的连接，无论是明装管还是暗装管，最好采用（ ）连接。

A. 直接 B. 管箍 C. 焊接

9. 线槽配线时，槽底接缝与槽盖接缝应尽量（ ）。

A. 错开 B. 对齐 C. 重合

10. 为了保证配电装置的操作安全，有利于线路的走向简洁而不混乱，电能表应安装在配电装置的（ ）。

A. 左方或下方 B. 左方或上方

C. 右方或下方 D. 右方或上方

11. 配电盘上装有计量仪表、互感器时，二次侧的导线使用截面积不小于（ ）mm^2的铜芯导线。

A. 0.5 B. 1.0 C. 1.5 D. 2.5

12. 钳形电流表的主要优点是（ ）。

A. 准确度高 B. 灵敏度高

C. 功率损耗小　　D. 不必切断电路可以测量电流

13. 变压器的基本工作原理是（　　）。

A. 电磁感应　　B. 电流的热效应

C. 电流的磁效应　　D. 能量平衡

14. 某三相异步电动机的额定电压为 380 V，其交流耐压试验电压为（　　）V。

A. 380　　B. 500　　C. 1 000　　D. 1 760

15. 继电保护是由（　　）组成。

A. 二次回路各元件　　B. 各种继电器

C. 包括各种继电器、仪表回路

16. 两台电动机 M1 与 M2 按顺序起动、逆序停止控制，当停止时（　　）。

A. M1 停，M2 不停　　B. M1 与 M2 同时停

C. M1 先停，M2 后停　　D. M2 先停，M1 后停

17. 氯丁橡胶绝缘电线的型号是（　　）。

A. BX，BLX　　B. BV，BLV　　C. BXF，BLXF

18. HK 系列开启式负荷开关用于控制电动机的直接起动和停止，应选用额定电流不小于电动机额定电流的（　　）倍的三极开关。

A. 1. 5　　B. 2　　C. 3

19. 熔断器串接在电路中主要用作（　　）。

A. 短路保护　　B. 过载保护　　C. 欠电压保护

20. CJ20 系列交流接触器可远距离接通和分断电路，并与适当的（　　）组合，以保护可能发生操作过负荷的电路。

A. 中间继电器　　B. 热继电器　　C. 电压继电器　　D. 速度继电器

21.（　　）是交流接触器发热的主要部件。

A. 线圈　　B. 铁芯　　C. 触头

22. 空气阻尼式时间继电器电器调节延时的方法是（　　）。

A. 调节释放弹簧的松紧

B. 调节铁芯与衔铁间的气隙长度

C. 调节进气孔的大小

23. 速度继电器的主要作用是实现对电动机的（　　）。

A. 运行速度限制　　B. 速度计量　　C. 反接制动控制

24. 连续与点动混合正转控制电路中，点动控制按钮的常闭触头应与接触器自锁触头（　　）。

A. 并联　　B. 串联　　C. 串联和并联

25. 频繁操作电路通断的低压电器应选（　　）。

A. 瓷底胶盖刀开关 HK 系列　　B. 封闭式负荷开关 HH4 系列

C. 交流接触器 CJ20 系列　　D. 组合开关 HZ10 系列

26. 整流电路输出电压应属于（　　）。

A. 直流电压　　B. 交流电压

C. 脉动直流电压　　D. 稳恒直流电压

27. 焊接强电元件要用（　　）W 以上的电烙铁。

A. 25　　B. 45　　C. 75　　D. 100

28. 小型干式变压器一般采用（　　）铁芯。

A. 心式　　B. 壳式　　C. 立式　　D. 混合

29. 绝缘材料的耐热性，按其长期正常工作所允许的最高温度可分为（　　）个耐热等级。

A. 7　　B. 6　　C. 5　　D. 4

30. 选择仪表用互感器和仪表的测量范围时，应考虑设备在正常运行条件下，使仪表的指针尽量指在仪表标尺工作部分量程的（　　）以上。

A. 1/2　　B. 1/3　　C. 2/3　　D. 1/4

31. 异步电动机采用Y－△减压启动时，起动转矩是△连接全压启动时的（　　）倍。

A. $\sqrt{3}$　　B. $1/\sqrt{3}$　　C. $\sqrt{3}/2$　　D. 1/3

32. 要测量三相交流异步电动机的绝缘电阻，应选用额定电压为（　　）V 的绝缘电阻表。

A. 250　　B. 500　　C. 1 000　　D. 2 500

33. 配电箱上的母线其相线应涂颜色标识，其中中性线（N）应涂（　　）色。

A. 黄　　B. 绿　　C. 红　　D. 淡蓝

34. 维修电工在维修工作中，常以电气原理图、（　　）和平面布置图作为参考资料。

A. 配线方式图　　B. 安装接线图

C. 接线方式图　　D. 组件位置图

35. 三相异步电动机空载运行时，其转差率为（　　）。

A. $s=0$　　B. $s=0.01\sim0.07$

C. $s=0.004\sim0.007$　　D. $s=1$

36. 一单相桥式整流电路，输入电压为 20 V，则输出电压为（　　）V。

A. 28　　B. 24　　C. 20　　D. 18

37. 在 NPN 型晶体三极管放大电路中，如将其基极与发射极短路，三极管所处的状态是（　　）。

A. 截止　　B. 饱和　　C. 放大　　D. 无法判定

38. 绝缘材料在一定的电压作用下，总有一些极其微弱的电流通过，其值 1 min 后趋于稳定不变，我们把这种电流称为（　　）电流。

A. 额定　　B. 短路　　C. 击穿　　D. 泄漏

39. 型号为 1032 的醇酸浸渍漆的耐热等级是（　　）级。

A. Y　　B. E　　C. B　　D. A

40. 三相变压器铭牌上的额定电压指（　　）。

A. 一、二次绕组的相电压　　B. 一、二次绕组线电压

C. 变压器内部的电压降　　D. 带负载后一、二次绕组电压

理论知识模拟试卷二

一、判断题（将判断结果填入括号中。正确的填“√”，错误的填“×”。每题1分，满分为20分）

1．位置控制就是利用生产机械运动部件上的挡铁与位置开关碰撞，达到控制生产机械运动部件的位置或行程的一种方法。（　）

2．用于经常反转及频繁通断工作的电动机，宜选用热继电器来保护。（　）

3．三相异步电动机的转速取决于电源频率和极对数，而与转差率无关。（　）

4．变压器在空载时，其电流的有功分量较小，而无功分量较大，因此空载运行的变压器，其功率因数很低。（　）

5．锗管的基极与发射极之间的正向压降比硅管的正向压降大。（　）

6．连接铝导线时，不能像铜导线那样用缠绕法或绞接法，只是因为铝导线机械强度差。（　）

7．在三相异步电动机控制电路中，熔断器只能用作短路保护。（　）

8．主令电器是在自动控制系统中发出指令或信号的操纵电器。由于它是专门发号施令，故称“主令电器”。（　）

9．接触器除用来接通大电流电路外，还具有欠电压和过电流保护功能。（　）

10．空气阻尼式时间继电器的延时精度高，因此获得广泛应用。（　）

11．倒顺开关进出线接错的后果是易造成两相电源短路。（　）

12．在安装定子绕组串接电阻降压起动控制电路时，电阻器产生的热量对其他电器无任何影响，故安装在箱体内或箱体外时，不需采用任何防护措施。（　）

13．当被测电路电流太小时，为提高测量精确度，可将被测导线在钳形电流表的铁芯柱上缠绕几圈后再测量，读数时指针指示数乘以穿入钳口内导线的圈数即得实际电流值。（　）

14．正常运行的电动机，若定子、转子绕组发生短路故障或笼型转子断条，则电动机会发出时高时低的嗡嗡声，机身也随之振动。（　）

15．电磁脱扣器的瞬时脱扣整定电流应大于负载正常工作时可能出现的峰值电流。（　）

16．晶体管放大电路的主要作用是将微弱的电信号放大成为所需的较强的电信号。（　）

17．万用表使用完毕，应将其转换开关转到最低电压挡，以免下次使用不慎而损坏电表。（　）

18．劳动者的患病或负伤，在规定的医疗期内的，用人单位不得解除劳动合同。（　）

19．虚假焊是指焊件表面没有充分镀上锡，其原因是因焊件表面的氧化层没有清除干净或焊剂用得少。（　）

20. 画电路图、接线图、布置图时，同一电器的各元件都要按其实际位置画在一起。 （　）

二、选择题（选择正确的答案，将相应的字母填入题内的括号中。每题 2 分，满分为 80 分）

1. 单相异步电动机通入单相交流电所产生的磁场是（　）。

A. 旋转磁场　B. 单相脉动磁场　C. 恒定磁场　D. 单相磁场

2. 用于剖削较大线径的导线及导线外层护套的工具是（　）。

A. 钢丝钳　B. 剥线钳　C. 断线钳　D. 电工刀

3. 白炽灯发生灯泡忽亮忽暗或忽亮忽熄故障，常见原因是（　）。

A. 线路中有断路故障　B. 线路中发生短路　C. 灯泡额定电压低于电源电压　D. 电源电压不稳定

4. 我国规定的常用安全电压是（　）V。

A. 42　B. 36　C. 24　D. 6

5. 万用表的转换开关是实现（　）。

A. 只能测量电阻接通的开关　B. 只能测量电流接通的开关　C. 不同测量种类及量程的切换开关　D. 接通被测器件的测量开关

6. 对螺旋灯座接线时，应把来自开关的连接线线头连接在连接（　）的接线桩上。

A. 中心簧片　B. 螺纹圈　C. 外壳

7. 护套线路离地距离不得小于（　）m。

A. 0.10　B. 0.15　C. 0.20　D. 0.25

8. 有缝管弯曲时应将焊缝放在弯曲的（　）。

A. 上面　B. 侧面　C. 下面

9. 使用钳形电流表时应先用较大量程，再视被测电流的大小变换量程。切换量程时应（　）。

A. 直接转动量程开关

B. 先将钳口打开，再转动量程开关

C. 必须把被测导线从钳口处先取出

10. 电能表总线的最小截面积不得小于（　）mm^2。

A. 1.0　B. 1.5　C. 2.5　D. 4.0

11. Y联接的三相异步电动机在空载运行时，若定子一相绕组突然断路，则电动机（　）。

A. 有可能连续运行　B. 必然会停止转动　C. 肯定会继续运行。

12. 电力变压器的变压器油起（　）作用。

A. 绝缘和灭弧　B. 绝缘和防锈　C. 绝缘和散热

13. 用万用表测二极管反向电阻，若（　），此管可以使用。

A. 正反向电阻相差很大　B. 正反向电阻相差不大　C. 正反向电阻都很小　D. 正反向电阻都很大

14. 绝缘电线型号 BLXF 的含义是（　　）。

A. 铜芯氯丁橡皮线　　B. 铝芯聚氯乙烯绝缘电线

C. 铝芯聚氯乙烯绝缘护套圆形电线　　D. 铝芯氯丁橡胶绝缘电线

15. 单相桥式整流电路由（　　）组成。

A. 一台变压器、4 只晶体管和负载

B. 一台变压器、4 只晶体管、一只二极管和负载

C. 一台变压器、4 只二极管和负载

D. 一台变压器、3 只二极管、一只晶体管和负载

16. 设三相异步电动机 $I_N = 10$ A，△联结，用热继电器作过载及断相保护。热继电器型号可选（　　）型。

A. JR16－20/3 D　　B. JR0－20/3

C. JR10－10/3　　D. JR16－40/3

17. 用绝缘电阻表摇测绝缘电阻时，要用单根电线分别将线路 L 及接地 E 端与被测物连接。其中（　　）端的连接线要与大地保持良好绝缘。

A. L　　B. E　　C. C

18. 熔断器的电流应（　　）所装熔体的额定电流。

A. 大于　　B. 大于或等于　　C. 小于

19. 选用停止按钮接线时，应优先选用（　　）按钮。

A. 红色　　B. 白色　　C. 黑色

20. 交流接触器的铁芯端面装有短路环的目的是（　　）。

A. 减小铁芯振动　　B. 增大铁芯磁通　　C. 减缓铁芯冲击

21. 热继电器中主双金属片的弯曲主要是由于两种金属材料的（　　）不同。

A. 机械强度　　B. 导电能力　　C. 热膨胀系数

22. 能够充分表达电气设备和电器的用途以及线路工作原理的是（　　）。

A. 接线图　　B. 电路图　　C. 布置图

23. 控制电路编号的起始数字是（　　）。

A. 1　　B. 100　　C. 200

24. 具有过载保护的接触器自锁控制电路中，实现欠电压和失电压保护的电器是（　　）。

A. 熔断器　　B. 热继电器　　C. 接触器

25. 倒顺开关使用时，必须将接地线接到倒顺开关（　　）。

A. 指定的接地螺钉上　B. 罩壳上　　C. 手柄上

26. 根据电动机的速度变化，利用（　　）等电器来控制电动机的工作状况称为速度控制原则。

A. 速度继电器　　B. 电流继电器　　C. 时间继电器

27. 多地控制按钮的连接原则是（　　）。

A. 启动按钮串联，停止按钮并联　　B. 启动、停止按钮都分别并联

C. 启动按钮并联，停止按钮串联　　D. 启动按钮串联，停止按钮并联

28. 晶体管放大参数是（　　）。

A. 电流放大倍数　　D. 电压放大倍数　　C. 功率放大倍数

29. 在共发射极放大电路中，输出电压与输入电压相比较（　　）。

A. 相位相同，幅度增大　　B. 相位相同，幅度减小

C. 相位相反，幅度增大　　D. 相位相反，幅度减小

30. 保护接地适用于（　　）方式供电系统。

A. IT　　B. TT　　C. TN－C　　D. TN－S

31. 交流电焊机二次侧与电焊钳间的连接线应选用（　　）。

A. 通用橡套电缆　　B. 绝缘电线

C. 电焊机电缆　　D. 绝缘软线

32. 三相笼型异步电动机电磁抱闸断电动作型属于（　　）电路。

A. 点动控制　　B. 自锁控制

C. 联锁控制　　D. 正反转控制

33. 按钮联锁正反转控制电路的优点是操作方便，缺点是容易产生（　　）短路事故。

A. 电源两相　　B. 电源三相　　C. 电源一相　　D. 电源

34. 选用低压断路器的额定电压和额定电流时，应（　　）线路的正常工作电压和计算的负载电流。

A. 不小于　　B. 小于　　C. 等于　　D. 大于

35. 导通后二极管两端电压变化很小，锗管约为（　　）V。

A. 0.5　　B. 0.7　　C. 0.3　　D. 0.1

36. PE 保护地线若不是供电电缆或电缆外护层的组成部分，按照机械强度的要求，有机械性保护时其截面积不应小于（　　）mm^2。

A. 1.5　　B. 2.5　　C. 4　　D. 6

37. （　　）的说法是错误的。

A. 变压器是一种静止的电气设备　　B. 变压器可以用来变换电压

C. 变压器可以变换阻抗　　D. 变压器可以改变频率

38. 互感器的工作原理是（　　）。

A. 电磁感应原理　　B. 楞次定律

C. 动量守恒定律　　D. 阻抗变换定律

39. 整流电路加滤波器的主要作用是（　　）。

A. 提高输出电压　　B. 减少输出电压脉动

C. 降低输出电压　　D. 限制输出电流

40. 异步电动机采用星形—三角形减压起动时，每相定子绕组承受的电压是三角形连接全压起动时的（　　）倍。

A. 2　　B. 3　　C. $1/\sqrt{3}$　　D. 1/3

理论知识模拟试卷参考答案

试卷一答案

一、判断题

1. × 2. √ 3. × 4. √ 5. × 6. √ 7. × 8. × 9. √
10. × 11. √ 12. √ 13. × 14. √ 15. √ 16. × 17. × 18. ×
19. √ 20. ×

二、选择题

1. D 2. C 3. B 4. A 5. C 6. D 7. A 8. B 9. A
10. A 11. C 12. D 13. A 14. D 15. B 16. D 17. C 18. C
19. A 20. B 21. A 22. C 23. C 24. B 25. C 26. C 27. B
28. B 29. A 30. C 31. D 32. B 33. D 34. B 35. C 36. D
37. A 38. D 39. C 40. B

试卷二答案

一、判断题

1. √ 2. × 3. × 4. √ 5. × 6. × 7. × 8. √ 9. ×
10. × 11. √ 12. √ 13. × 14. √ 15. √ 16. × 17. × 18. √
9. √ 20. ×

二、选择题

1. B 2. D 3. D 4. B 5. C 6. A 7. B 8. B 9. B
10. B 11. A 12. A 13. A 14. D 15. C 16. A 17. A 18. B
19. A 20. A 21. C 22. B 23. A 24. C 25. A 26. A 27. C
28. A 29. C 30. A 31. C 32. B 33. A 34. D 35. C 36. B
37. D 38. A 39. B 40. C

技能操作模拟试题

一、双联开关控制一盏灯线路的安装接线（见表 1）

表 1　　双联开关控制一盏灯线路的安装接线考核表　　时间：30 min

项目内容	配分	评分标准	扣分	得分
作图	30 分	接线图画错，每处扣 10 分		
		图形符号画错，每处扣 5 分		
		线条平直，卷面整洁		
安装接线	60 分	灯具安装方法正确，一处不符合要求扣 10 分		
		按图接线，错一处扣 10 分		
		接线符合安全用电要求，一处不符合扣 10 分		
		导线线头处理规范，一处不规范扣 5 分		
通电试验	10 分	通电试验一次成功，不成功不得分		

评分人__________　　　　总分__________

二、三相异步电动机单向启动控制线路的安装接线（见表 2）

表 2　　三相异步电动机单向启动控制线路安装接线考核表　　时间：60 min

项目内容	配分	评分标准	扣分	得分
装前检查	10 分	元件检查，漏检一只扣 2 分		
		电动机检查，漏检扣 5 分		
元件安装	20 分	元件布局合理，不合理扣 5 分		
		元件安装整齐、牢固，不合要求每处扣 2 分		
		螺钉漏装，每只扣 1 分		
		线槽安装不合要求，每处扣 2 分		
		损坏元件，扣 15 分		
布线	40 分	不按线路图接线，扣 2 分		
		布线不合要求，每根扣 5 分		
		导线线头处理不规范，每处扣 2 分		
		接点松动，每处扣 2 分		
		漏接地线，扣 10 分		
通电试车	20 分	热继电器整定不合要求，每只扣 3 分		
		熔体规格选择不合要求，每只扣 3 分		
		一次试车不成功，扣 10 分		
		两次试车不成功，扣 20 分		
安全操作	10 分	出现安全隐患，一次扣 5 分		

评分人__________　　　　总分__________

三、三相异步电动机双重联锁正反转控制线路的安装接线（见表3）

表3　　三相异步电动机双重联锁正反转控制线路的安装接线考核表　　时间：90 min

项目内容	配分	评分标准	扣分	得分
装前检查	10分	元件检查，漏检一只扣2分		
		电动机检查，漏检扣5分		
元件安装	20分	元件布局合理，不合理扣5分		
		元件安装整齐、牢固，不合要求每处扣2分		
		螺钉漏装，每处扣1分		
		线槽安装不合要求，每处扣2分		
		损坏元件，扣15分		
布线	40分	不按线路图接线，扣2分		
		布线不合要求，每处扣2分		
		导线线头处理不规范，每处扣1分		
		接点松动，每处扣2分		
		漏接地线，扣10分		
通电试车	20分	热继电器整定不合要求，每处扣3分		
		熔体规格选择不合要求，每只扣2分		
		一次试车不成功，扣5分		
		两次试车不成功，扣10分		
安全操作	10分	出现安全隐患，一次扣5分		
合计				

评分人________　　　　总分________